KB175166

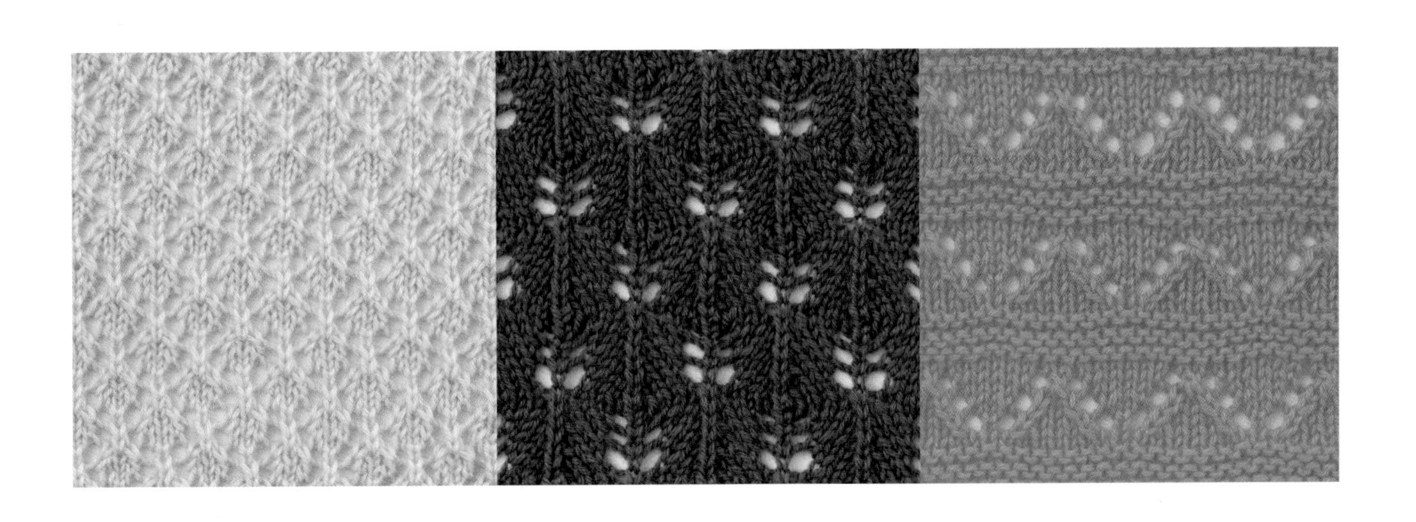

280가지 무늬와 11가지 손뜨개 소품

대바늘 비침무늬 패턴집 280

일본보그사 지음 | 남궁가윤 옮김

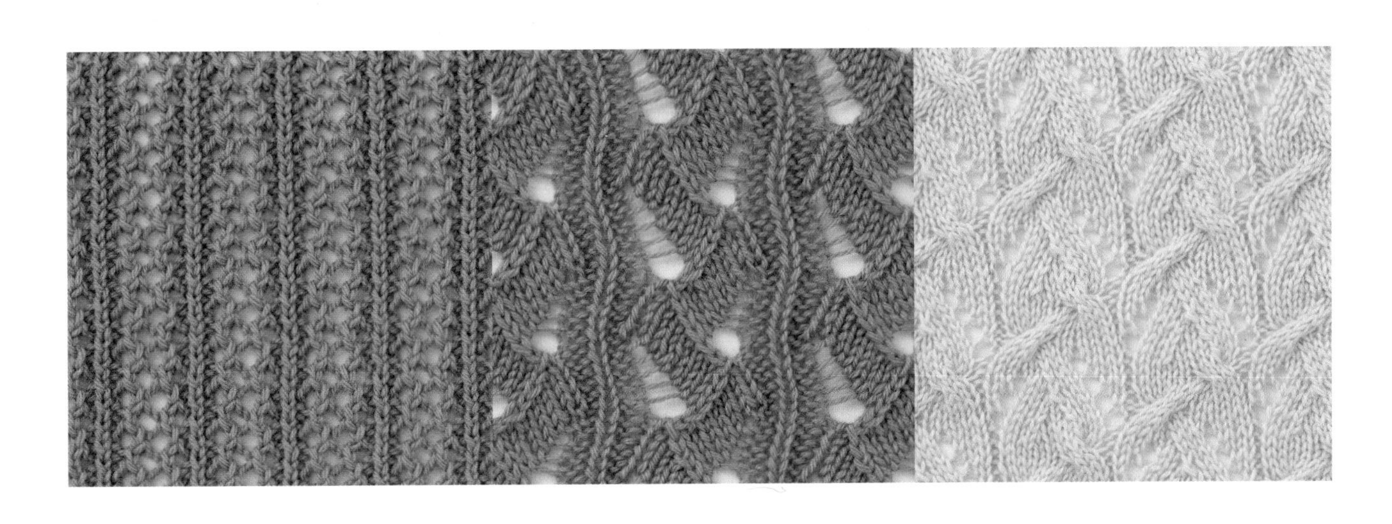

한스미디어

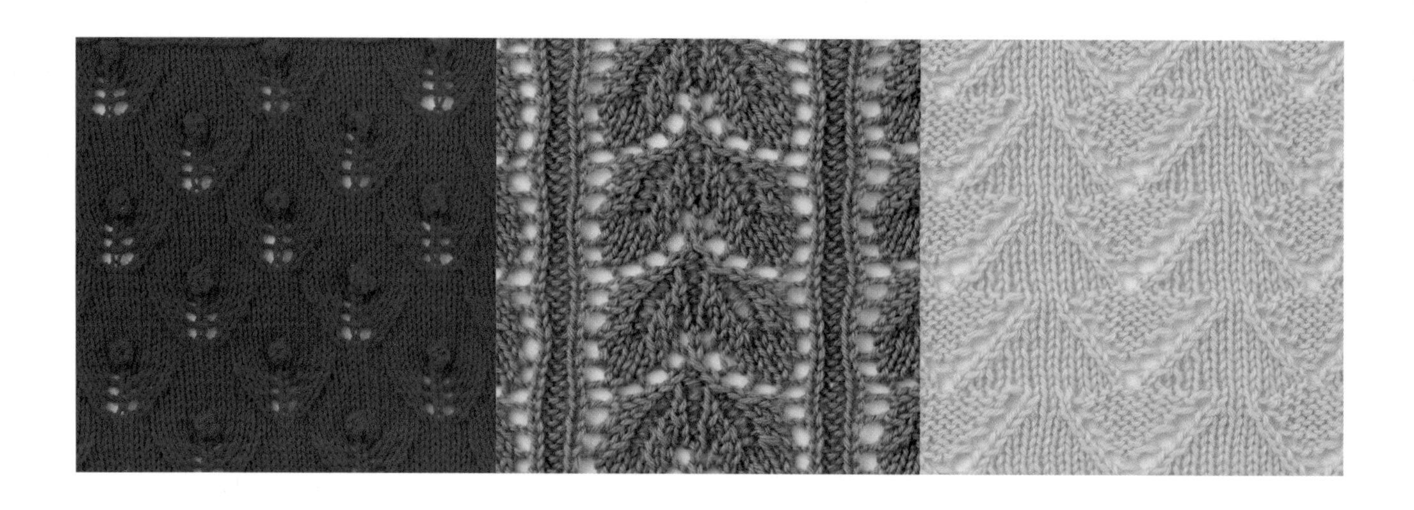

Contents

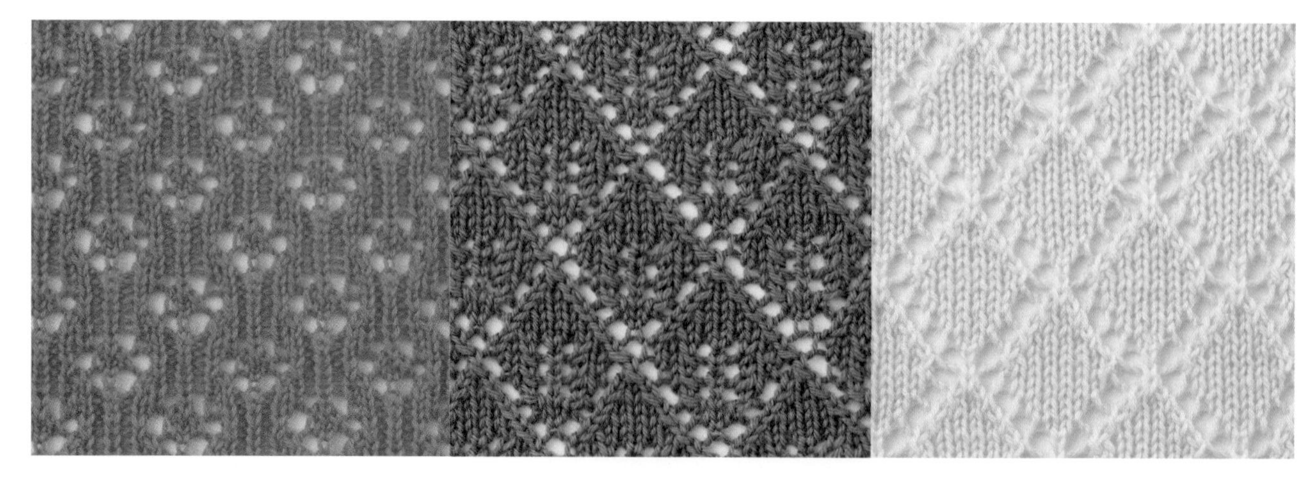

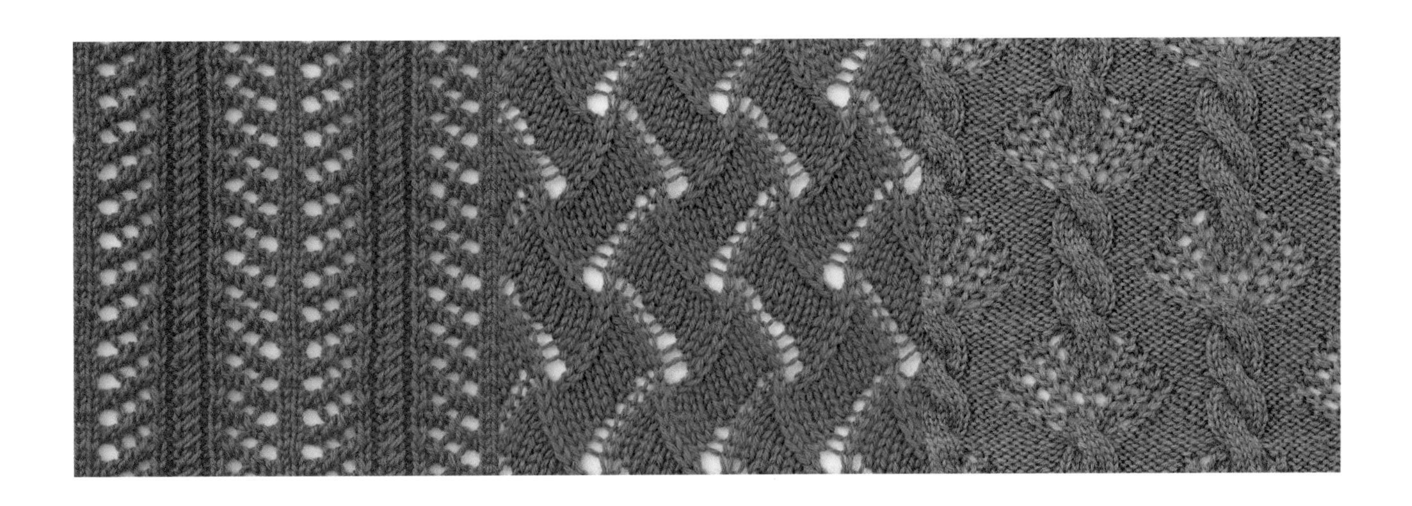

⊙ 이 책의 무늬뜨기 기호도는 모두 겉에서 본 상태로 표시되어 있습니다. 그래서 기호도를 보기 쉽도록 겉뜨기 또는 안뜨기를 생략하고 표시했습니다. 생략한 코는 기호도 아래에 '□ = ' 형식으로 되어 있습니다. 작품을 만들기 전에 기호도 보는 법과 사용법(→P.14-15)을 꼭 읽어보기 바랍니다.

⊙ 이 책은 《비침무늬 300》(1991)에서 인기 있는 무늬를 고르고 새로운 무늬를 추가하여 재편집했습니다.

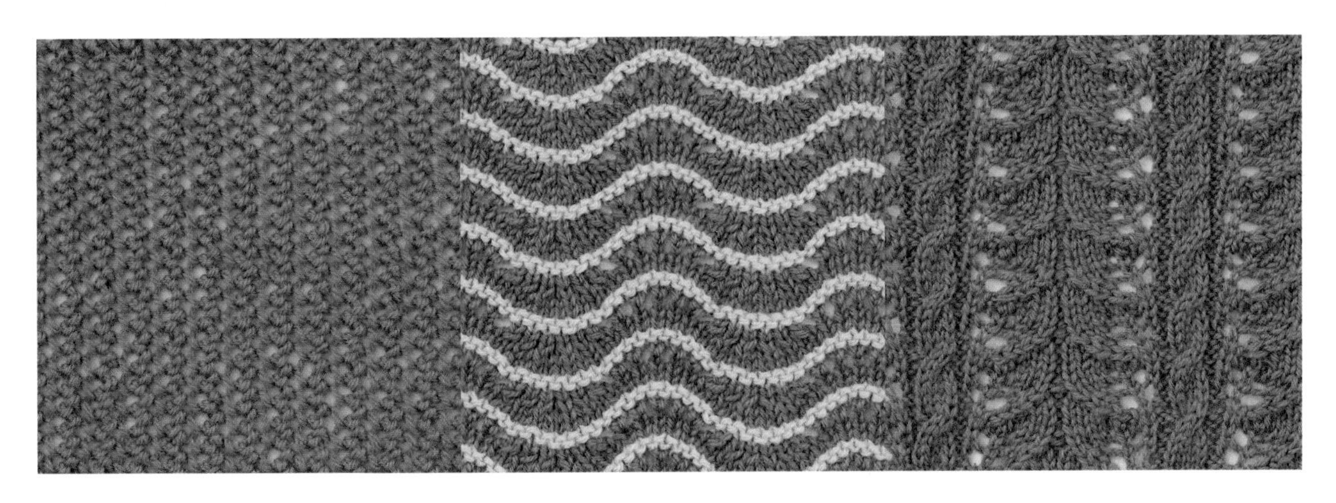

나뭇잎무늬
사각 숄

많은 나뭇잎이 서로 엇갈리게 겹쳐진 듯한 아름다운 부조무늬 숄입니다. 가장자리를 가터뜨기로 마무리하고, 넉넉하게 두를 수 있는 사이즈로 만들었습니다. 초가을 풍경에 스며드는 차분한 회색은 어떤 옷차림에도 잘 어울립니다.

사용 실／퍼피 프린세스 애니
뜨는 법／P.120

물결무늬
롱 스누드

에지를 가장자리에 두른 완만한 스캘럽이 친근한 느낌을 주는 무늬입니다. 원형뜨기로 뜨기 때문에 콧수는 많아지지만, 단수는 무늬가 끝나는 부분에 맞춰서 조금 짧게 바꿔줘도 좋습니다. 목둘레에 두 겹으로 풍성하게 두르면 보온성이 좋고 얼굴이 작아 보이는 효과가 있답니다.

사용 실／퍼피 알바
뜨는 법／P.121

줄무늬 삼각 숄

한색 계열 줄무늬가 시원해 보이는 여름용 숄. 기초코 7코로 시작해 양 가장자리와 가운데에서 걸기코를 하며, 삼각형의 정점을 향해서 점점 넓어지게 뜹니다. 드라이브뜨기(2회·3회)를 반복하면 속이 비치며 잔잔한 물결의 무늬가 나타납니다.

사용 실／퍼피 아라비스
뜨는 법／P.122

사선무늬 숄

사선으로 자른 부분이 세련된 느낌을 주는 연회색 숄. 사선무늬의 특성을 살려 가장자리에서 걸기코, 반대쪽 가장자리에서 2코 모아뜨기를 하여 뜹니다. 오래도록 소장하고 싶어서 가볍고 감촉 좋은 고급 캐시미어 뜨개실을 골랐습니다.

사용 실／리치모어 캐시미어
뜨는 법／P.124

둥근무늬
핸드워머

동글동글한 양파무늬가 도드라지는 핸드워머. 원 포인트로도 충분히 효과가 있지만, 연속 패턴으로도 좋습니다. 나무와 흙, 따스함이 느껴지는 대지 같은 색깔은 누구에게나 잘 어울리므로 선물하기 좋은 아이템입니다.

사용 실／퍼피 브리티시 파인
뜨는 법／P.125

쇼트 스누드

가터뜨기와 메리야스뜨기를 한 부분을 걸기코로 구분하여 만든 지그재그무늬가 경쾌한 느낌을 줍니다. 지그재그의 너비와 길이, 간격 등을 취향대로 쉽게 변형할 수 있습니다. 가볍고 감촉도 좋아서 겨울철에 휴대하기 편합니다.

사용 실／리치모어 카우니스
뜨는 법／P.126

모자

느낌 있는 스모키블루 모자. 걸기코와 2코 모아뜨기의 효과로 꽈배기가 소용돌이치는 무늬가 독특하지요? 푹 눌러쓰거나 모자 꼭대기를 살짝 눌러서 얕게 쓰는 등 다양하게 연출할 수 있는 디자인입니다.

사용 실／퍼피 브리티시 에로이카
뜨는 법／P.128

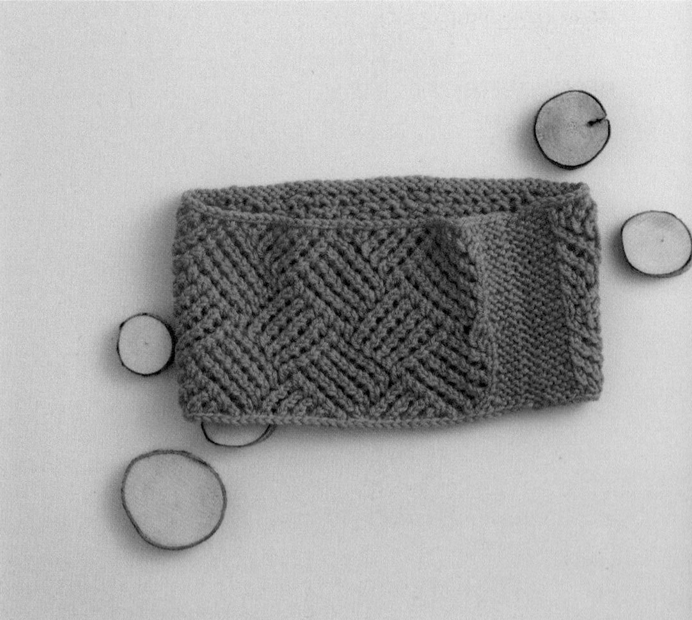

헤어밴드

사선 블록이 돌담처럼 조합된 무늬입니다. 신축성 있는 뜨개 바탕이라서 헤어밴드에 알맞습니다. 무늬를 만드는 단은 언제나 기호가 들어가므로 2코 모아뜨기나 3코 모아뜨기의 방향에 특히 주의하여 뜹니다. 평면으로 뜬 뒤에 양 가장자리를 맞대고 꿰맨 다음 원통 모양으로 만듭니다.

사용 실／하마나카 익시드 울 FL '합태'
뜨는 법／P.121

실크 코튼 암커버

여름철에 자외선을 차단해주고 냉방이 센 곳에서 유용한 롱 암커버. 1 × 2코 교차뜨기와 비침무늬를 교대로 배치하여 세로선이 산뜻하고 날카로운 느낌을 줍니다. 실크 코튼의 광택이 아름다워서 액세서리처럼 사용할 수 있는 아이템입니다.

사용 실 ／ **리치모어 실크 코튼 '파인'**
뜨는 법 ／ P.129

줄무늬 숄

안색을 화사하게 물들이는 선명한 블루그린 숄. 단마다 걸기코와 3코 모아뜨기를 반복한 결과, 고무뜨기 모양의 줄무늬가 봉긋하게 완성됩니다. 언뜻 기호가 복잡해 보이지만 겉쪽도 안쪽도 뜨는 법은 같습니다.

사용 실／매들린토시 토시 메리노 라이트
뜨는 법／P.130

모헤어 삼각 숄

단순한 옷차림을 화려하게 장식해주는 연보랏빛 삼각 숄은 가장자리에서 걸기코를 하여 무늬 단위로 점점 넓어지게 뜹니다. 청바지 같은 캐주얼 스타일에 슬쩍 걸치면 멋진 차림이 됩니다. 모헤어 소재 뜨개실을 사용하여 숄이 가볍고 따스해요.

사용 실 / **하마나카 알파카 모헤어 파인**
뜨는 법 / P.127

기호도 보는 법과 사용법

손뜨개의 비침무늬는 걸기코와 코 줄이기로 구성되어 있습니다. 1단의 걸기코와 코 줄이기의 수는 반드시 같아야 합니다. 어느 한쪽이 많으면 전체 콧수가 줄거나 늘기 때문입니다. 물론 증감을 살려서 모양을 다르게 만들 때도 있습니다. 단, 가장자리에서는 반드시 1무늬가 반복되지는 않습니다. 그래서 가장자리의 기호를 변칙으로 하여 콧수가 늘거나 줄지 않도록 조정합니다. 이 책에 실린 기호도는 가장자리에서 조정했으니 그대로 진행하면 됩니다.

무늬뜨기 기호도 보는 법

◎ 이 책의 무늬뜨기 기호도는 모두 겉에서 본 상태를 표시했습니다. 홀수 단은 뜨개 바탕 겉쪽을 보고 오른쪽부터 왼쪽을 향해 기호도대로 뜹니다. 짝수 단은 뜨개 바탕 안쪽을 보고 기호도의 왼쪽부터 오른쪽을 향해 기호도에 표시된 기호와 반대되는 뜨개코(예)로 뜹니다.

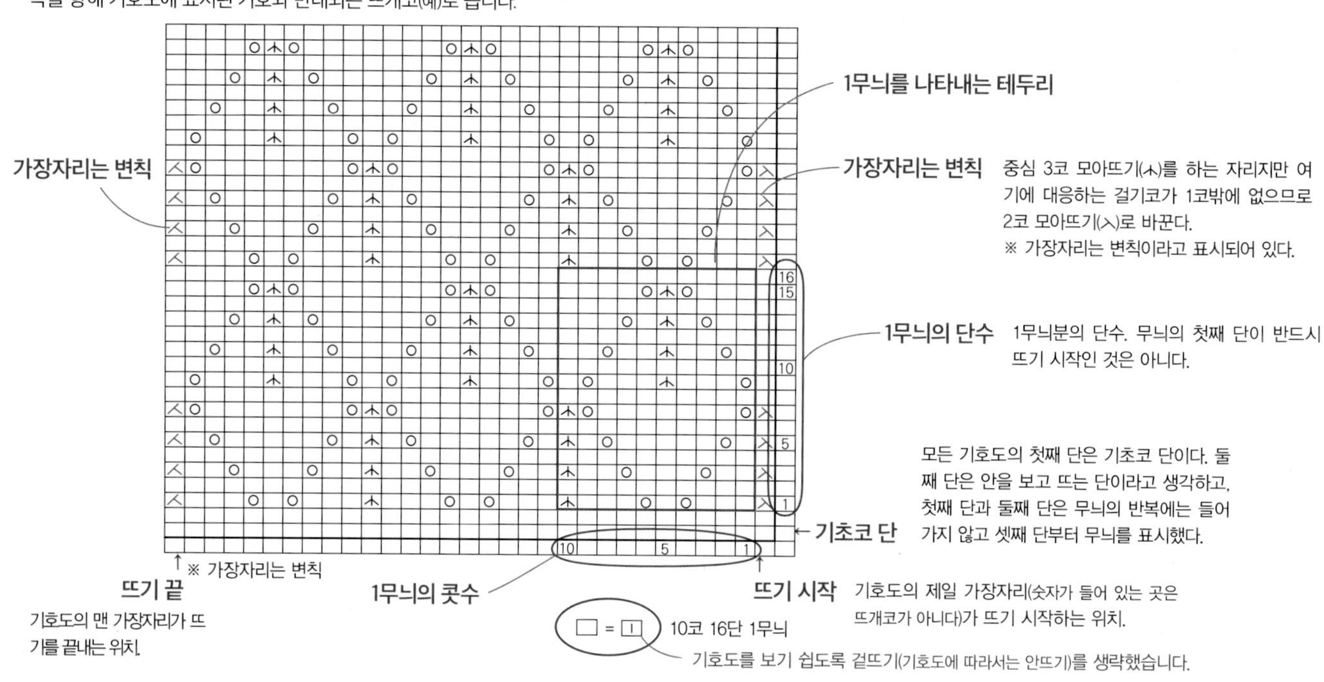

⊙ 이 기호도는 1무늬(반복되는 단위)를 2번 기재했지만, 공간상 1무늬를 1번 기재하고 가장자리의 변칙만 표시하기도 합니다.

작품으로 만들 때의 사용법

◎ 뜨고 싶은 작품의 너비가 될 때까지 1무늬를 반복하여 배치합니다. 양 가장자리는 기호도에 따라서는 변칙이 됩니다.

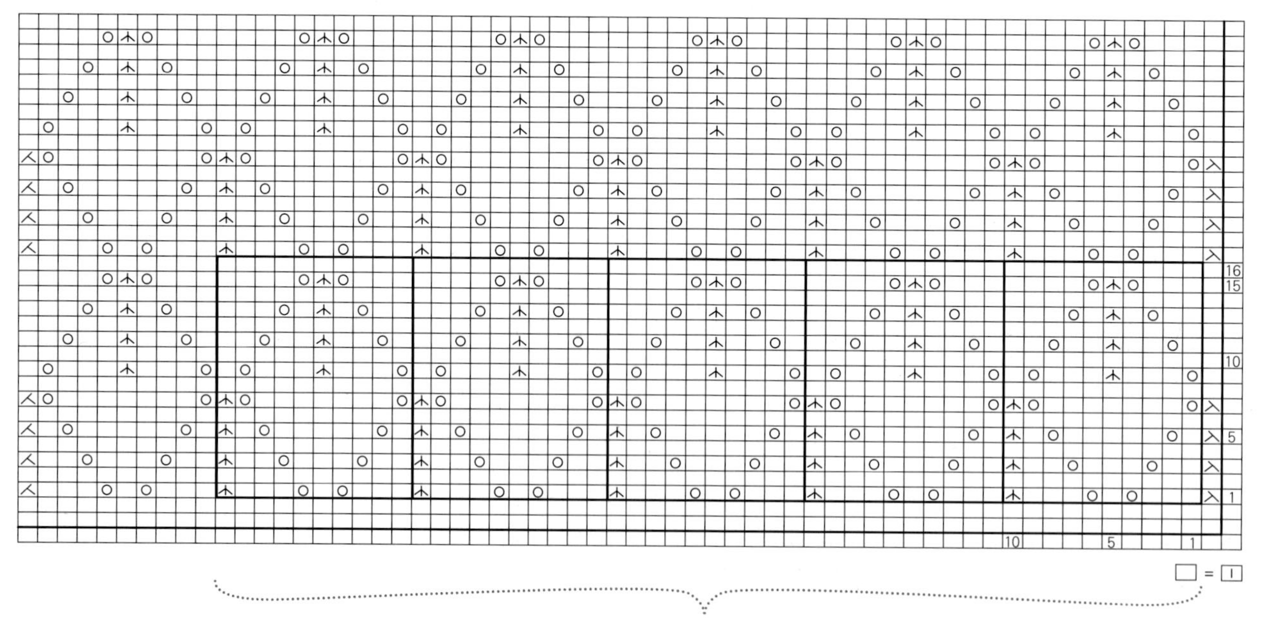

1무늬 10코 × 무늬 수(필요 콧수는 여기에 변칙 콧수분을 더한다)

⊙ 단, 이대로 뜨면 뜨개 바탕 가장자리(상하좌우)가 잘 유지되지 않으므로 무늬뜨기에 들어가기 전의 몇 단과 양옆에 가터뜨기를 배치하는 것이 좋다. P.15를 참조한다.

사용법의 예

◎ 뜨개 바탕의 모양을 유지하기 위해 뜨기 시작 쪽과 양 가장자리에 가터뜨기를 배치한 기호도의 예시입니다.

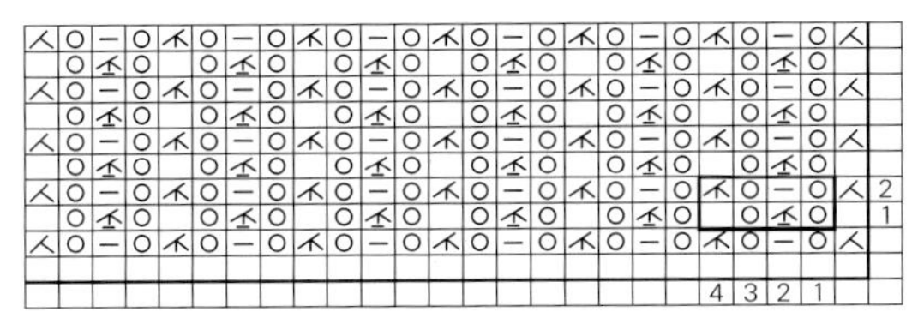

□ = ⊡ 4코 2단 1무늬

A

작품(→P.12) 선Line 182번 무늬 (가장자리에 변칙이 있는 경우)

이 무늬는 '걸기코, 3코 모아 안뜨기, 걸기코, 겉뜨기'의 반복입니다. 안을 보고 뜨는 단에서는 3코 모아 안뜨기부터 시작하므로 걸기코가 1코 부족합니다. 그래서 가장자리의 3코 모아뜨기를 2코 모아뜨기로 바꿔서 뜹니다.

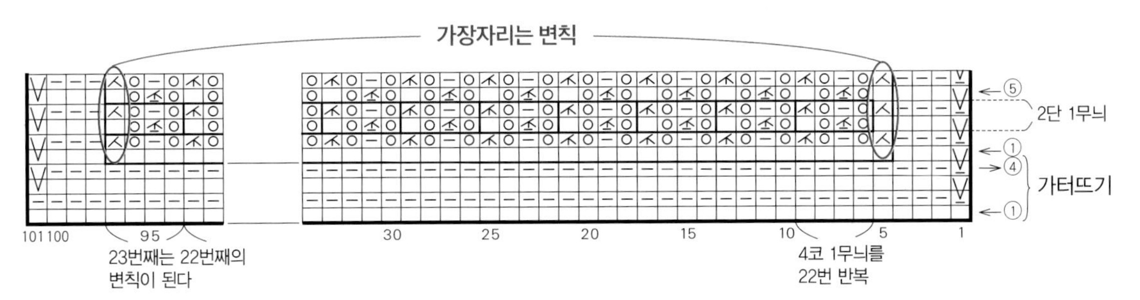

B

작품(→P.4) 나뭇잎Leaf 75번 무늬 (가장자리에 변칙이 없는 경우)

이 무늬도 A처럼 '3코 모아뜨기, 걸기코 2코'의 반복이지만, 무늬의 특성상 도중에서 뜨는 것은 어려우므로 반드시 무늬 단위로 배치합니다. 가장자리의 변칙은 필요 없으나 좌우 가장자리는 뜨개 바탕의 상태를 통일하여 작품을 균형 있게 마무리합니다.

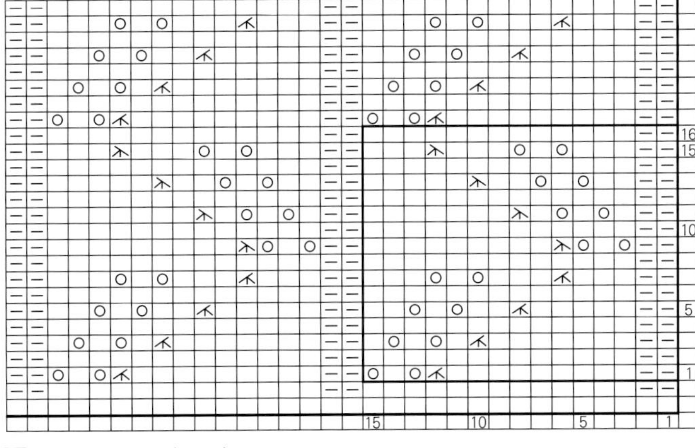

□ = ⊡ 15코 16단 1무늬

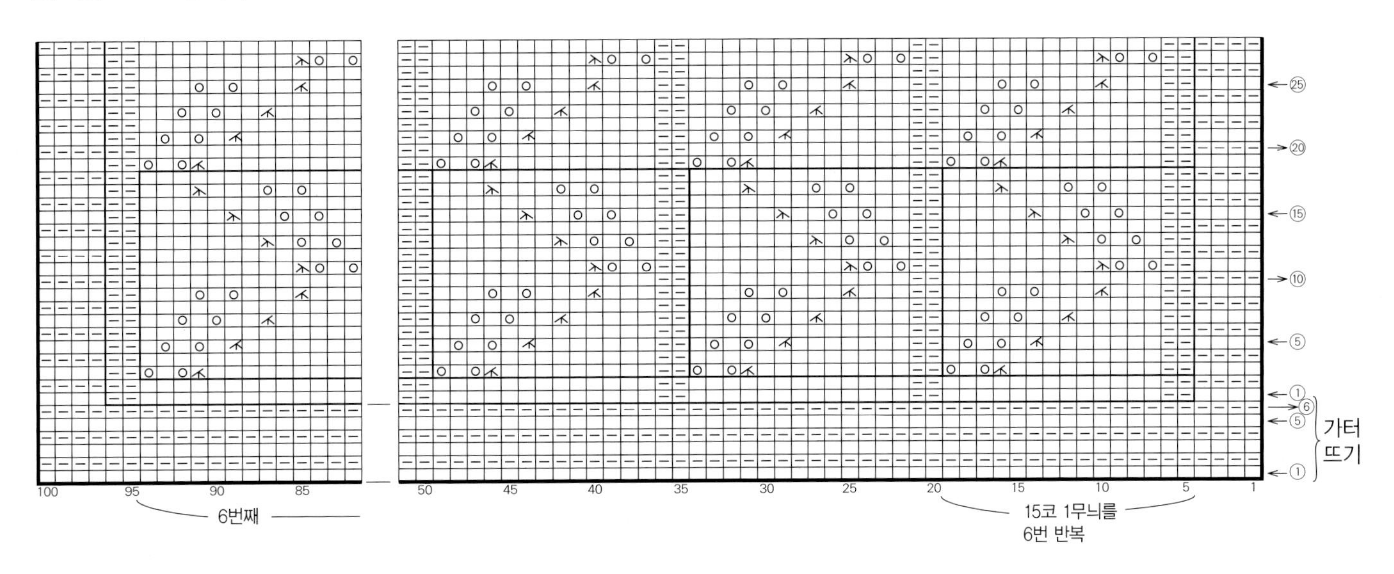

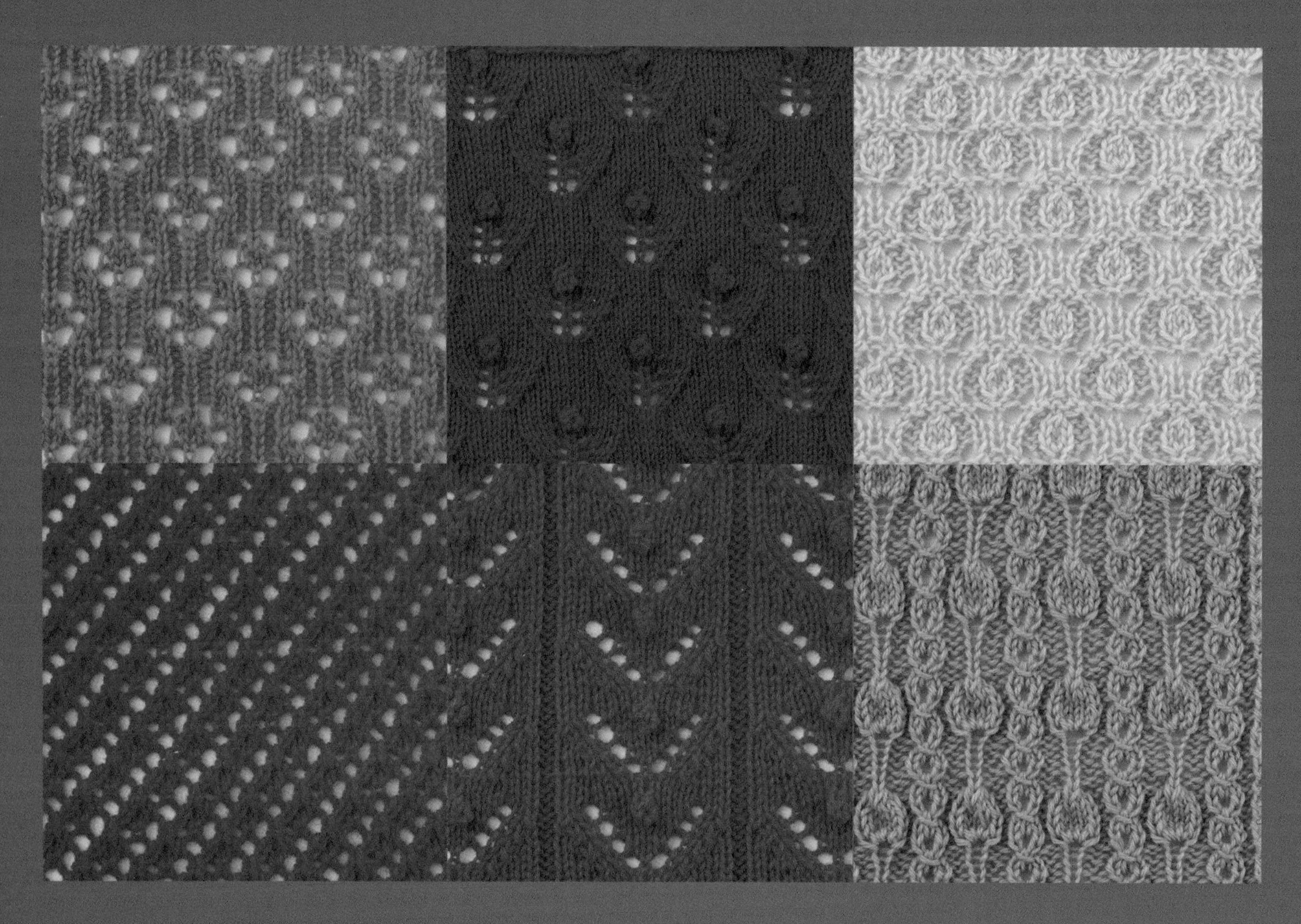

꽃 Flower

전체에 퍼져 있는 조그만 무늬부터 화려하게 작품의 메인을 장식하는 큰 무늬까지 꽃을 이미지로 삼은 무늬입니다. 작은 무늬는 조정하기 쉬워서 코를 늘리거나 줄이는 부분에 쓰면 좋습니다. 큰 무늬는 단의 뜨기 끝이 무늬의 어디에 오는지 생각하여 뜨기 시작할 부분을 정합니다.

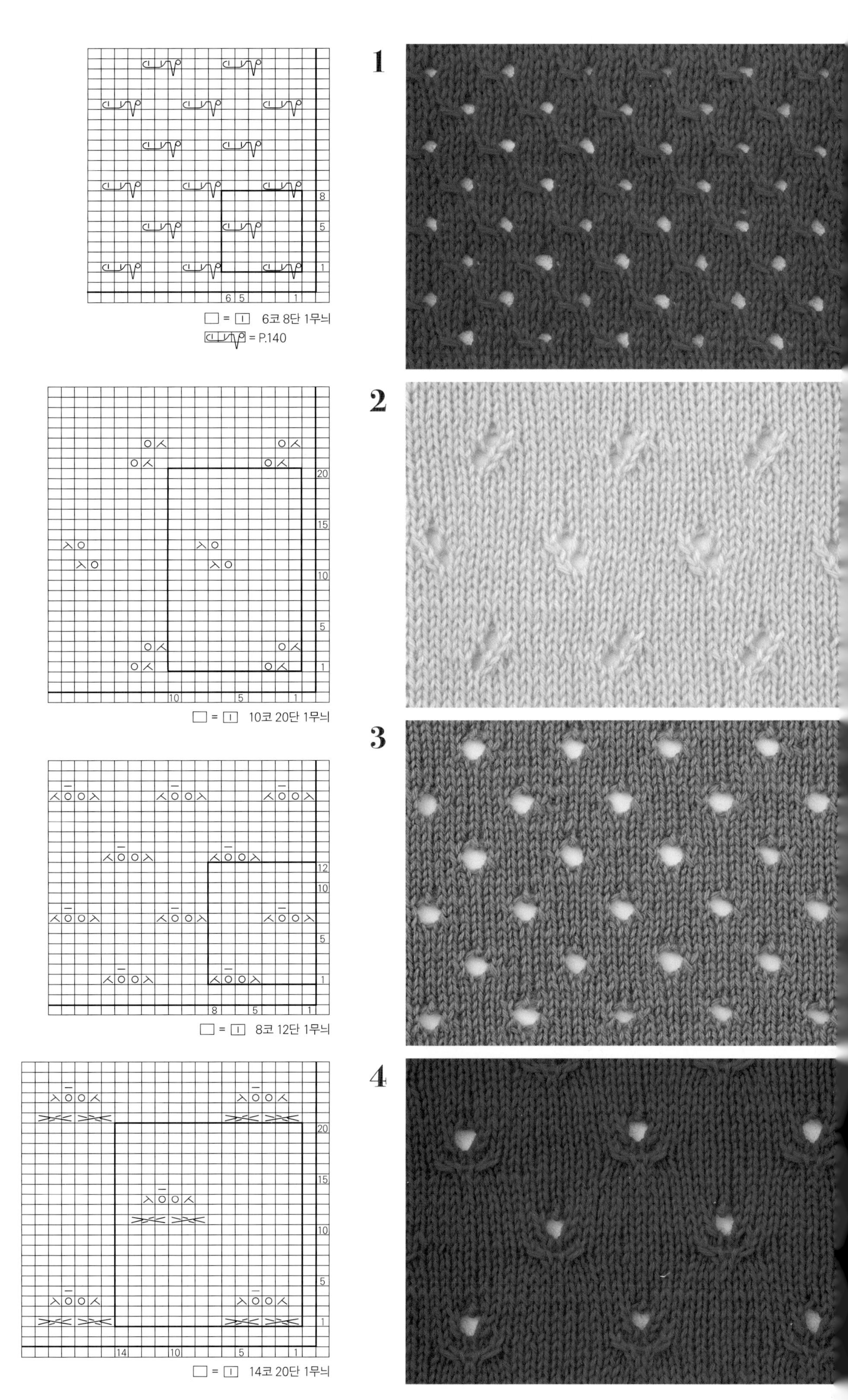
1
□ = ⊡ 6코 8단 1무늬
= P.140
2
□ = ⊡ 10코 20단 1무늬
3
□ = ⊡ 8코 12단 1무늬
4
□ = ⊡ 14코 20단 1무늬

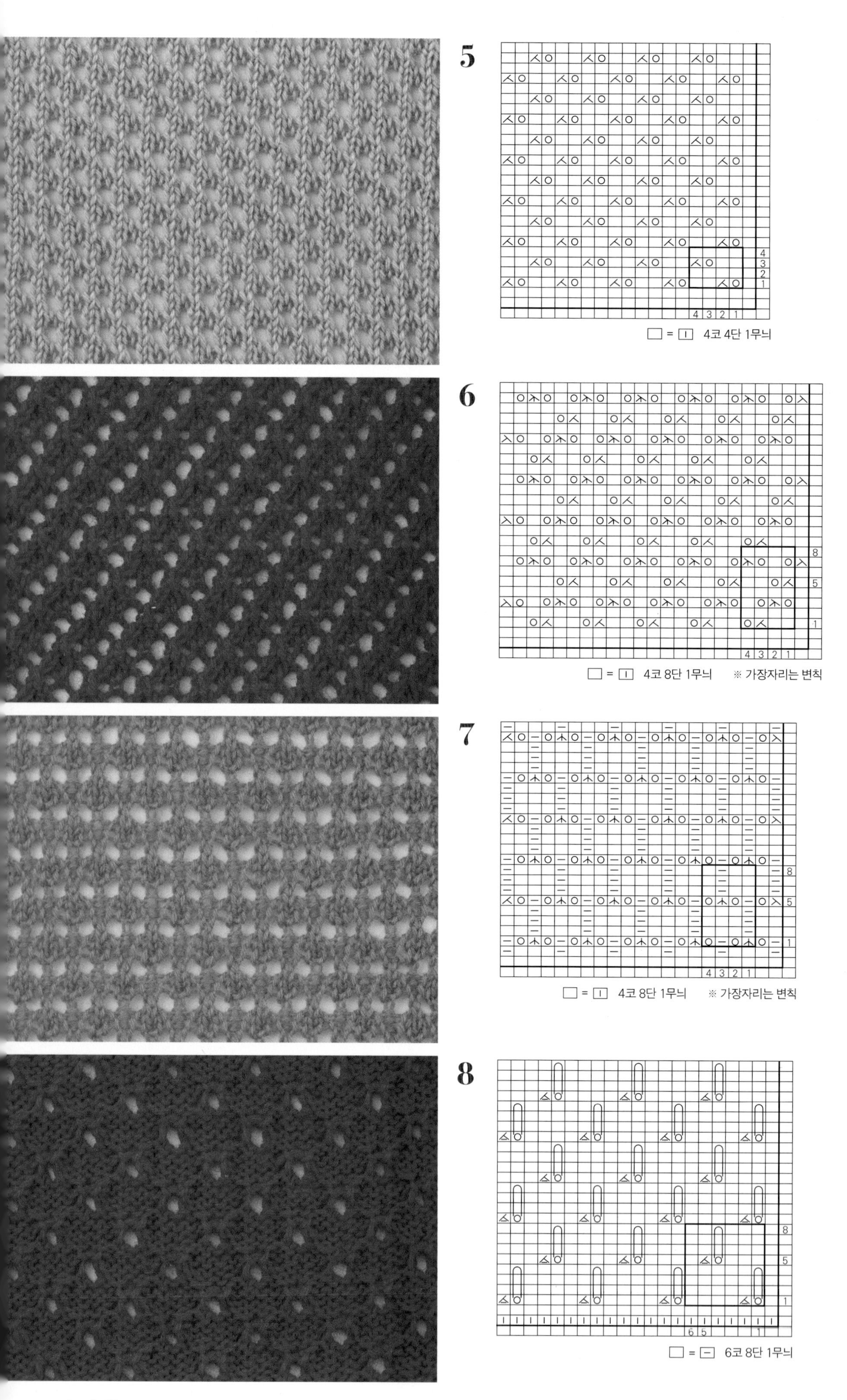
5
4코 4단 1무늬
6
4코 8단 1무늬
※ 가장자리는 변칙
7
4코 8단 1무늬
※ 가장자리는 변칙
8
6코 8단 1무늬

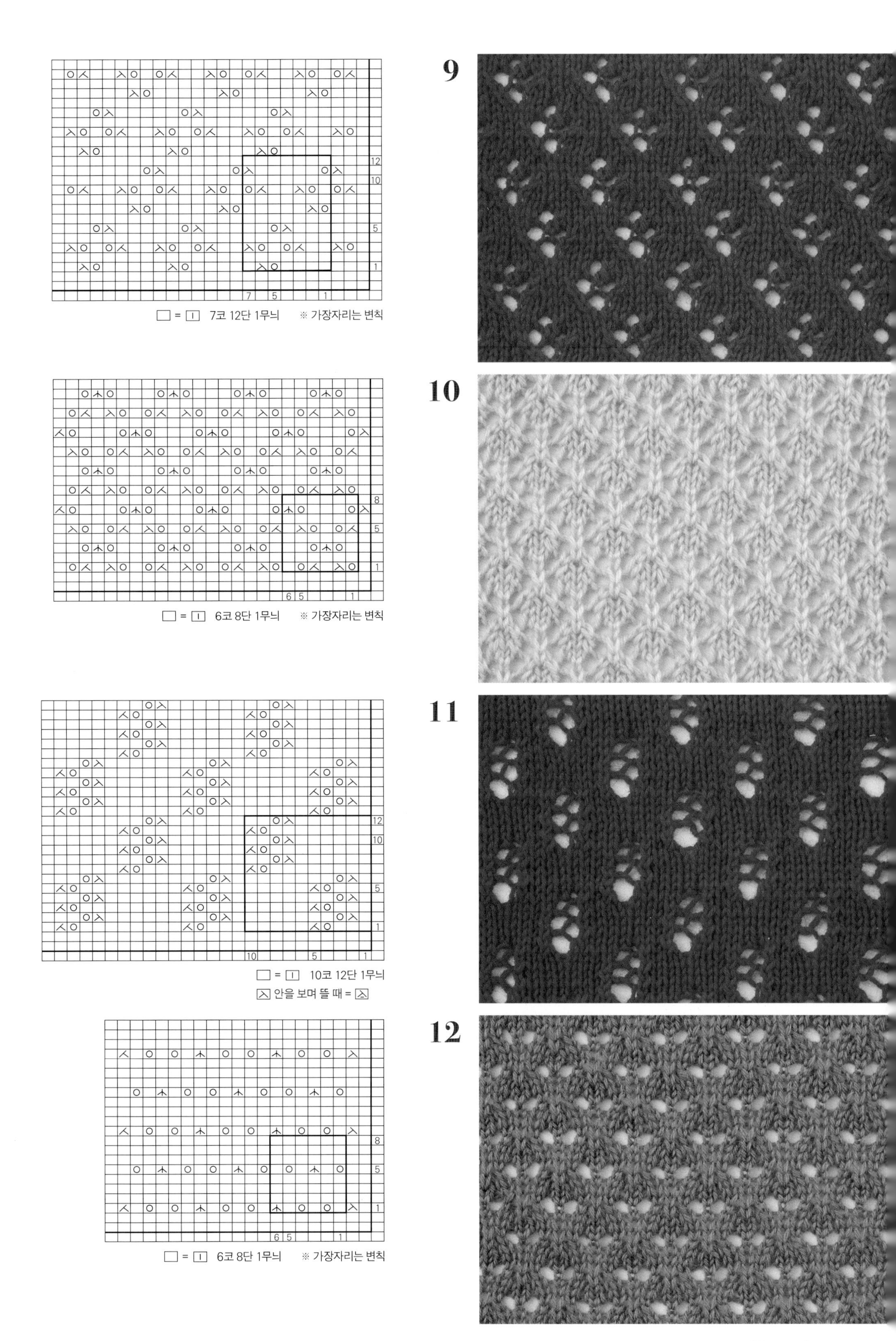
9
= 7코 12단 1무늬 ※ 가장자리는 변칙
10
= 6코 8단 1무늬 ※ 가장자리는 변칙
11
= 10코 12단 1무늬
안을 보며 뜰 때 =
12
= 6코 8단 1무늬 ※ 가장자리는 변칙

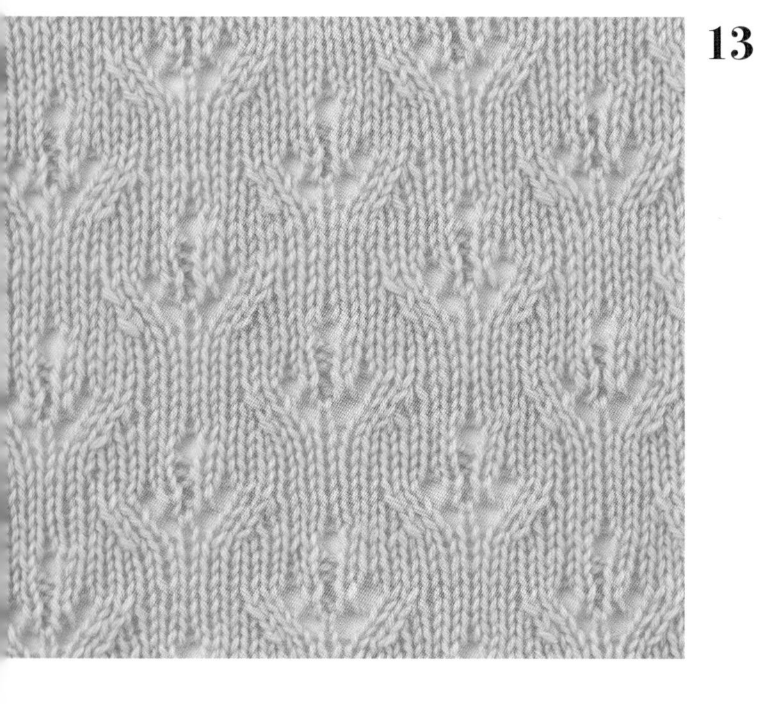

13

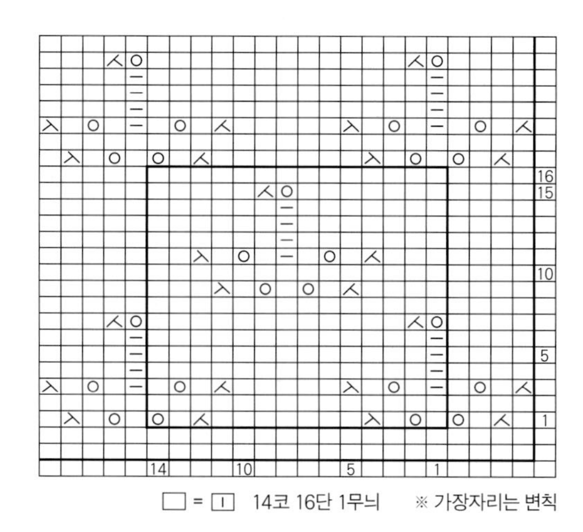

□ = ⊡ 14코 16단 1무늬 ※ 가장자리는 변칙

14

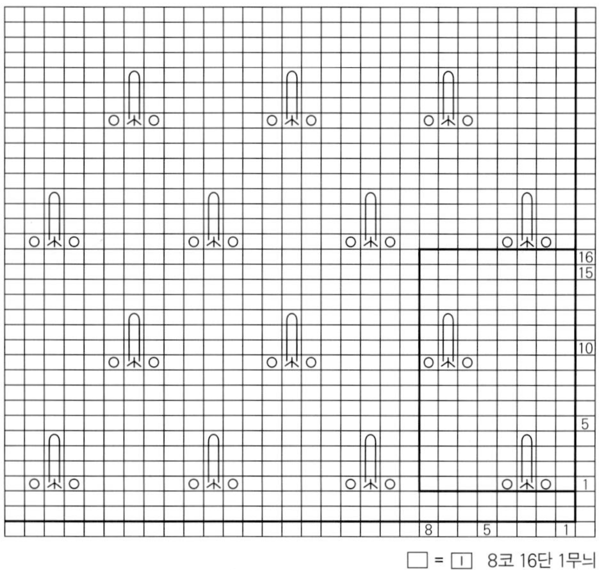

□ = ⊡ 8코 16단 1무늬

15

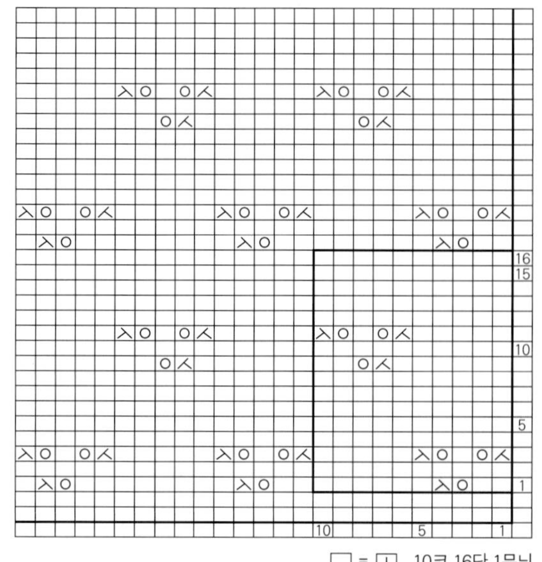

□ = ⊡ 10코 16단 1무늬

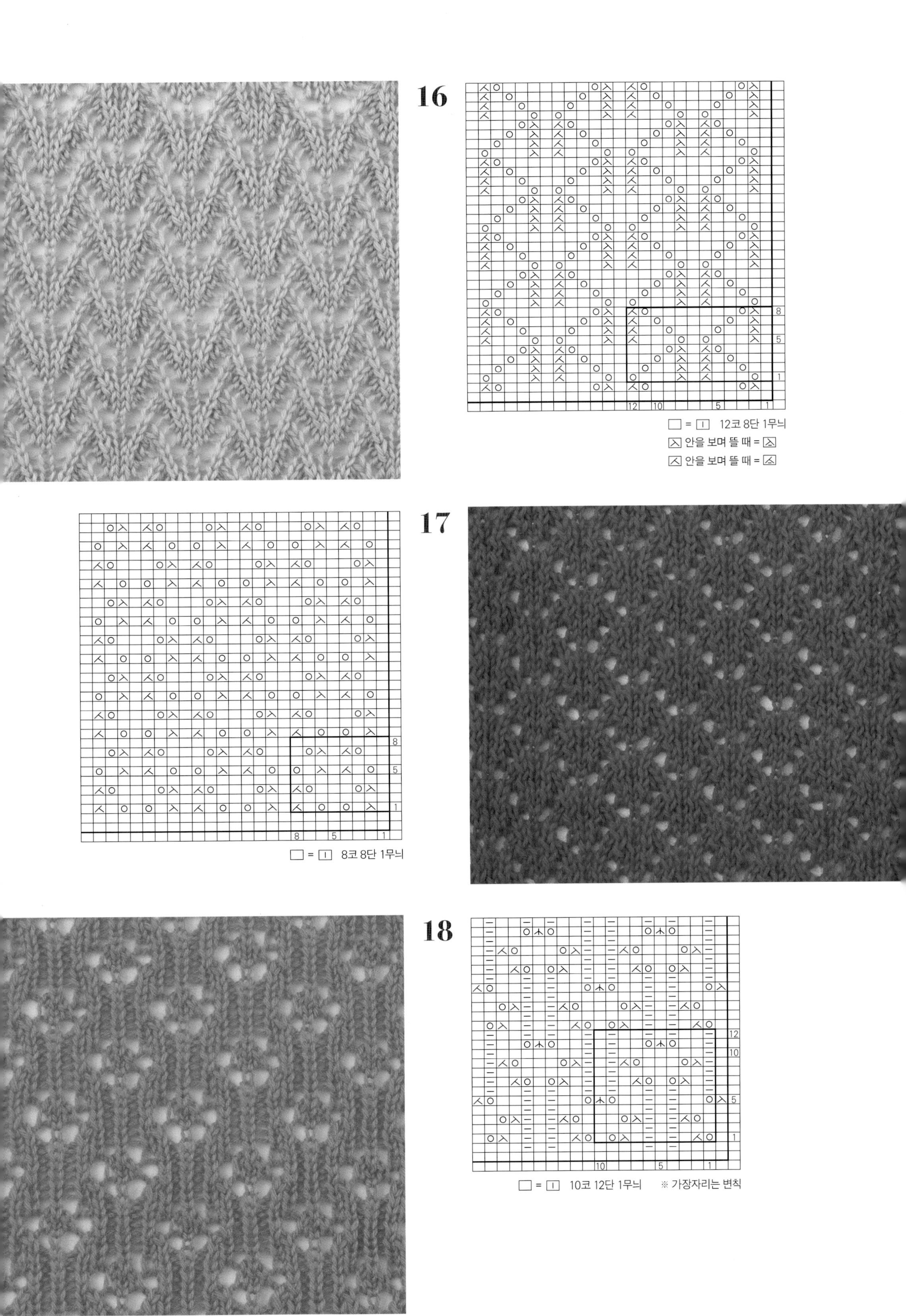
16
12코 8단 1무늬
안을 보며 뜰 때 =
안을 보며 뜰 때 =
17
8코 8단 1무늬
18
10코 12단 1무늬
※ 가장자리는 변칙

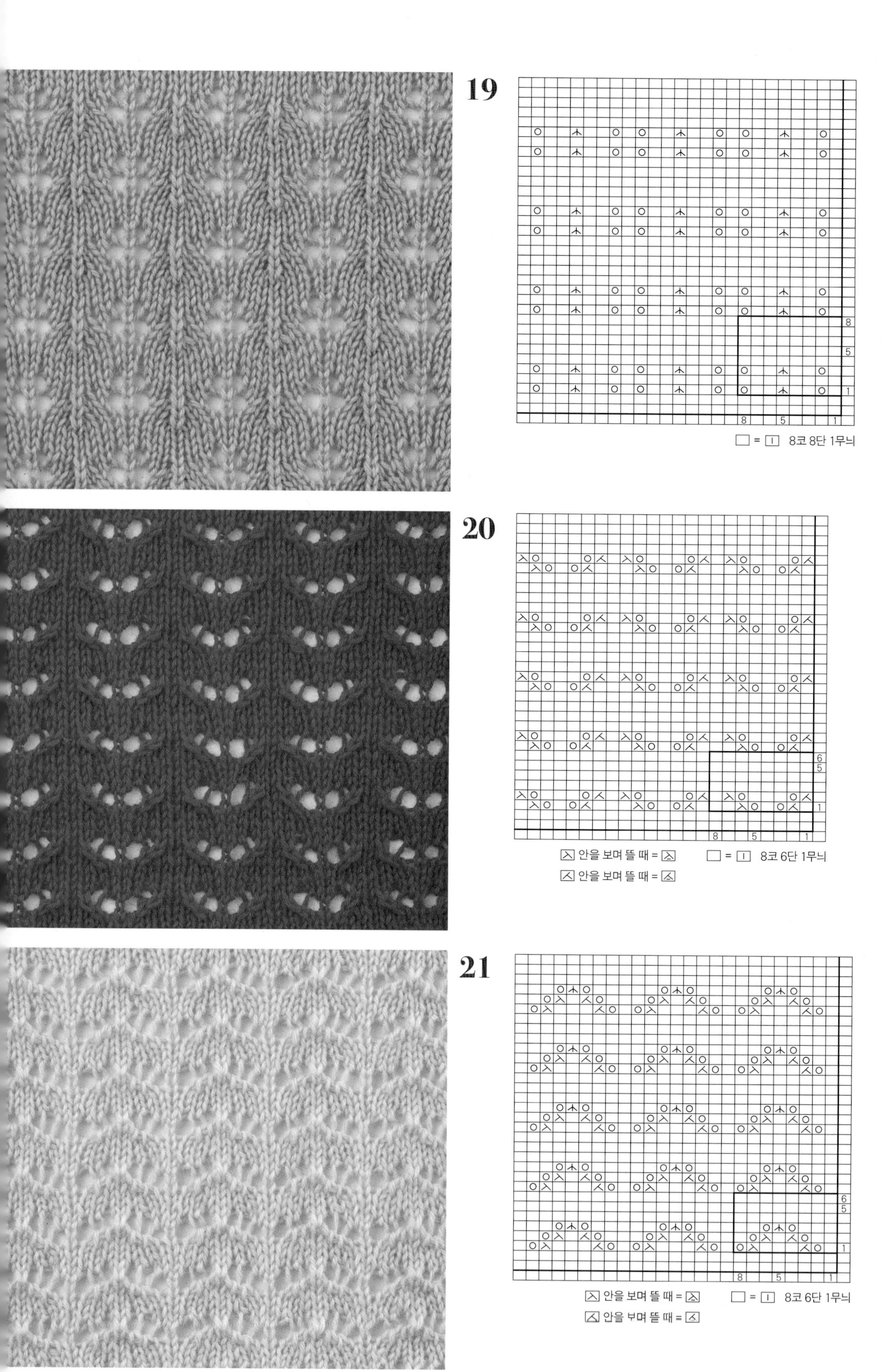
19
8
5
1
8
5
1
= 8코 8단 1무늬
20
6
5
1
8
5
1
안을 보며 뜰 때 =
= 8코 6단 1무늬
안을 보며 뜰 때 =
21
6
5
1
8
5
1
안을 보며 뜰 때 =
= 8코 6단 1무늬
안을 부며 뜰 때 =

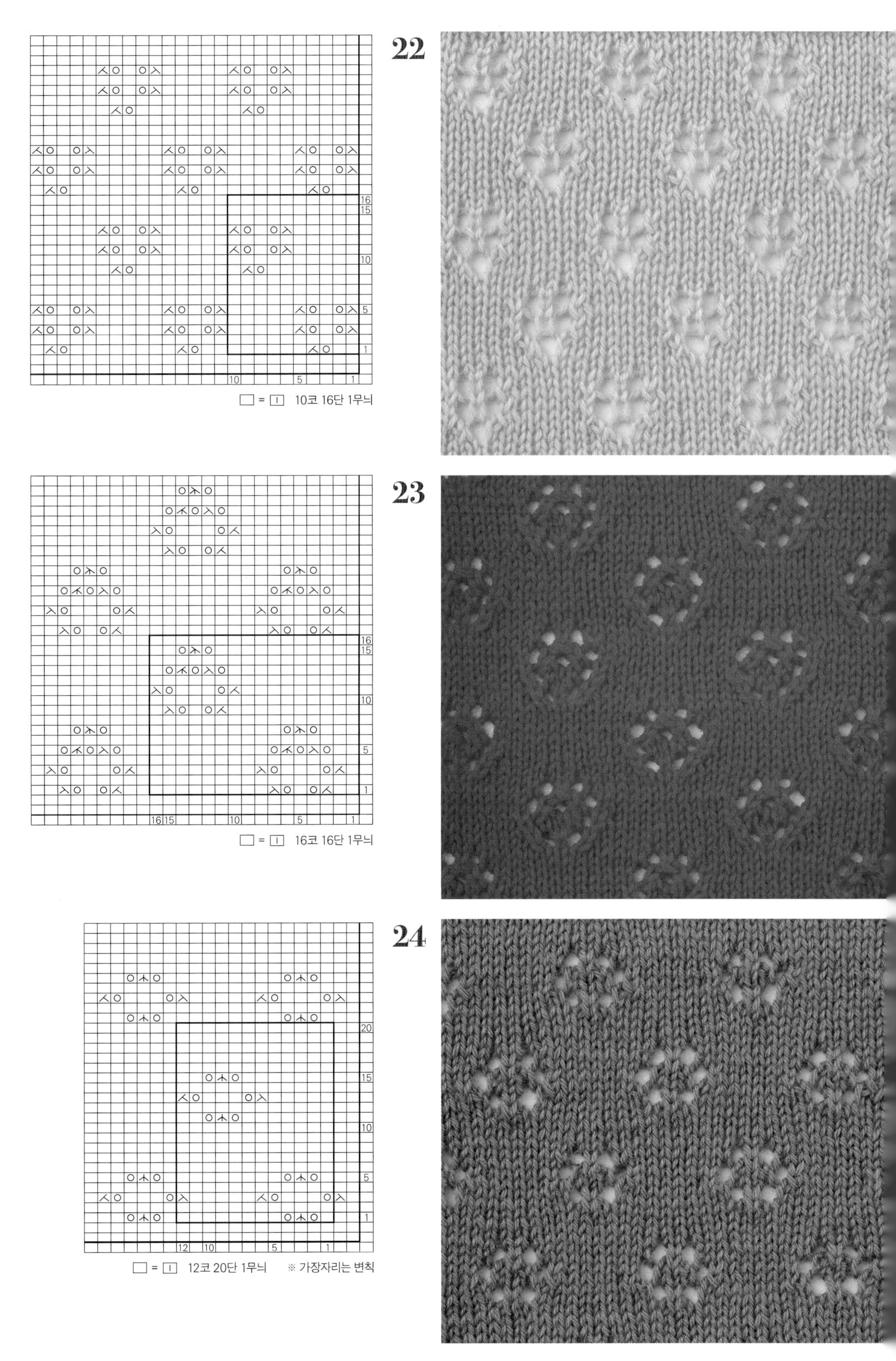

22

□ = [I] 10코 16단 1무늬

23

□ = [I] 16코 16단 1무늬

24

□ = [I] 12코 20단 1무늬 ※ 가장자리는 변칙

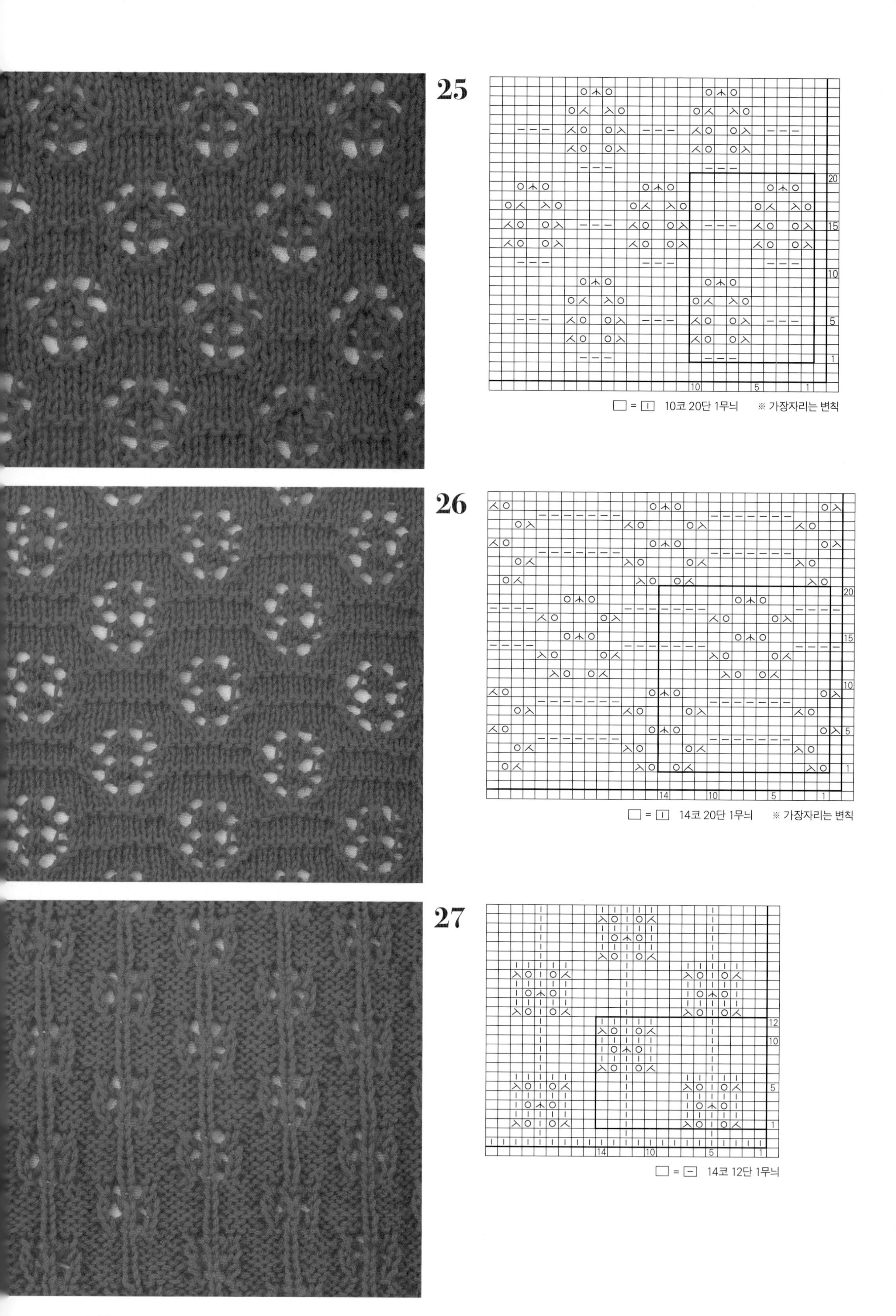
25
10코 20단 1무늬
※ 가장자리는 변칙
26
14코 20단 1무늬
※ 가장자리는 변칙
27
14코 12단 1무늬

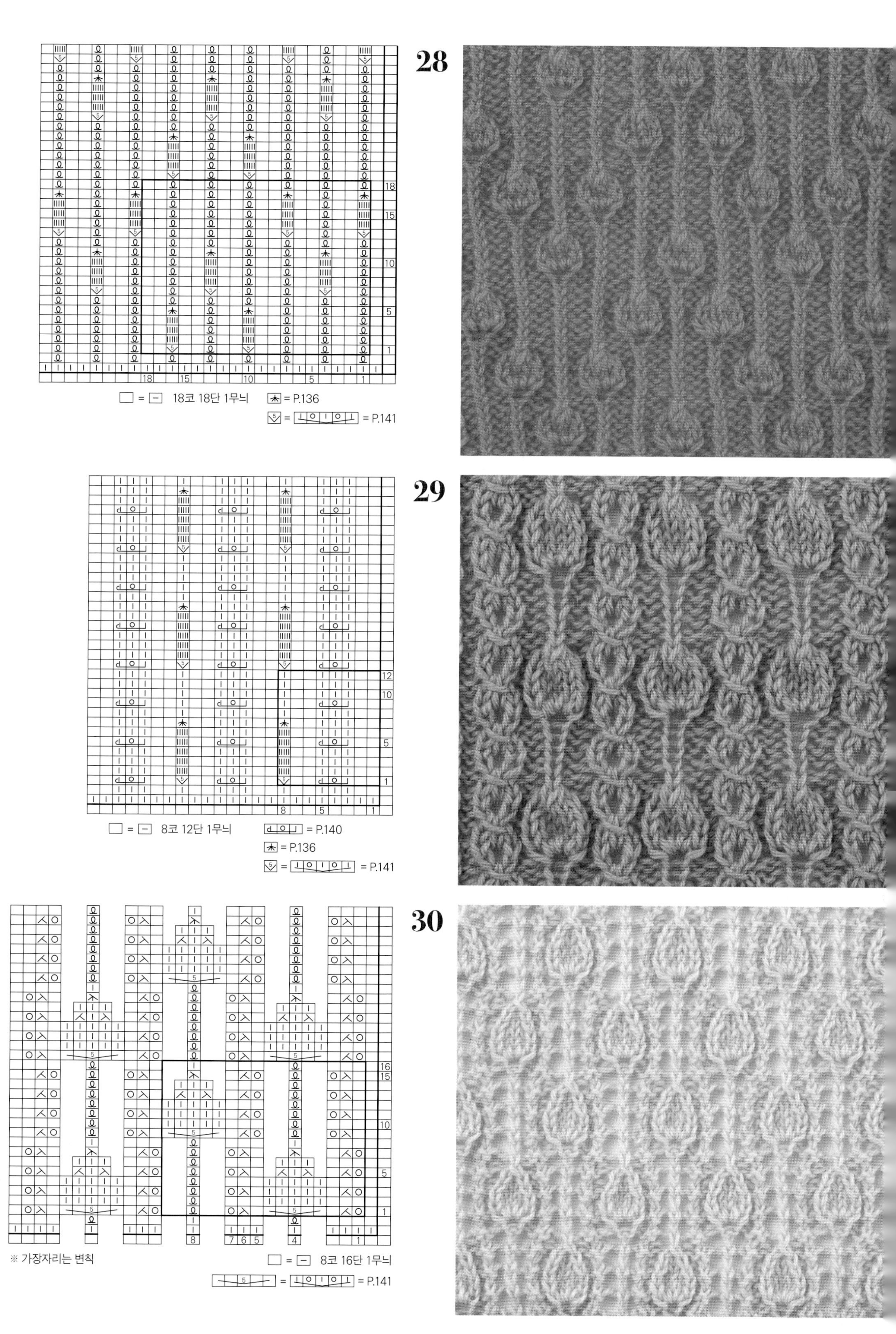
28
18
15
10
5
1
18
15
10
5
1
□ = ⊟ 18코 18단 1무늬
= P.136
= P.141
29
12
10
5
1
8
5
1
□ = ⊟ 8코 12단 1무늬
= P.140
= P.136
= P.141
30
16
15
10
5
1
8
7 6 5
4
1
※ 가장자리는 변칙
□ = ⊟ 8코 16단 1무늬
= P.141

31

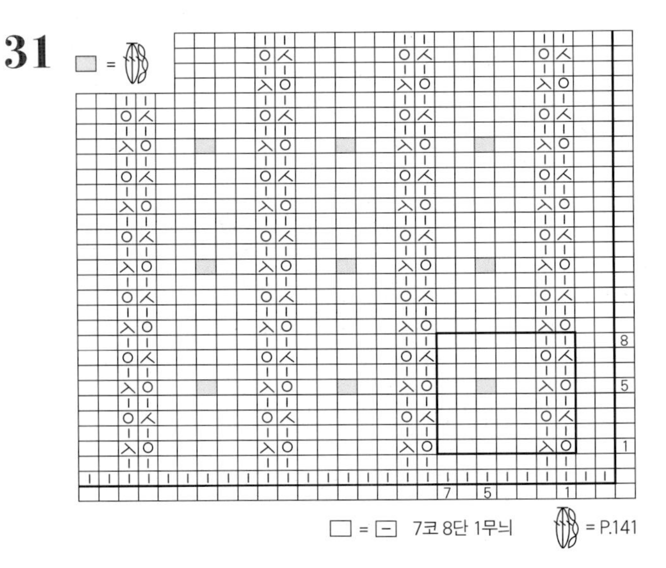

□ = ⊟ 7코 8단 1무늬 = P.141

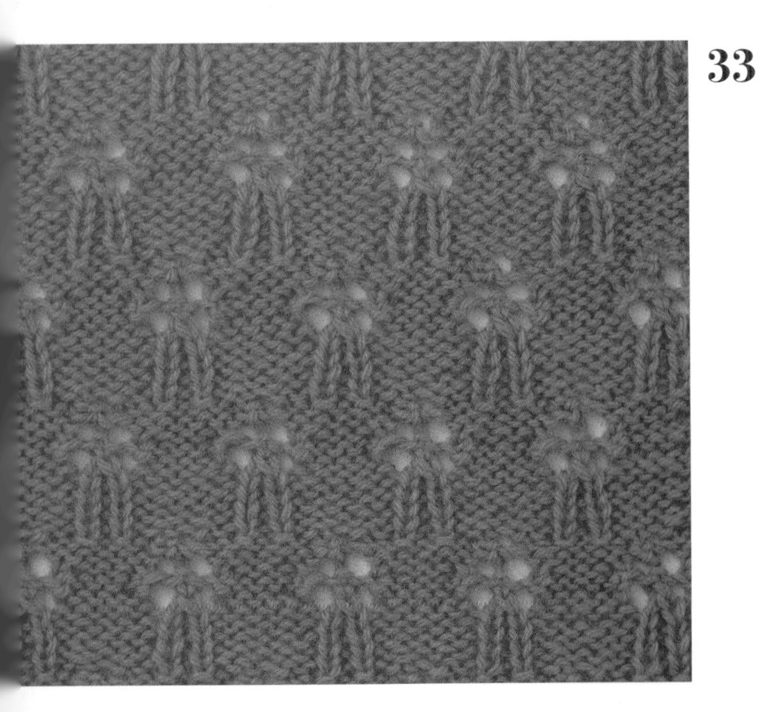

32

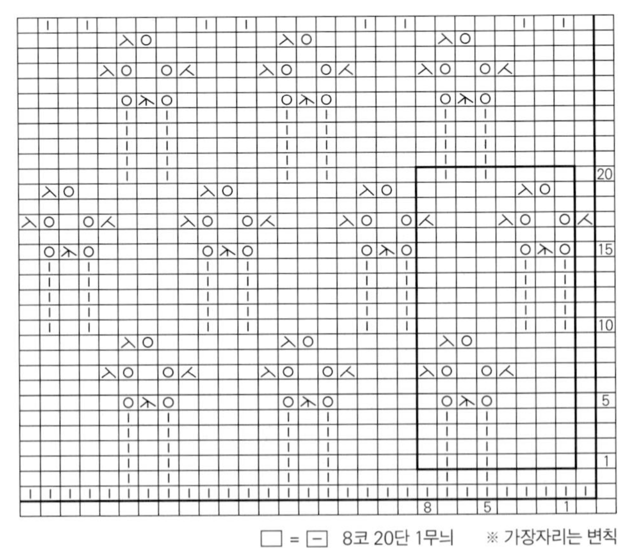

⋋ 안을 보며 뜰 때 = ⋋

⋌ 안을 보며 뜰 때 = ⋌

□ = ⊡ 15코 10단 1무늬 ※ 가장자리는 변칙

33

□ = ⊟ 8코 20단 1무늬 ※ 가장자리는 변칙

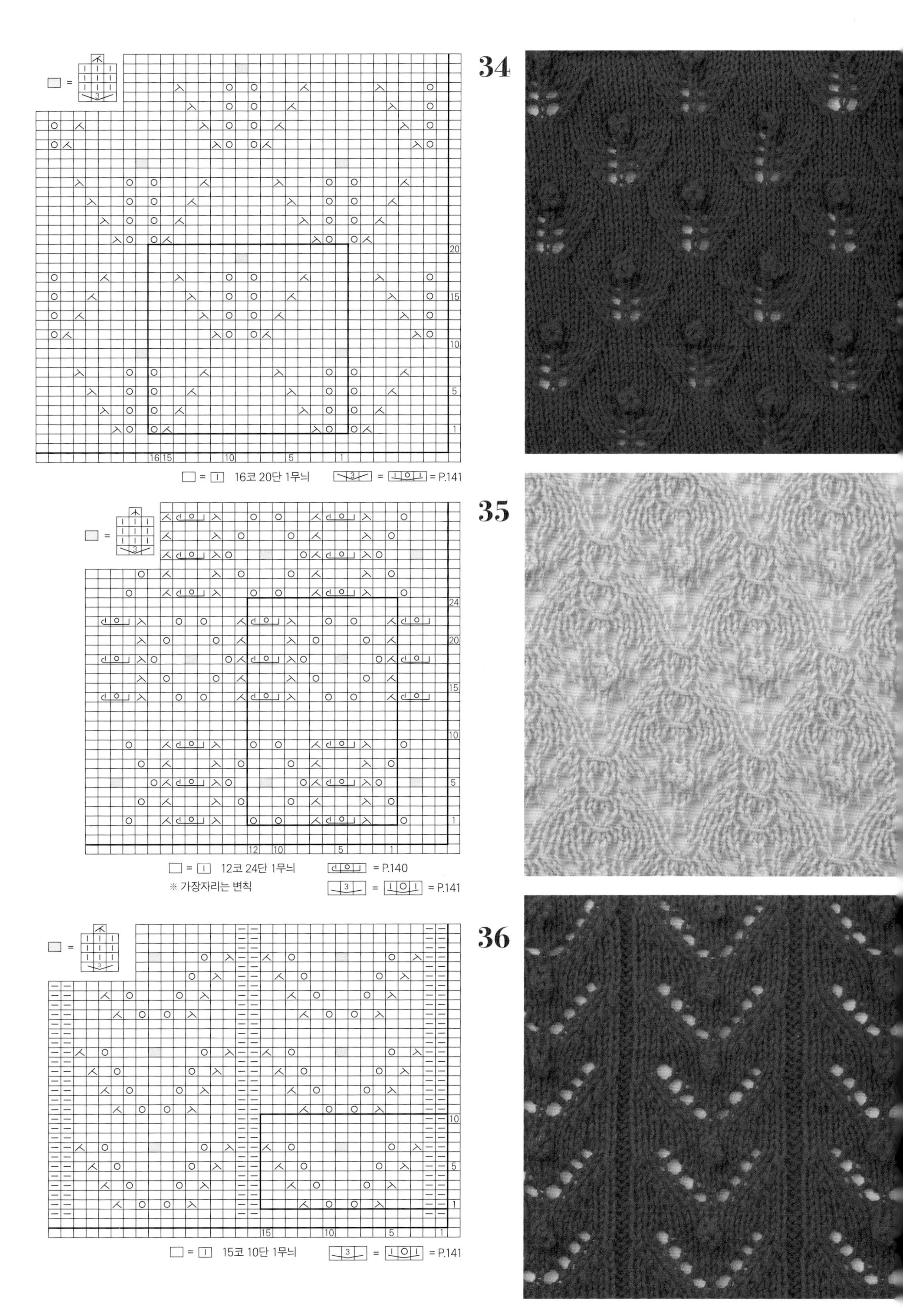
34
16코 20단 1무늬
= P.141
35
12코 24단 1무늬
= P.140
※ 가장자리는 변칙
= P.141
36
15코 10단 1무늬
= P.141

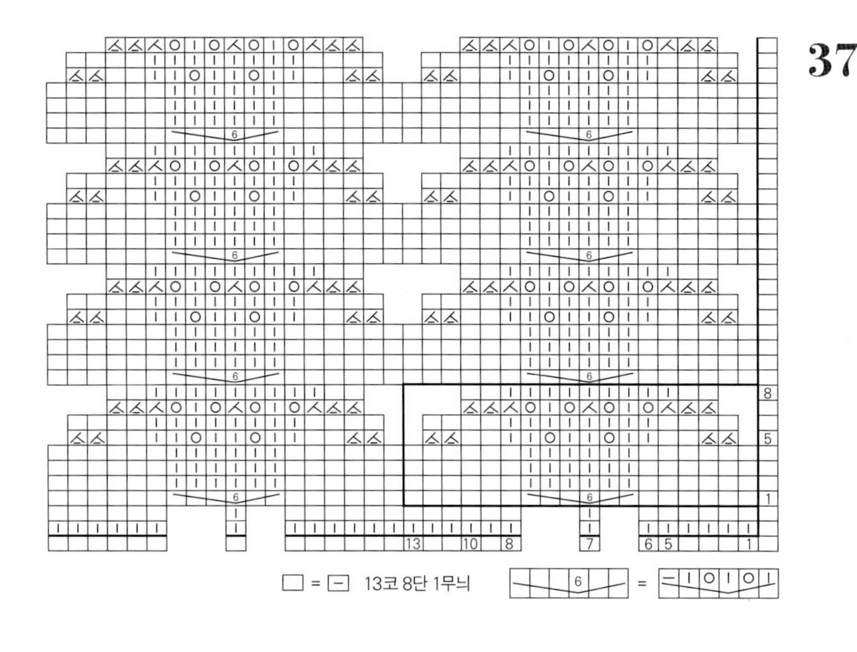

□ = ⊟ 13코 8단 1무늬

37

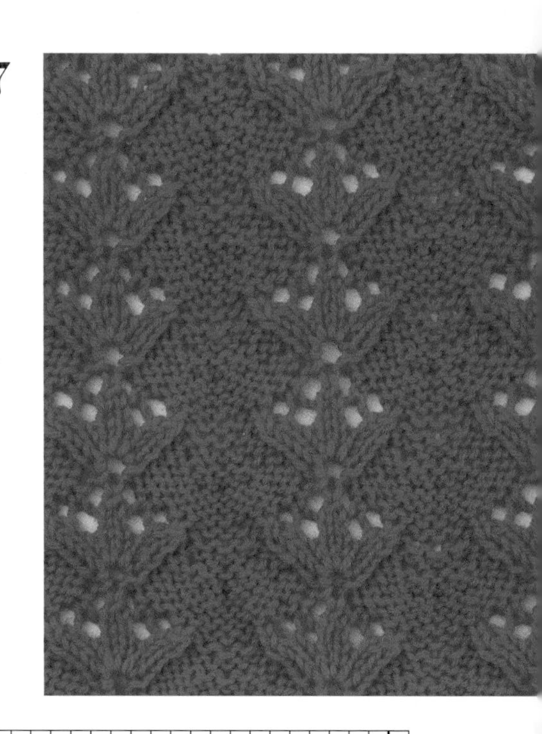

38

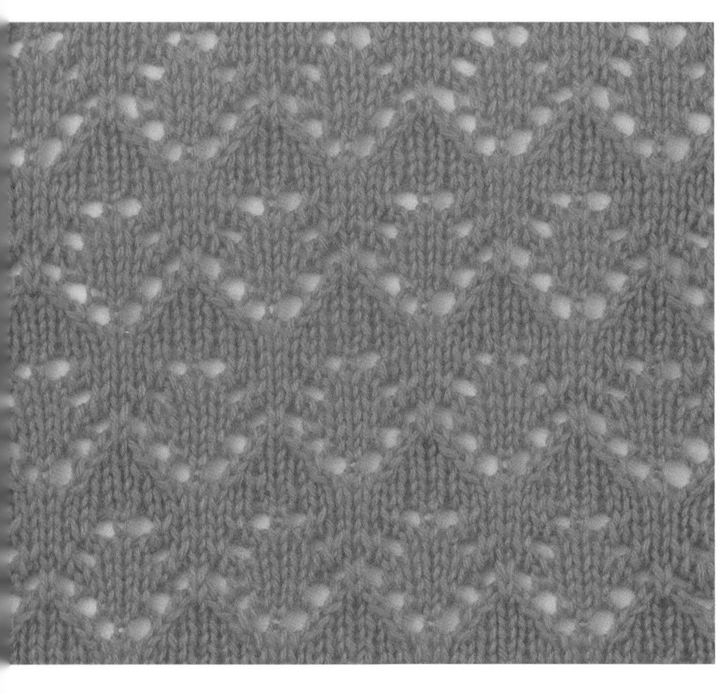

□ = ⏐ 8코 24단 1무늬 ※ 가장자리는 변칙

39

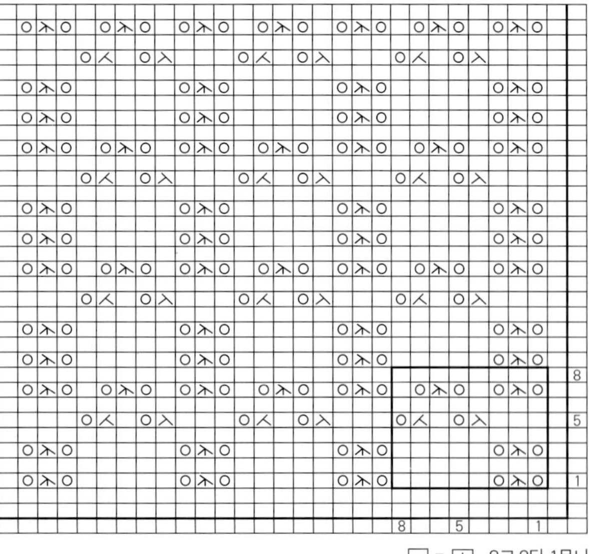

□ = ⏐ 8코 8단 1무늬

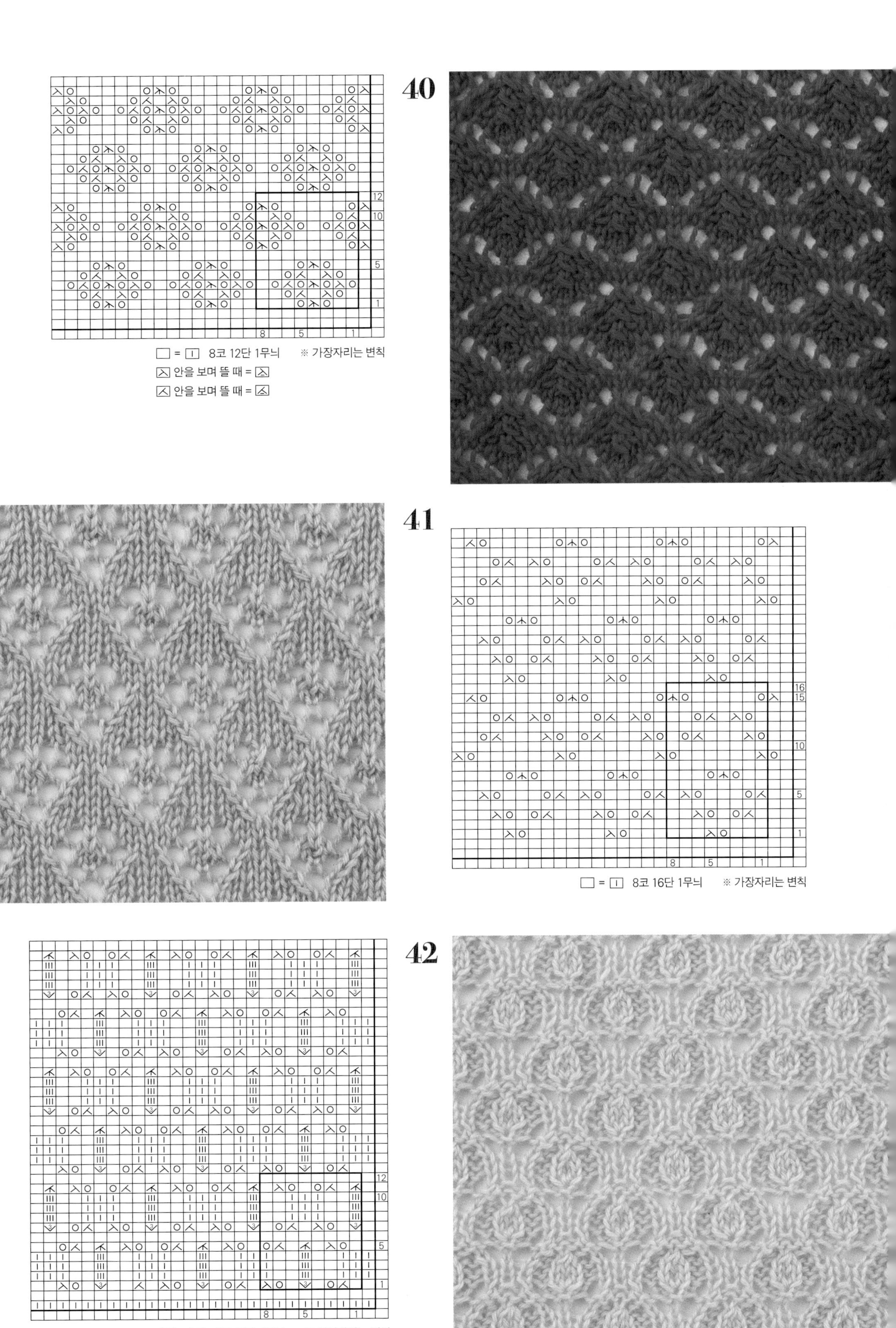
40
8코 12단 1무늬
※ 가장자리는 변칙
안을 보며 뜰 때 =
안을 보며 뜰 때 =
41
8코 16단 1무늬
※ 가장자리는 변칙
42
8코 12단 1무늬
※ 가장자리는 변칙
= P.141

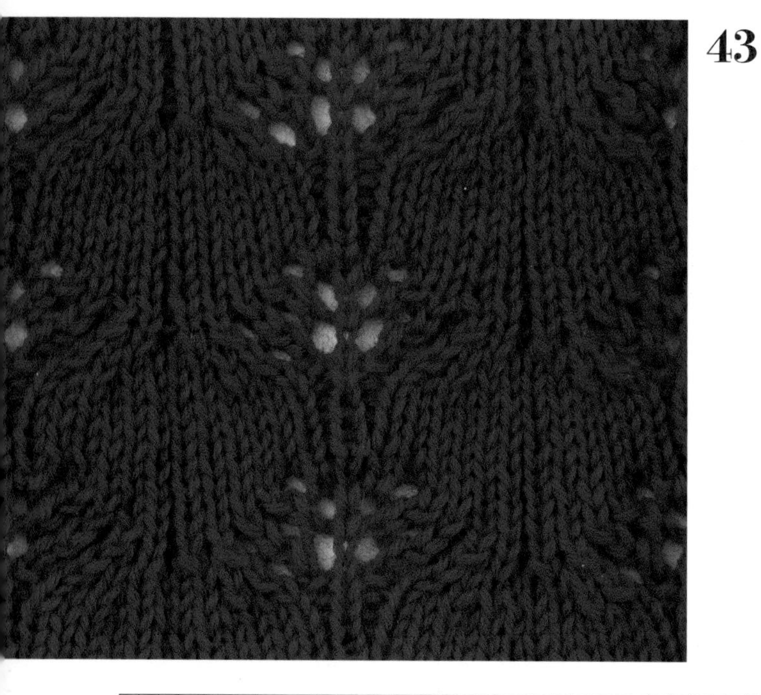

43

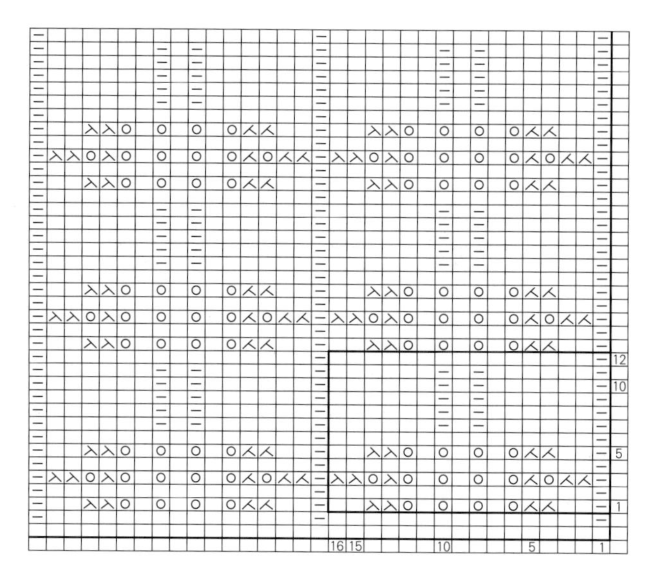

□ = ⊟ 16코 12단 1무늬

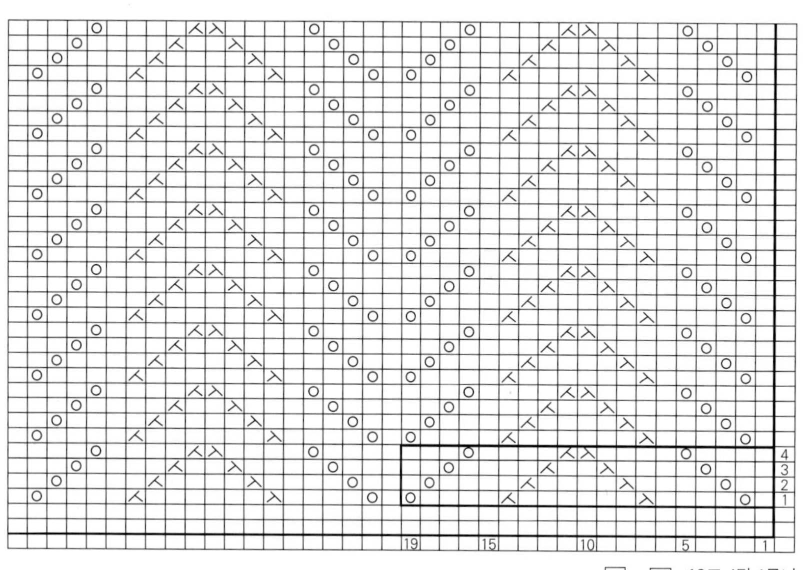

44

□ = ⊟ 19코 4단 1무늬

⋌ 안을 보며 뜰 때 = ⋌

⋋ 안을 보며 뜰 때 = ⋋

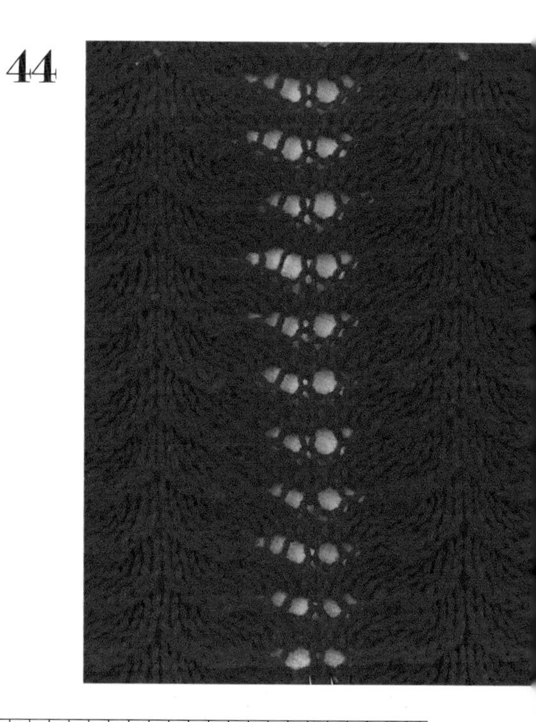

45

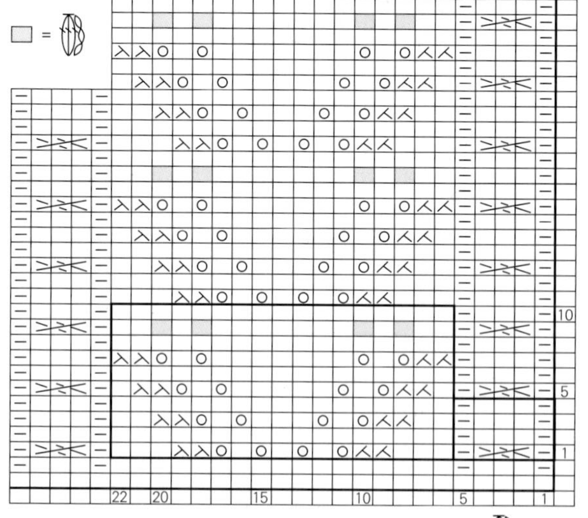

□ = ⊟ 22코 10단(4단) 1무늬 = P.141

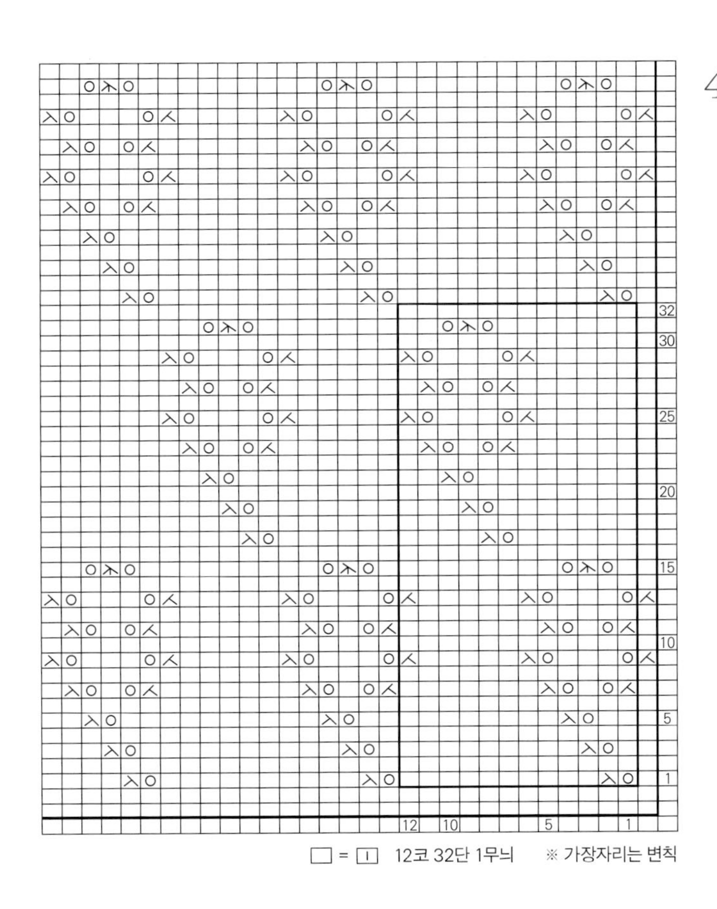

46

□ = ㅣ 12코 32단 1무늬 ※ 가장자리는 변칙

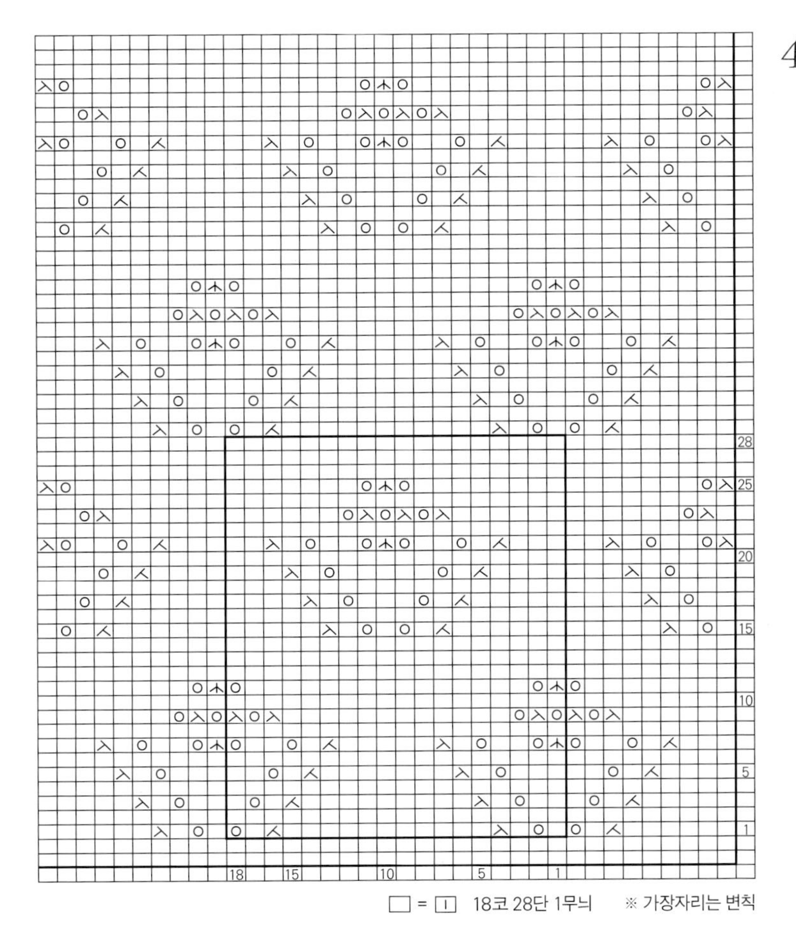

47

□ = ㅣ 18코 28단 1무늬 ※ 가장자리는 변칙

48

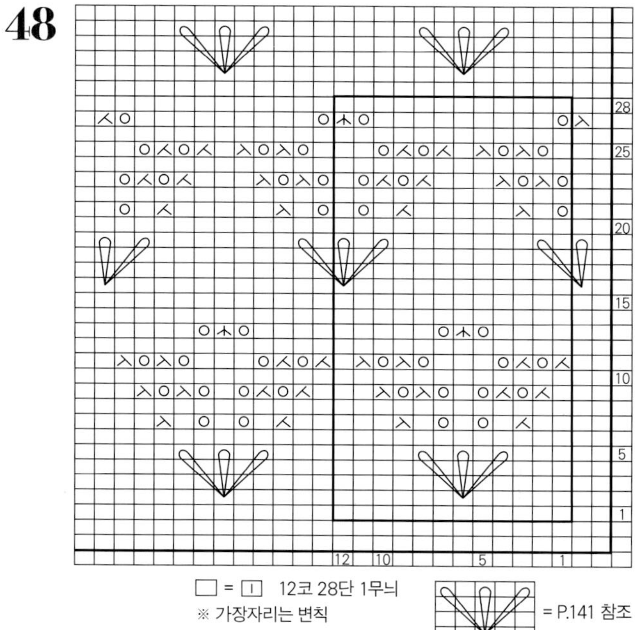

□ = ⊡ 12코 28단 1무늬

※ 가장자리는 변칙

= P.141 참조

49

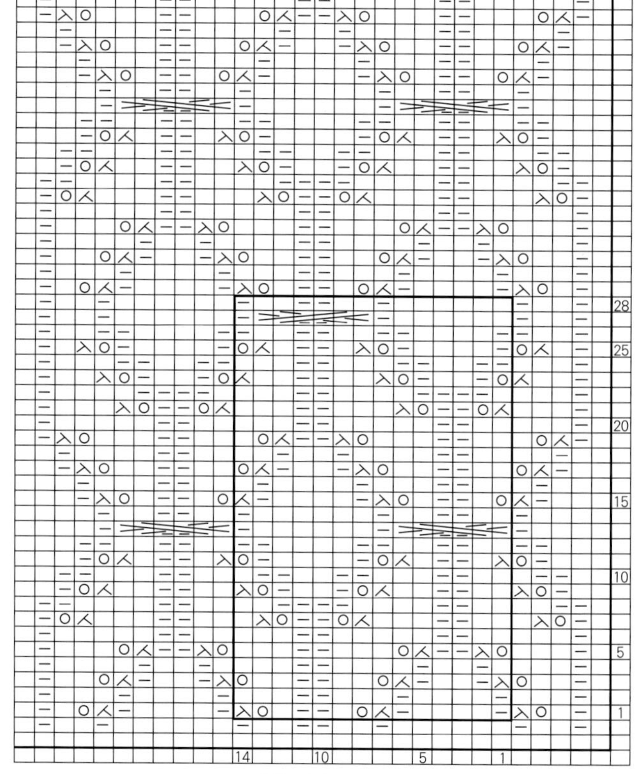

□ = ⊡ 14코 28단 1무늬 ※ 가장자리는 변칙

나뭇잎 Leaf

비침무늬 중에서도 가장 인기 있는 무늬입니다. 올록볼록한 느낌이 있는 입체적인 패턴부터 비치는 느낌이 아름다운 섬세한 무늬까지 코 줄이기와 걸기코를 자유자재로 구사하여 다양한 모양의 나뭇잎을 표현할 수 있습니다.

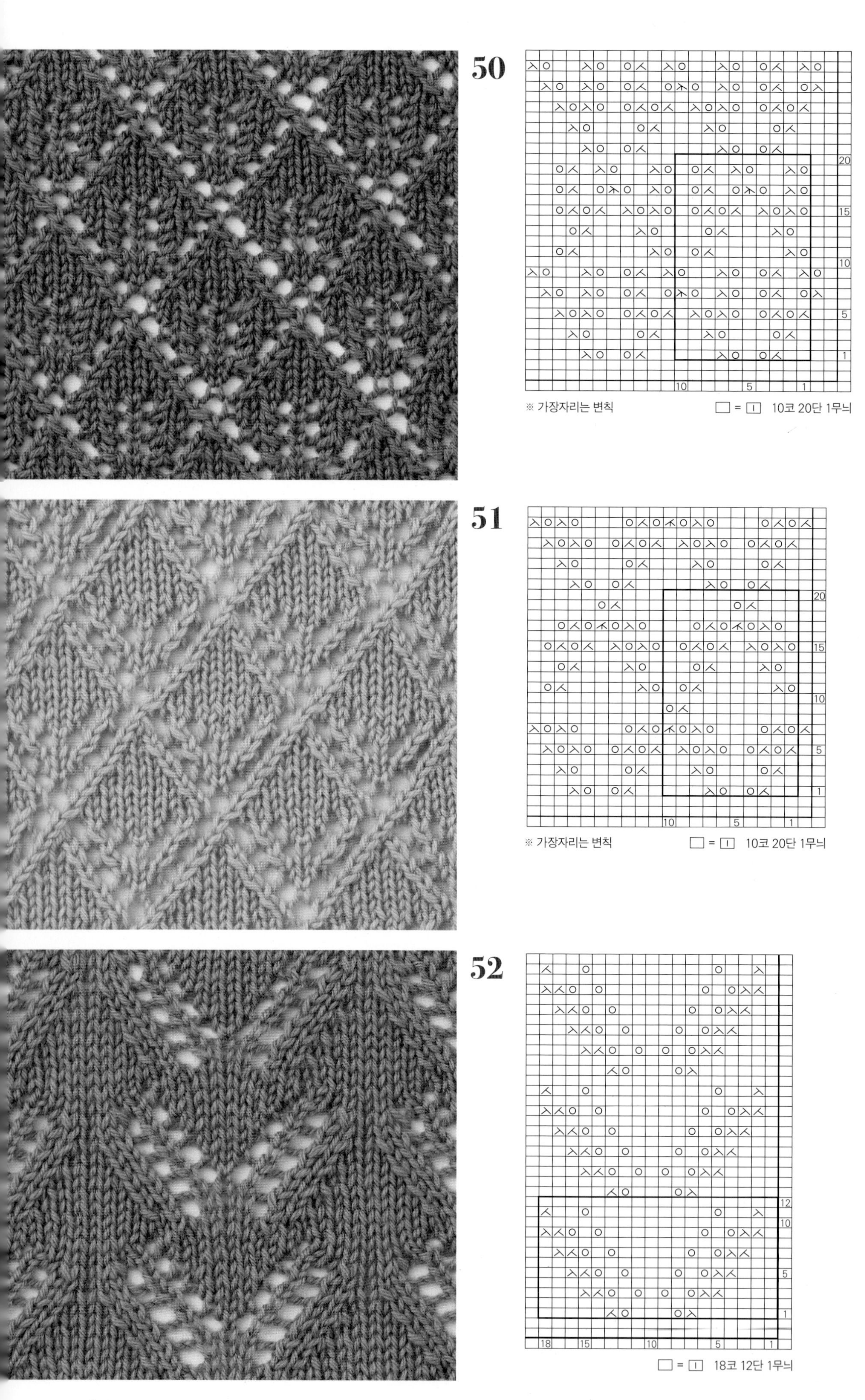
50
※ 가장자리는 변칙
= 10코 20단 1무늬
51
※ 가장자리는 변칙
= 10코 20단 1무늬
52
= 18코 12단 1무늬

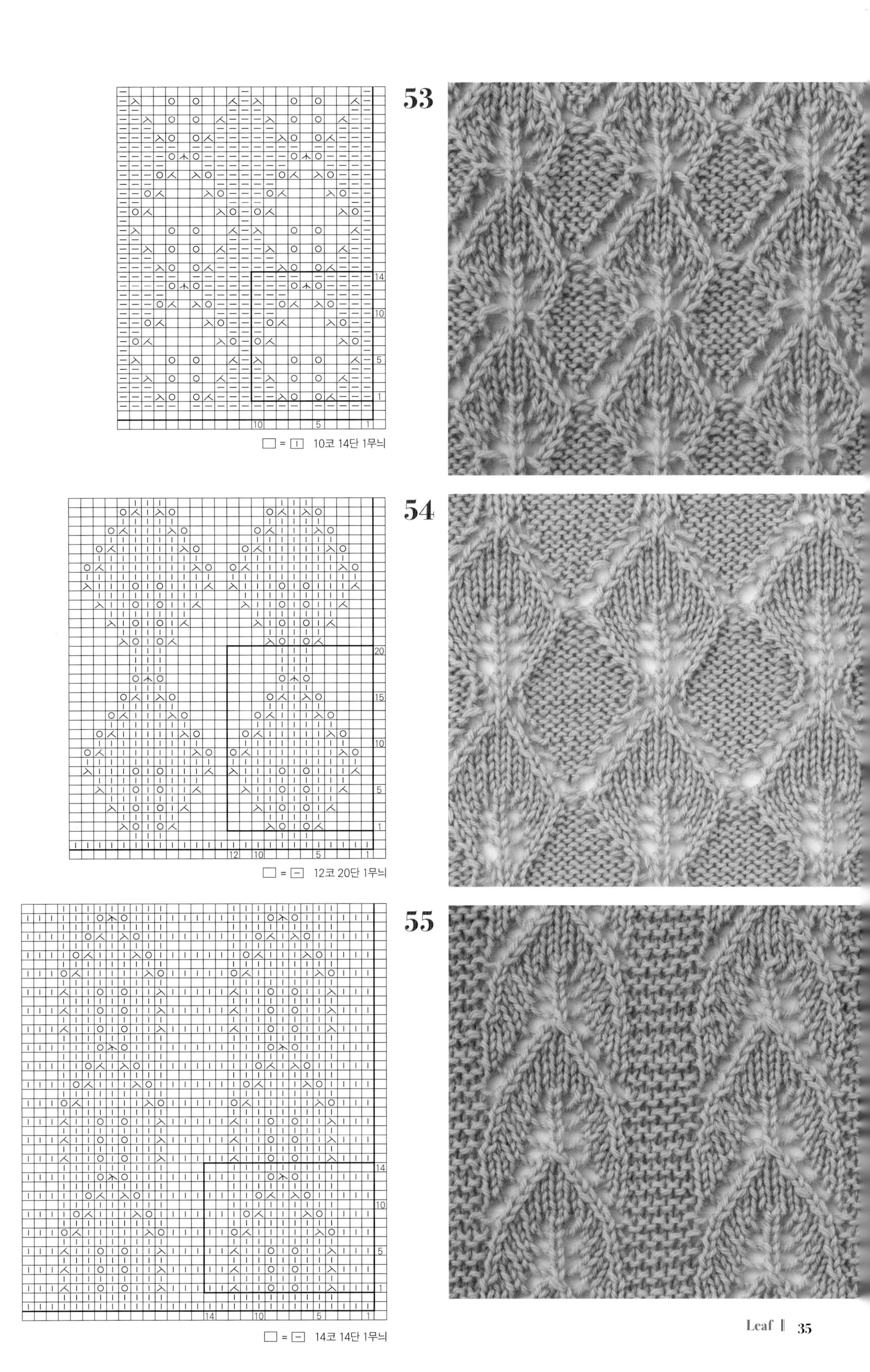
53
□ = [I] 10코 14단 1무늬
54
□ = [–] 12코 20단 1무늬
55
□ = [–] 14코 14단 1무늬

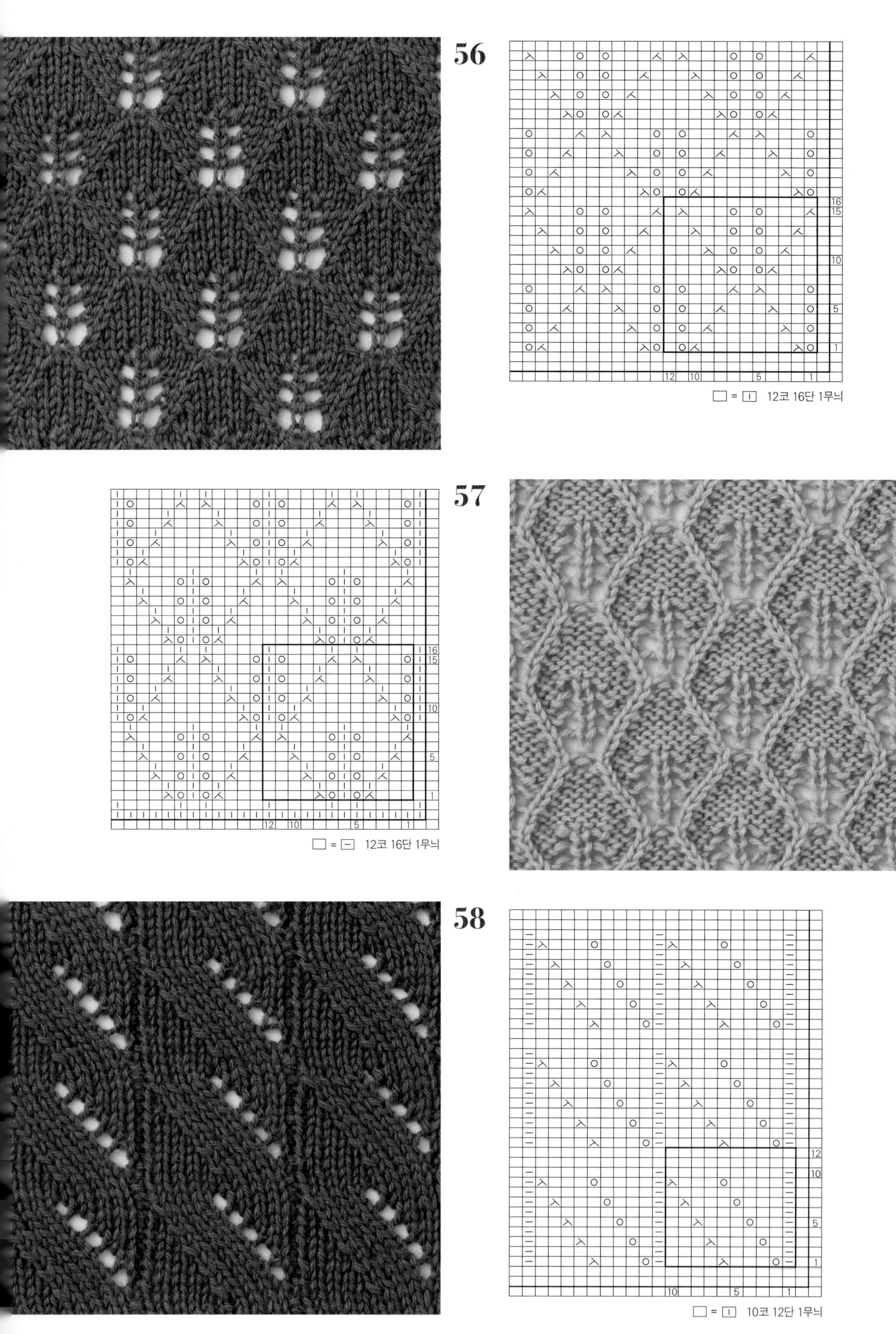
56
= 12코 16단 1무늬
57
= 12코 16단 1무늬
58
= 10코 12단 1무늬

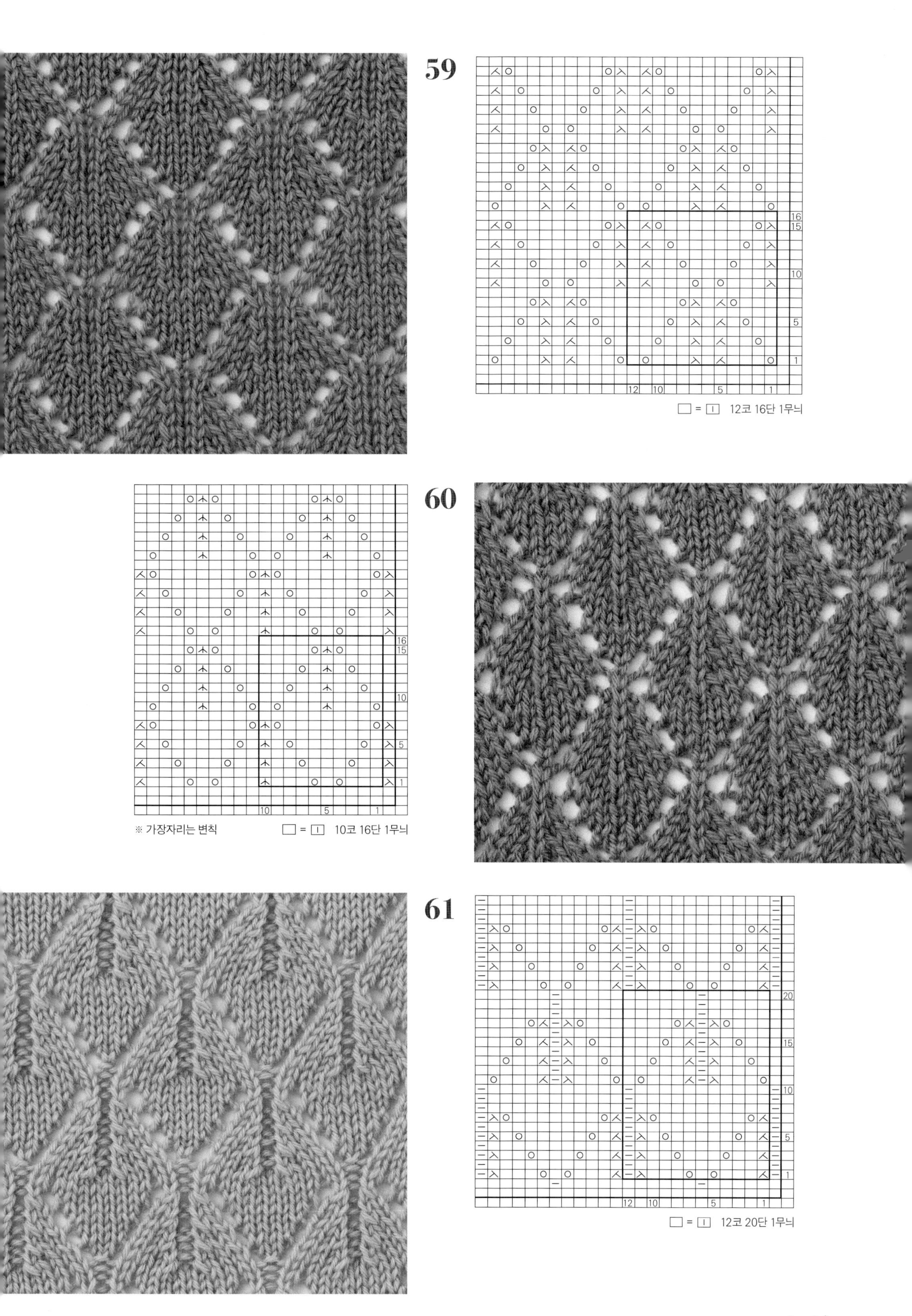
59
□ = □ 12코 16단 1무늬
60
※ 가장자리는 변칙
□ = □ 10코 16단 1무늬
61
□ = □ 12코 20단 1무늬

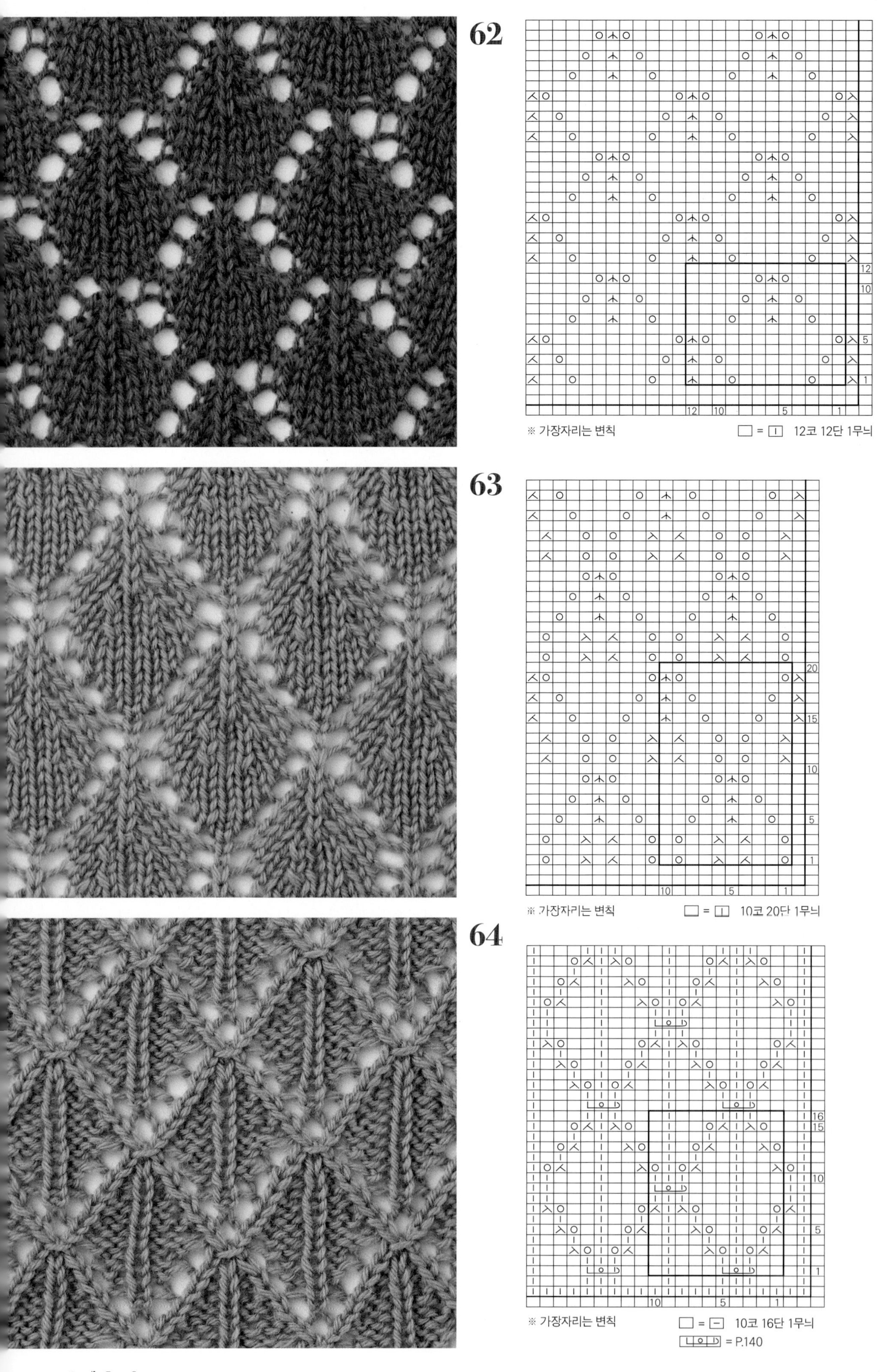
62
※ 가장자리는 변칙
= 12코 12단 1무늬
63
※ 가장자리는 변칙
= 10코 20단 1무늬
64
※ 가장자리는 변칙
= 10코 16단 1무늬
= P.140

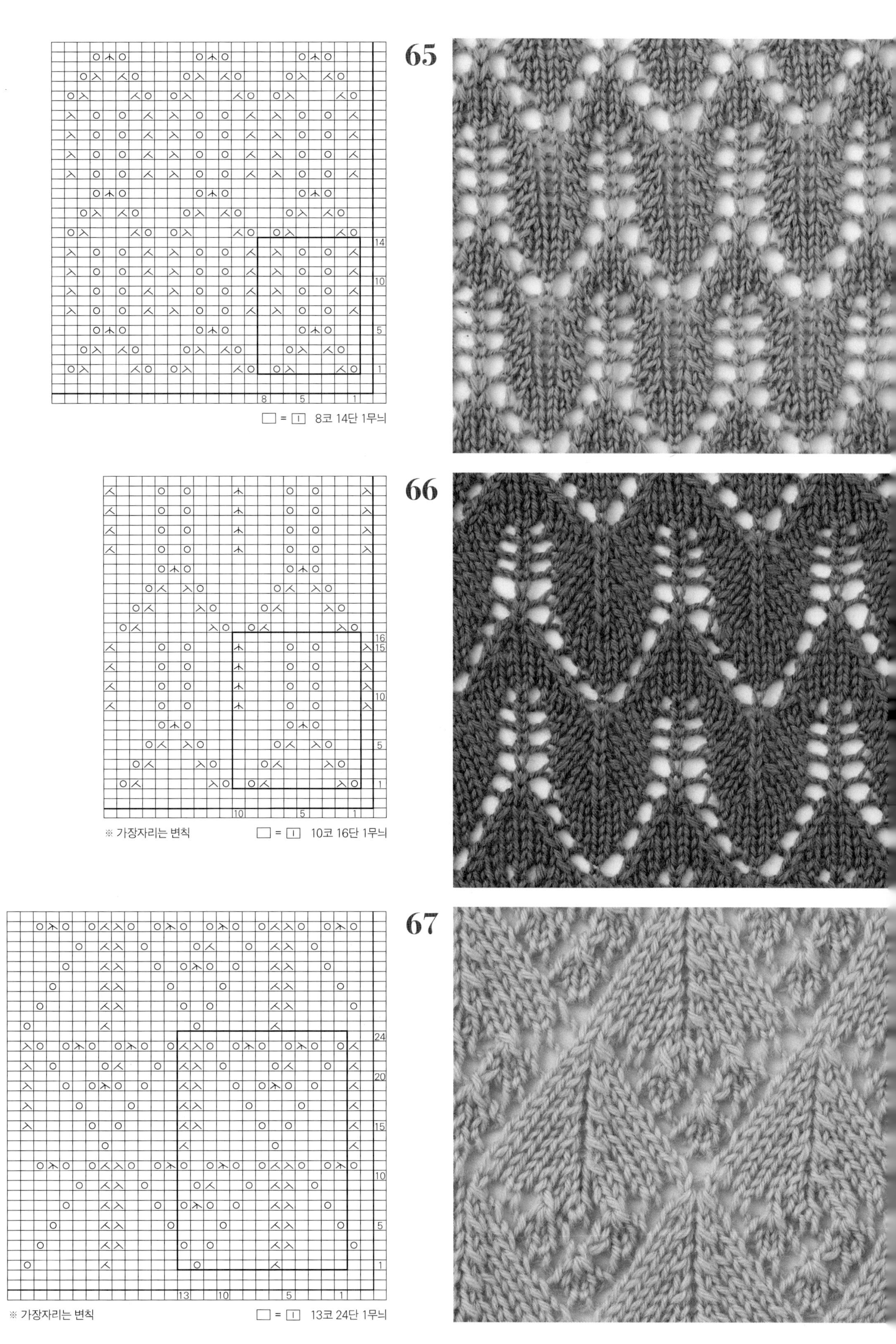
65
□ = ⊡ 8코 14단 1무늬
66
※ 가장자리는 변칙
□ = ⊡ 10코 16단 1무늬
67
※ 가장자리는 변칙
□ = ⊡ 13코 24단 1무늬

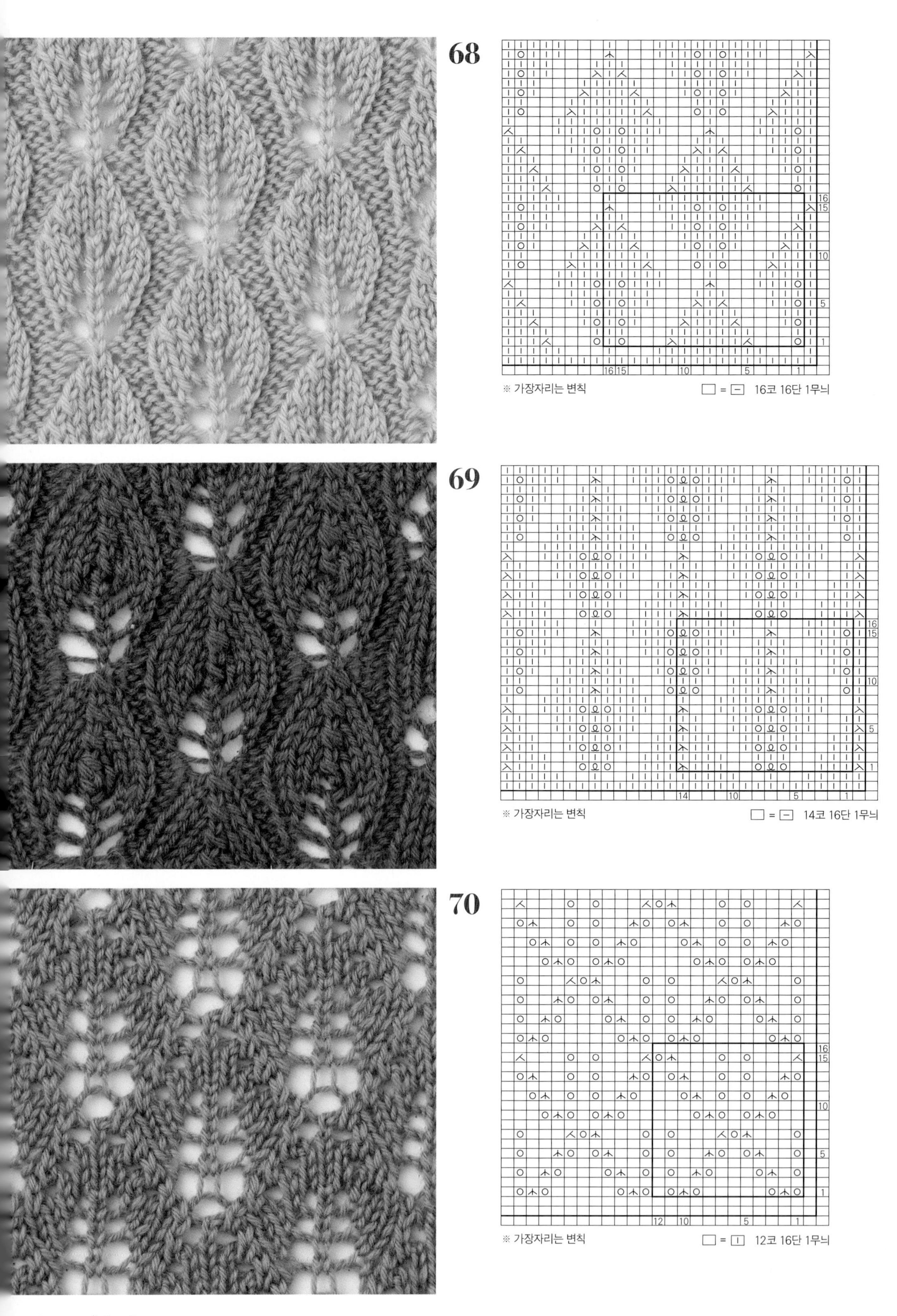
68
※ 가장자리는 변칙
□ = ⊟ 16코 16단 1무늬
69
※ 가장자리는 변칙
□ = ⊟ 14코 16단 1무늬
70
※ 가장자리는 변칙
□ = ⊡ 12코 16단 1무늬

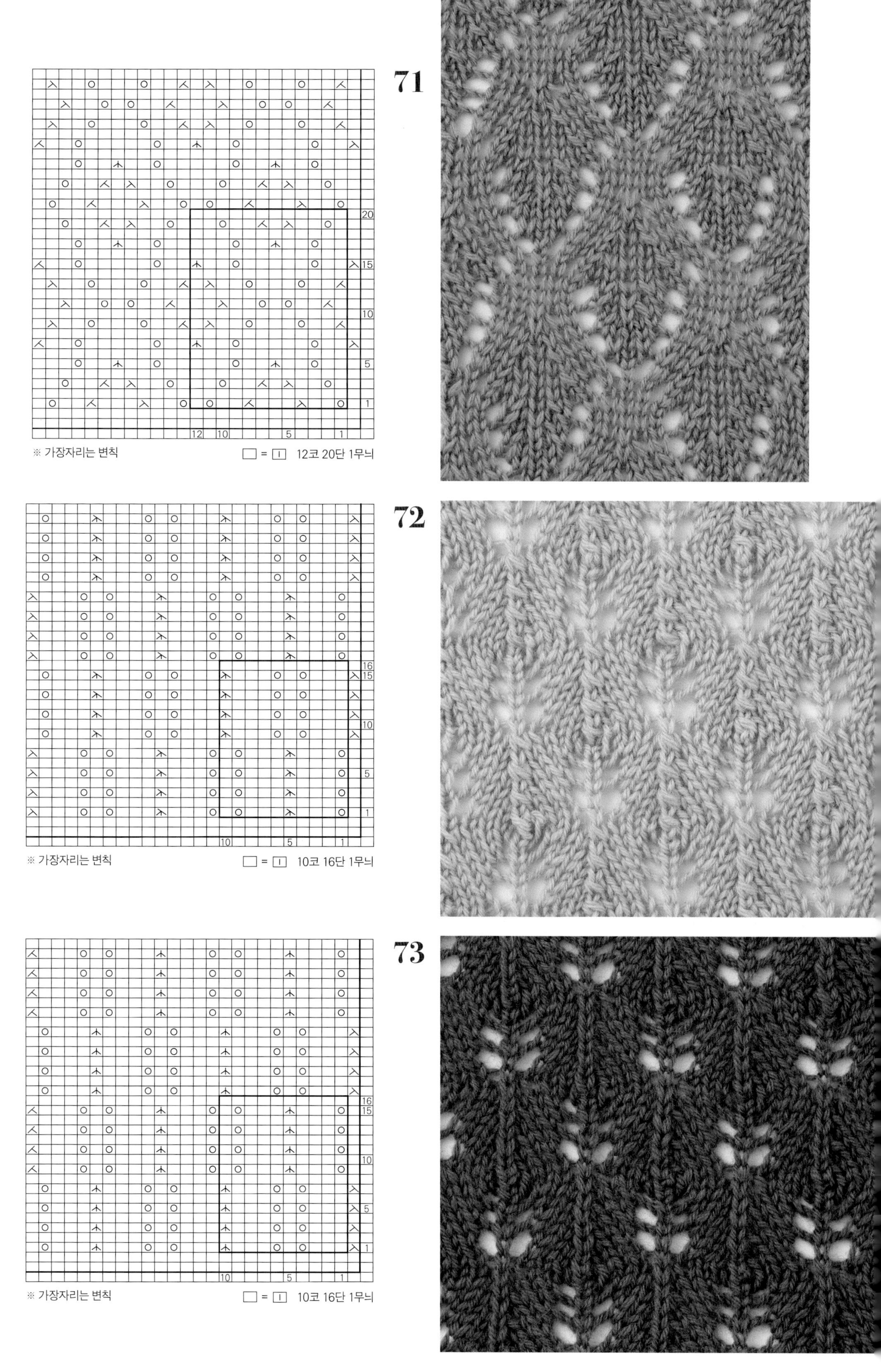
71
※ 가장자리는 변칙
□ = □ 12코 20단 1무늬
72
※ 가장자리는 변칙
□ = □ 10코 16단 1무늬
73
※ 가장자리는 변칙
□ = □ 10코 16단 1무늬

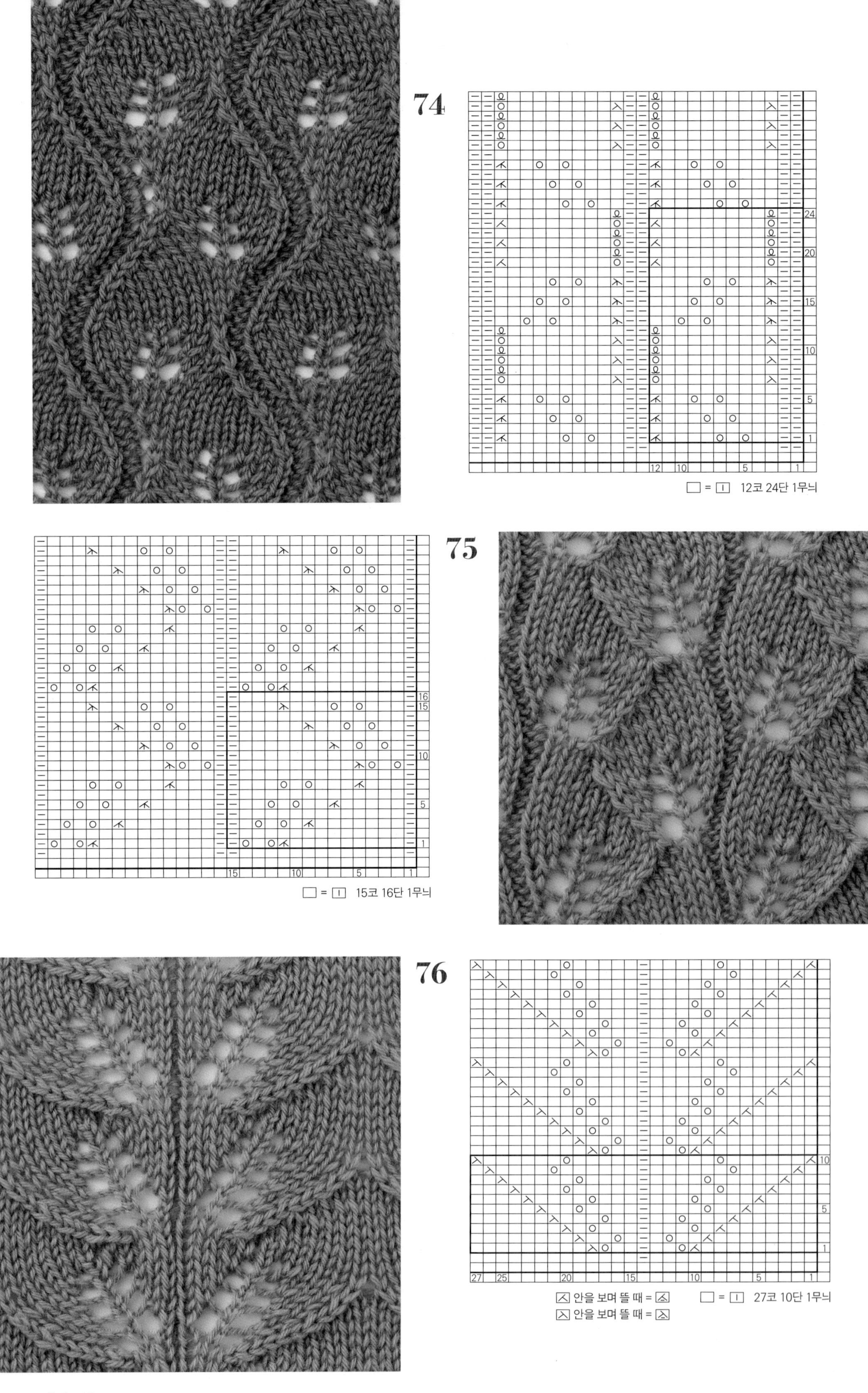
74
12코 24단 1무늬
75
15코 16단 1무늬
76
안을 보며 뜰 때 =
안을 보며 뜰 때 =
27코 10단 1무늬

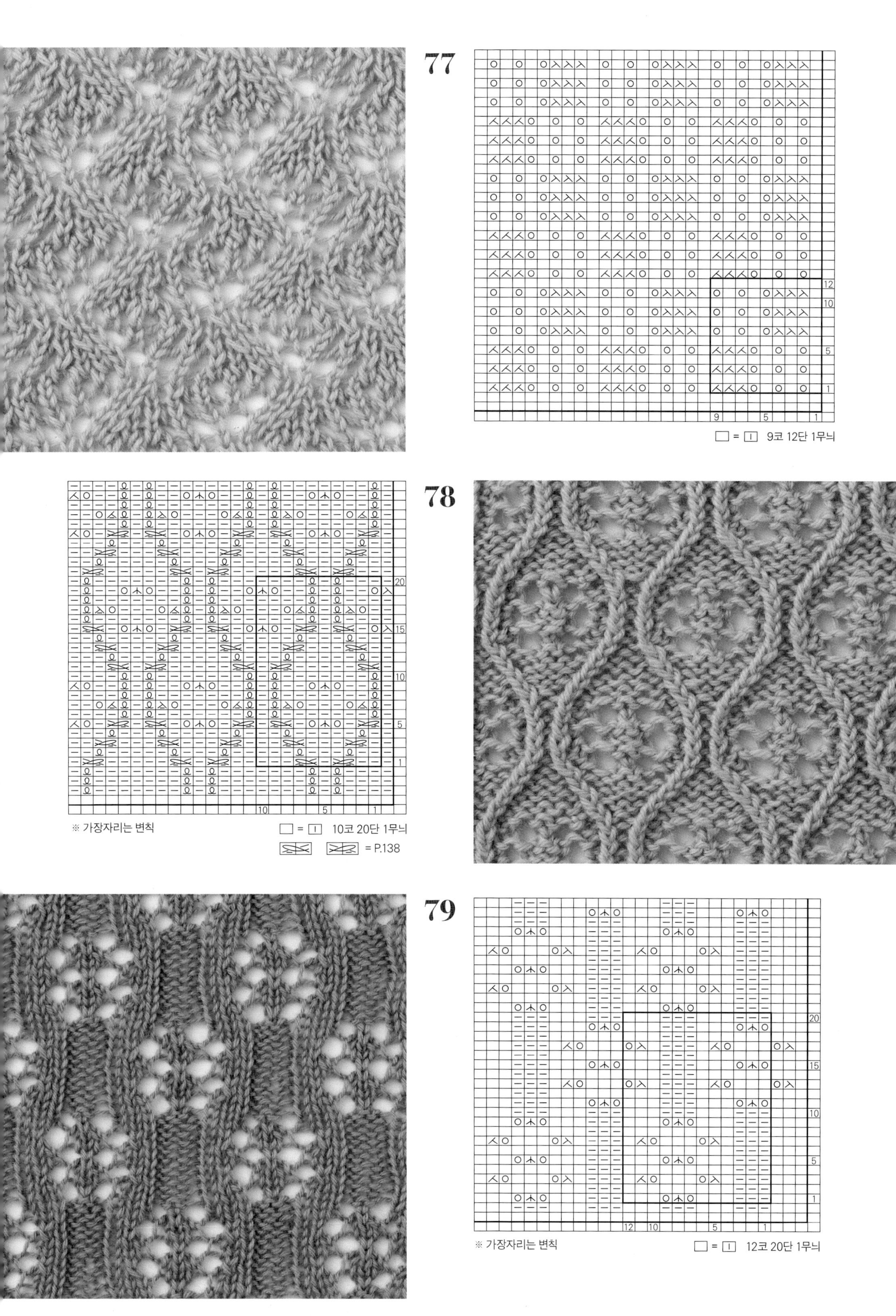
77
= 9코 12단 1무늬
78
※ 가장자리는 변칙
= 10코 20단 1무늬
= P.138
79
※ 가장자리는 변칙
= 12코 20단 1무늬

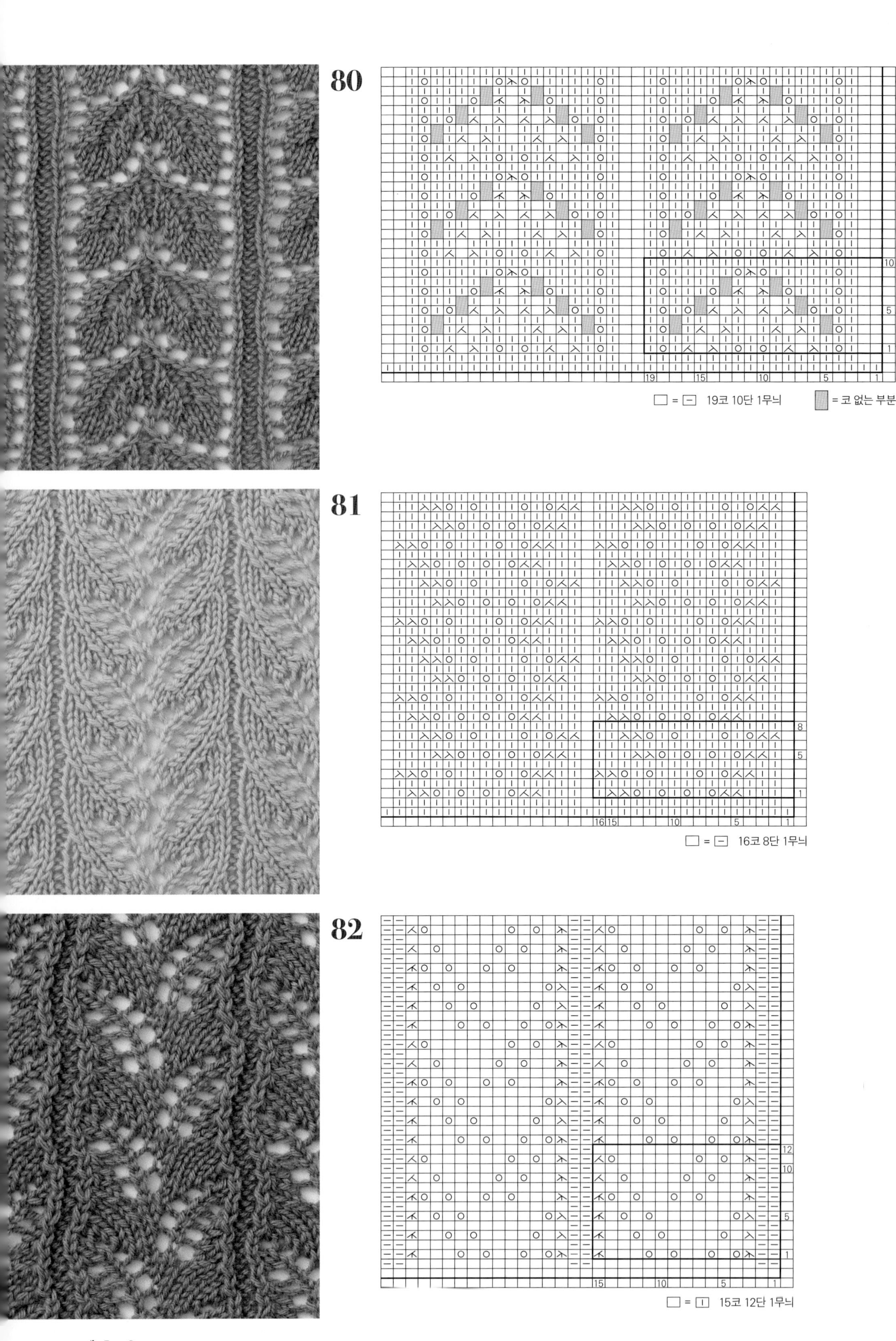

80
□ = ⊟ 19코 10단 1무늬
▒ = 코 없는 부분
81
□ = ⊟ 16코 8단 1무늬
82
□ = ⊡ 15코 12단 1무늬

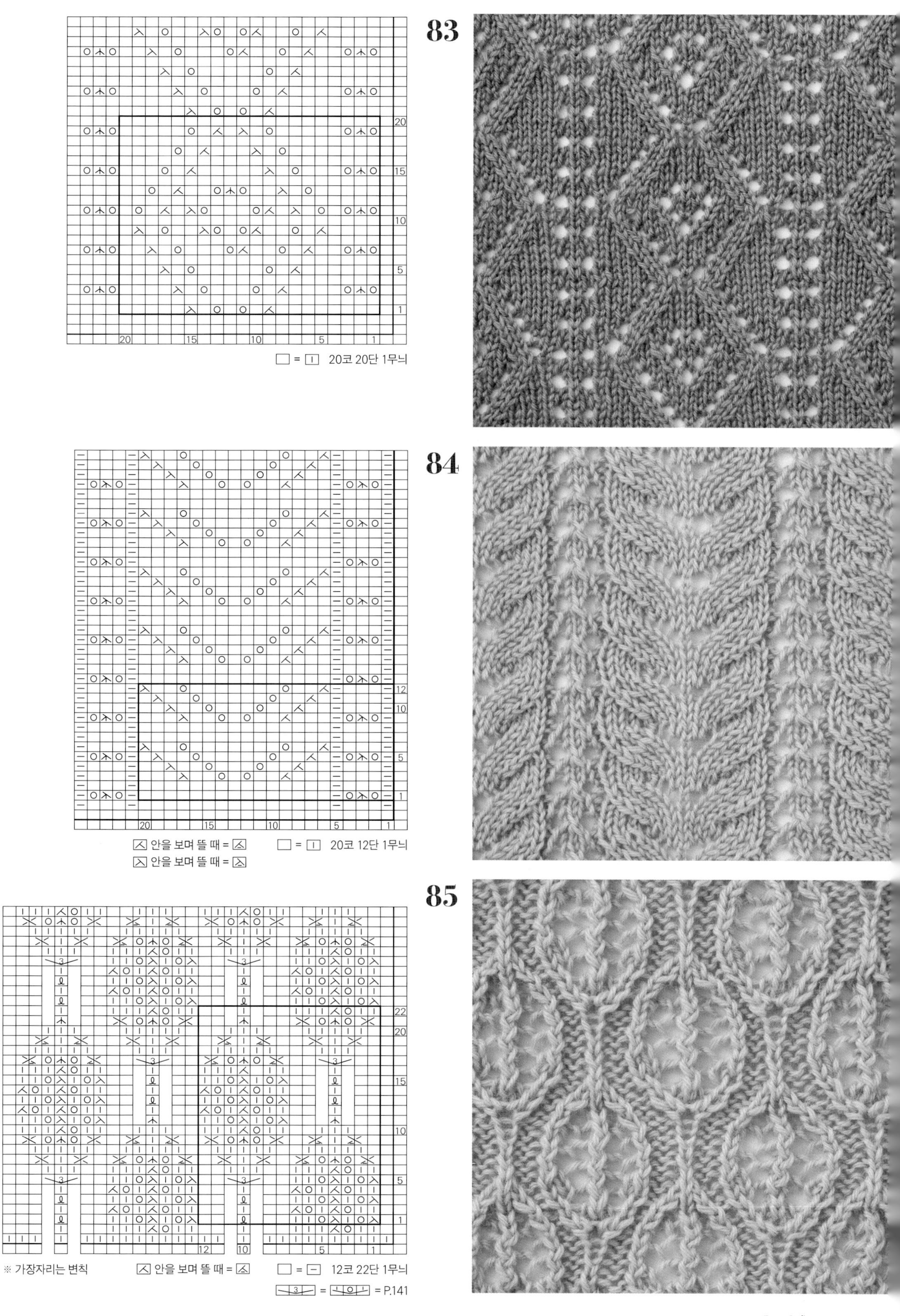
83
= 20코 20단 1무늬
84
안을 보며 뜰 때 =
안을 보며 뜰 때 =
= 20코 12단 1무늬
85
※ 가장자리는 변칙
안을 보며 뜰 때 =
= 12코 22단 1무늬
= = P.141

86

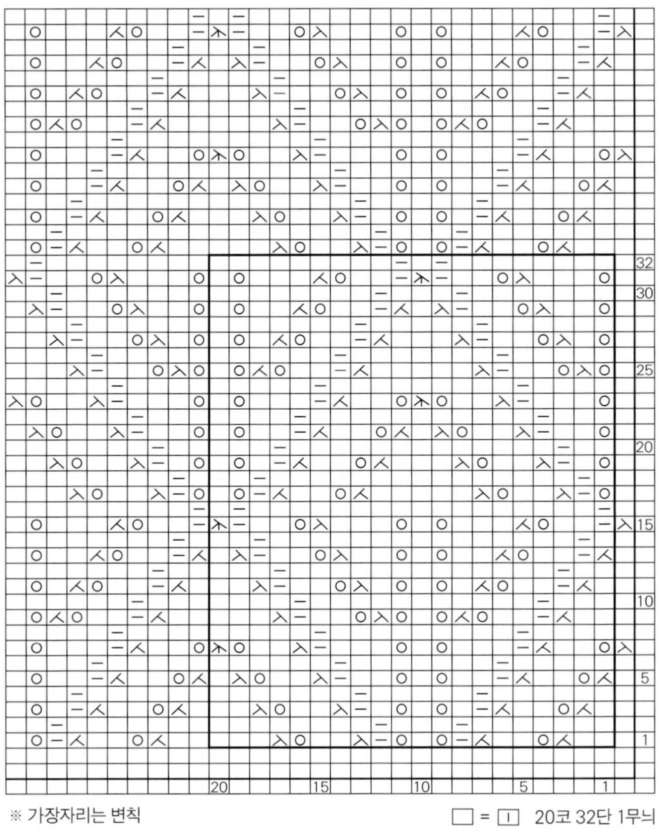

※ 가장자리는 변칙

□ = ⊟ 20코 32단 1무늬

87

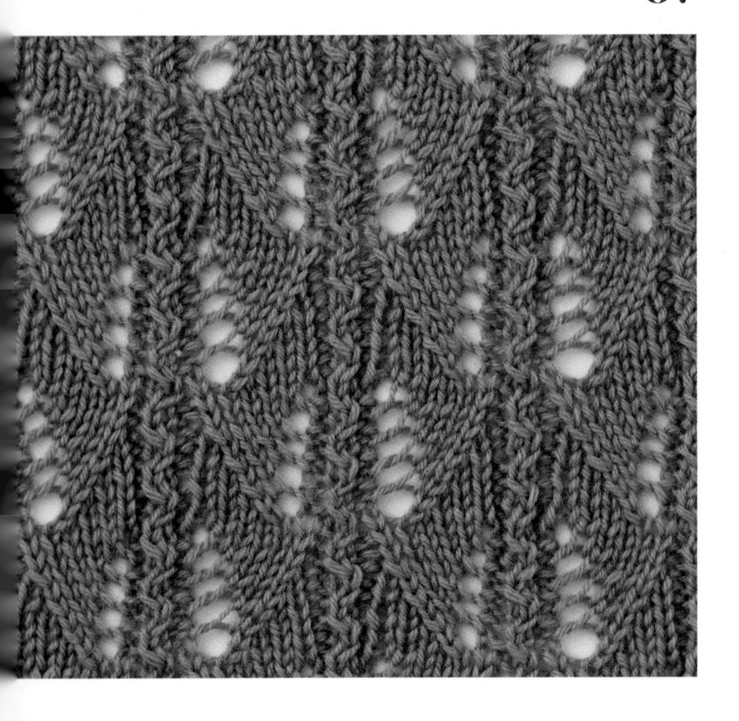

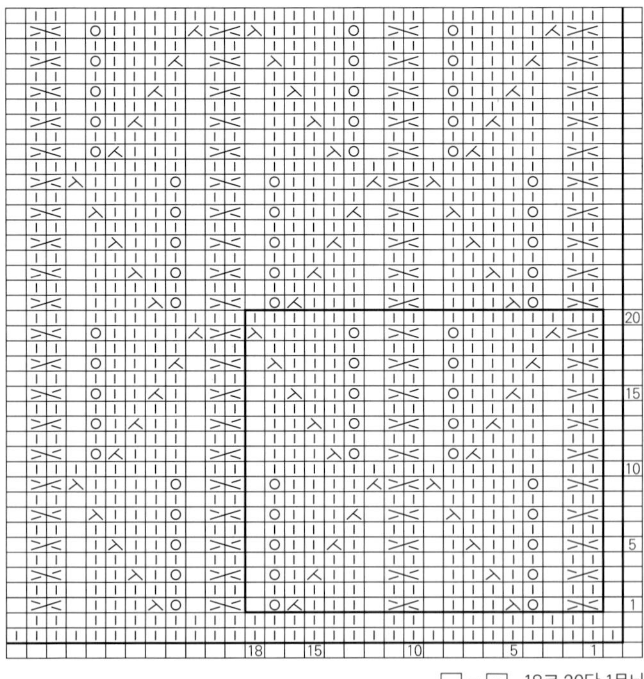

□ = ⊟ 18코 20단 1무늬

88

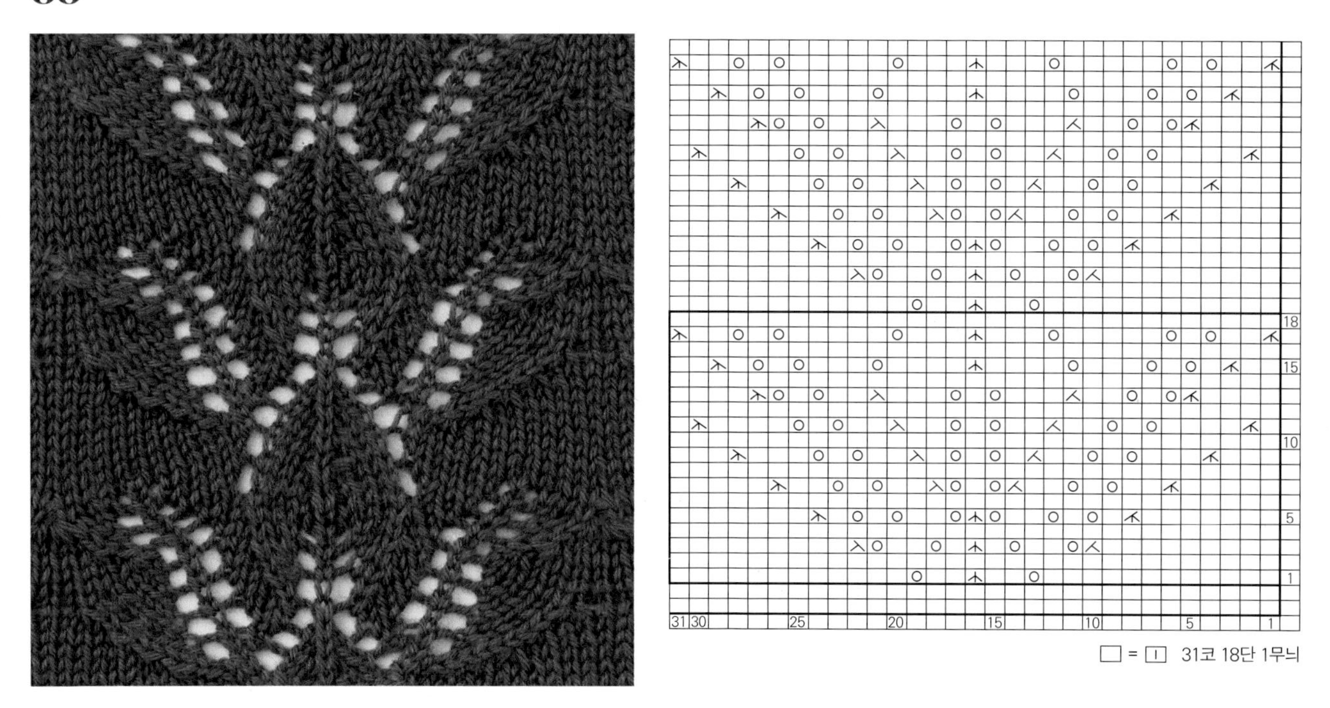

□ = 1 31코 18단 1무늬

89

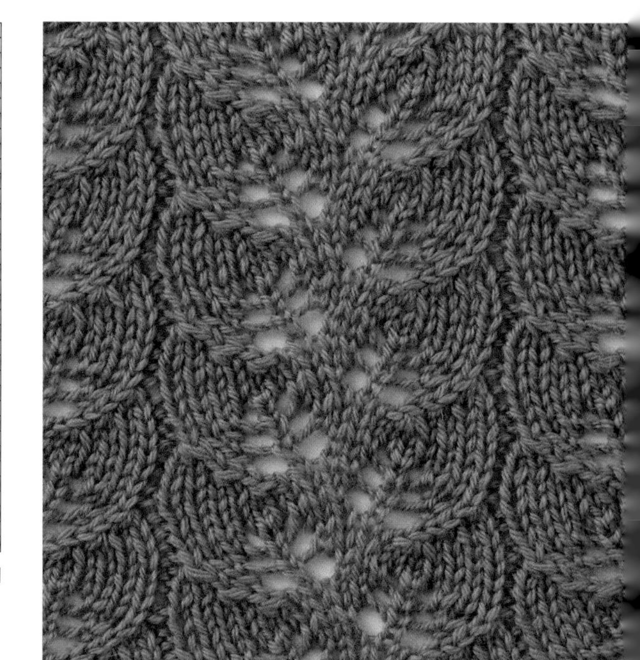

□ = 1 18코 8단 1무늬

형태 Form

원, 삼각형, 사각형, 바둑판무늬, 마름모꼴 등 여러 무늬가 나타납니다. 무늬 한 개를 원 포인트로 또는 여러 모양을 균형 있게 배치하는 등 다양하게 응용하기 좋은 패턴입니다.

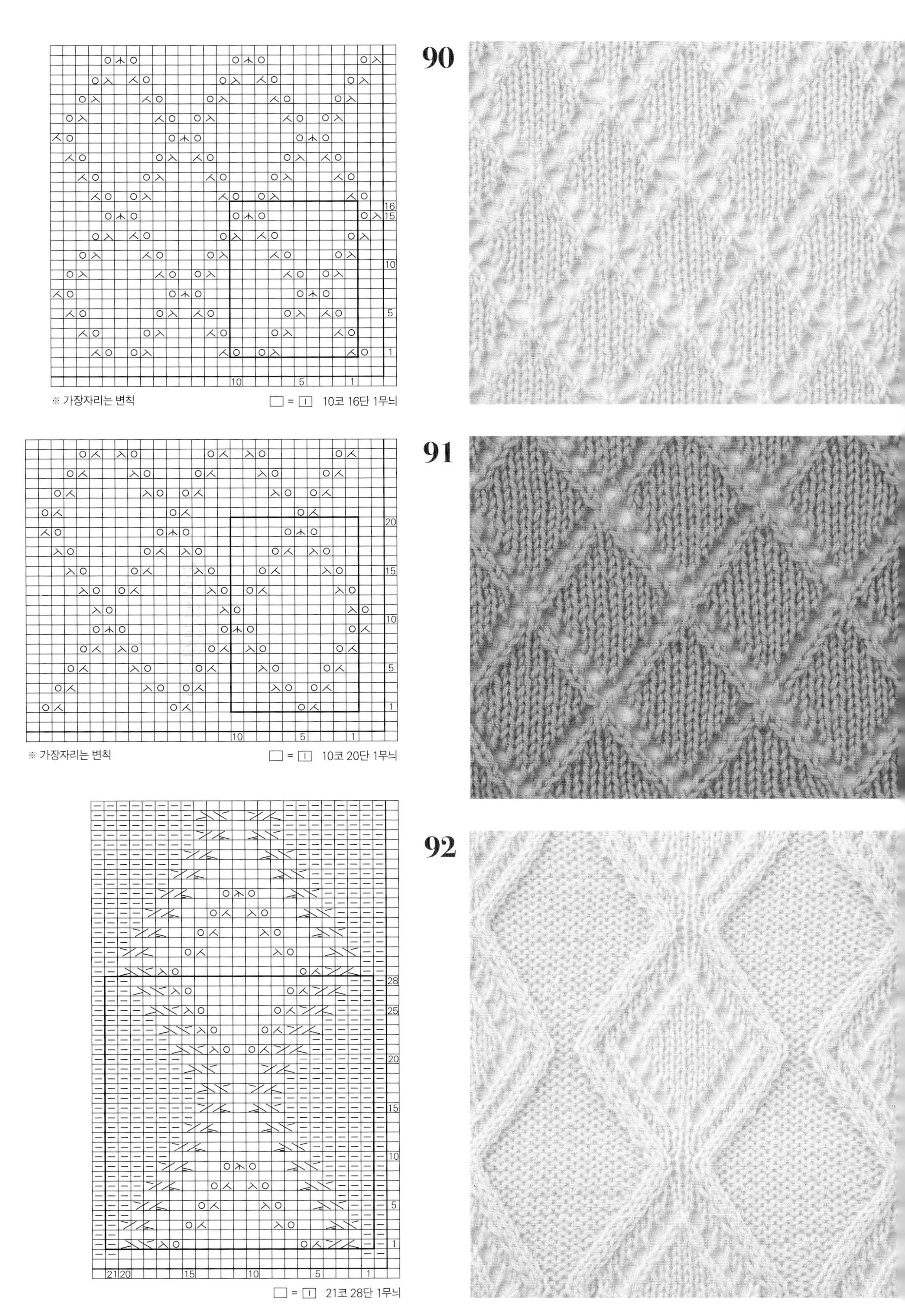

90
※ 가장자리는 변칙
□ = ⊡ 10코 16단 1무늬
91
※ 가장자리는 변칙
□ = ⊡ 10코 20단 1무늬
92
□ = ⊡ 21코 28단 1무늬

93

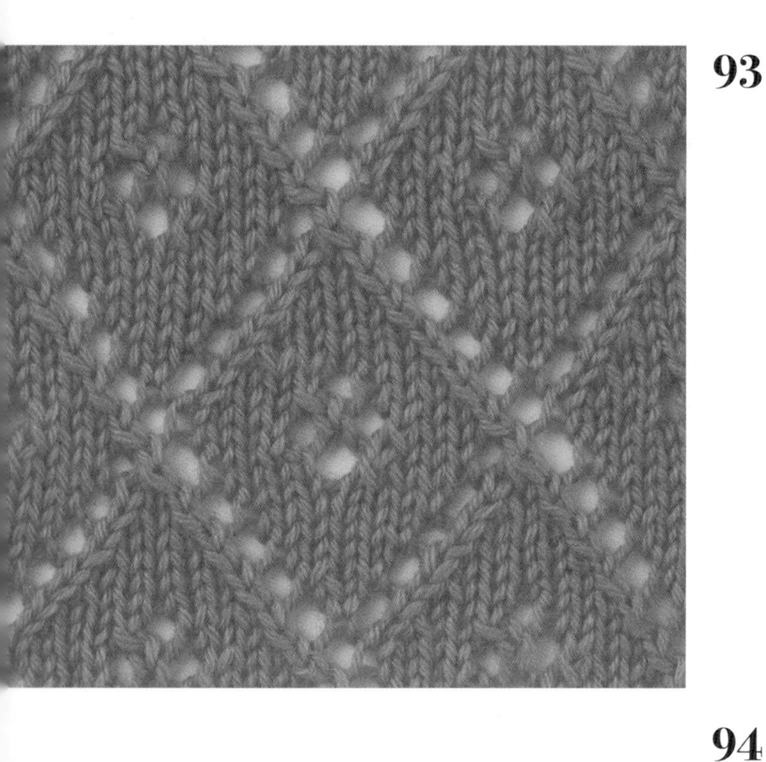

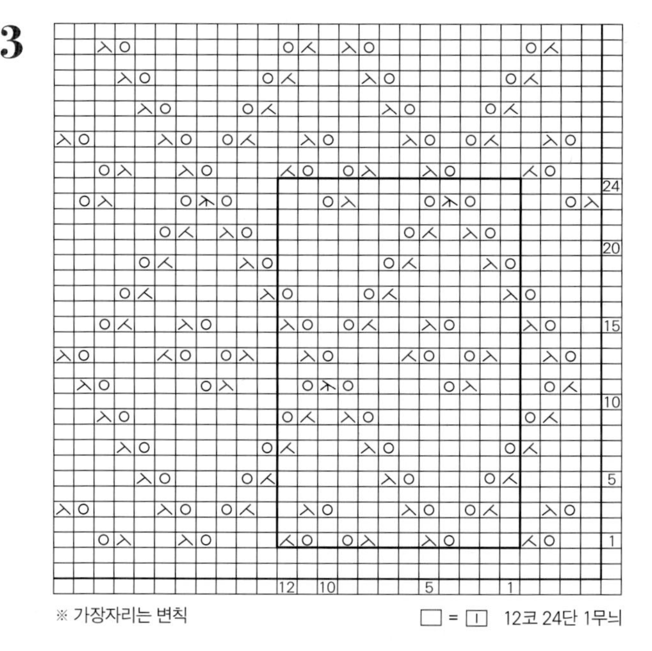

※ 가장자리는 변칙

□ = ⊡ 12코 24단 1무늬

94

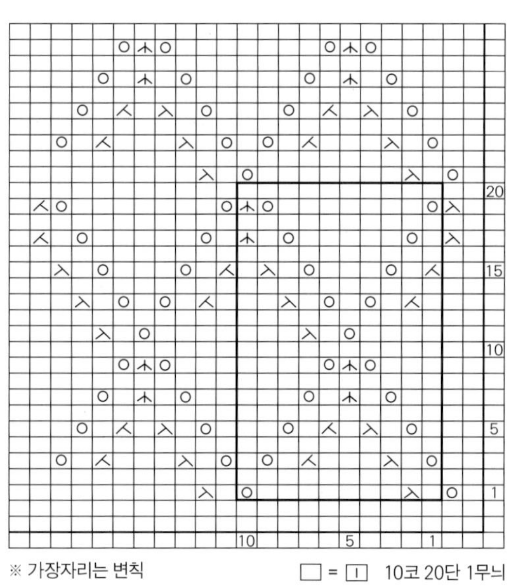

※ 가장자리는 변칙

□ = ⊡ 10코 20단 1무늬

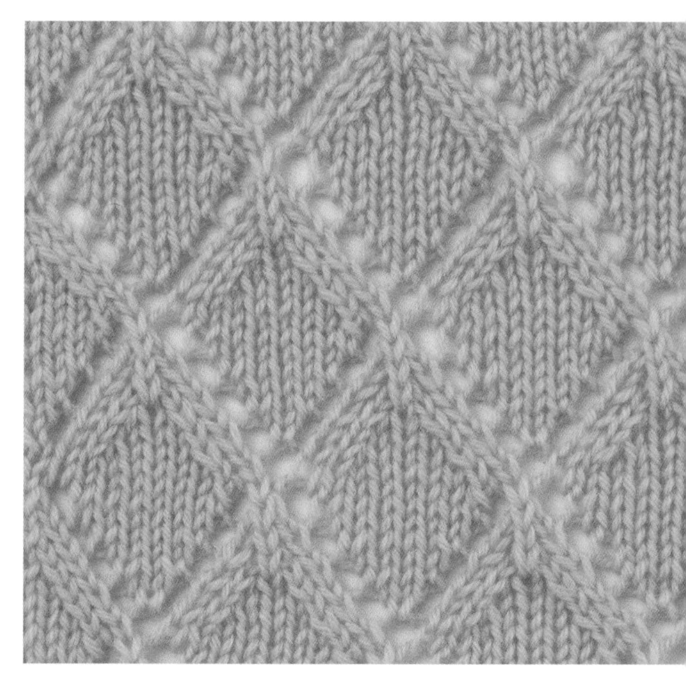

95

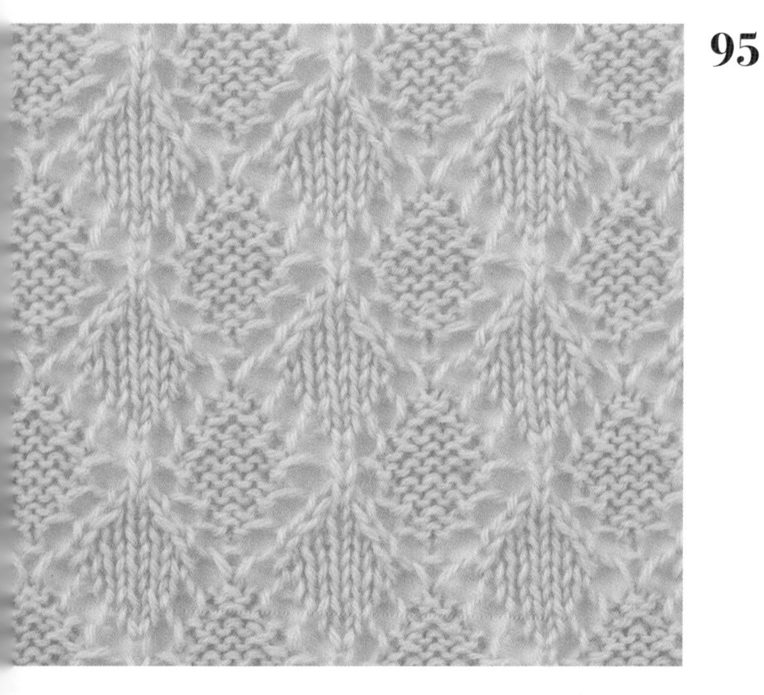

−　−　−
○木○　○木○　○木○
−−−　−−−　−−−
○厶−厶○　○厶−厶○　○厶−厶○
−−−−−　−−−−−　−−−−−
○厶−−−厶○　○厶−−−厶○　○厶−−−厶○
−−−−−−−　−−−−−−−　−−−−−−−
人○−−−−−○木○−−−−−○木○−−−−−○入
−−−−−　−−−−−　−−−−−
入○−−−○人　入○−−−○人　入○−−−○人
−−−　−−−　−−−
入○−○人　入○−○人　入○−○人
−　−　−
○木○　○木○　○木○
−−−　−−−　−−−
○厶−厶○　○厶−厶○　○厶−厶○
−−−−−　−−−−−　−−−−−
○厶−−−厶○　○厶−−−厶○　○厶−−−厶○
−−−−−−−　−−−−−−−　−−−−−−−
人○−−−−−○木○−−−−−○木○−−−−−○入
−−−−−　−−−−−　−−−−−
入○−−−○人　入○−−−○人　入○−−−○人
−−−　−−−　−−−
入○−○人　入○−○人　入○−○人
−　−　−　12
○木○　○木○　○木○
−−−　−−−　−−−　10
○厶−厶○　○厶−厶○　○厶−厶○
−−−−−　−−−−−　−−−−−
○厶−−−厶○　○厶−−−厶○　○厶−−−厶○
−−−−−−−　−−−−−−−　−−−−−−−
人○−−−−−○木○−−−−−○木○−−−−−○入　5
−−−−−　−−−−−　−−−−−
入○−−−○人　入○−−−○人　入○−−−○人
−−−　−−−　−−−
入○−○人　入○−○人　入○−○人　1
−　−　−

8　5　1

※ 가장자리는 변칙

□ = ⊡ 8코 12단 1무늬

96

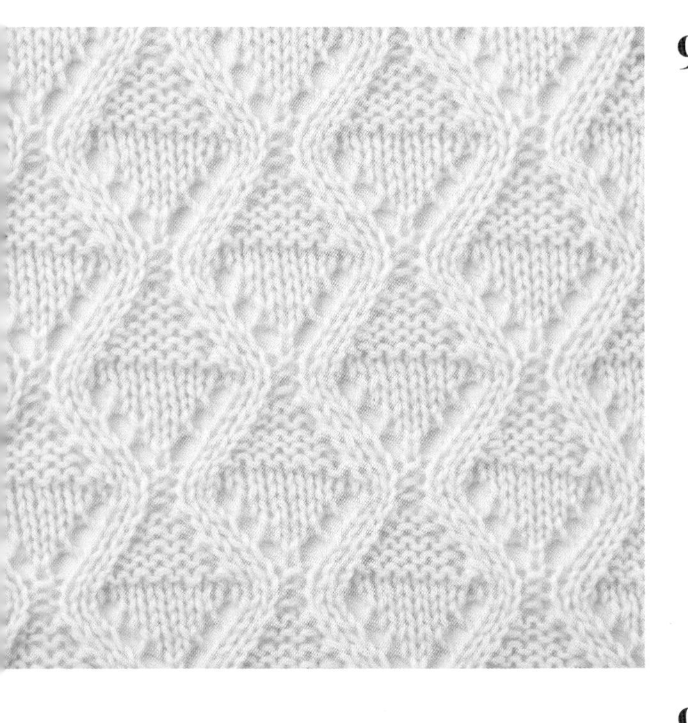

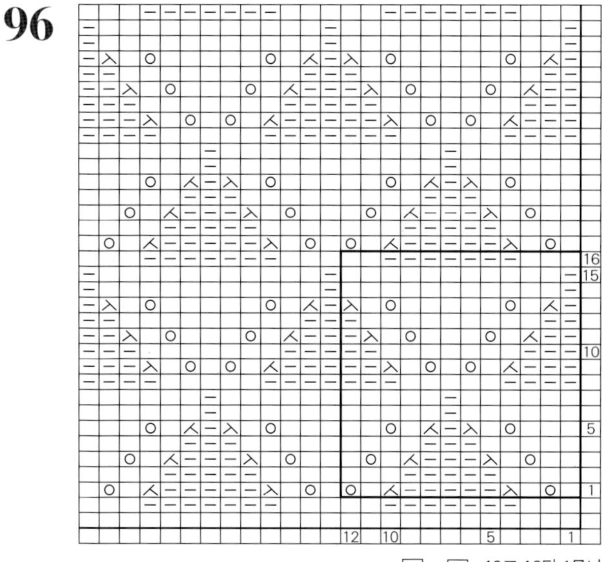

□ = Ⅰ 12코 16단 1무늬

97

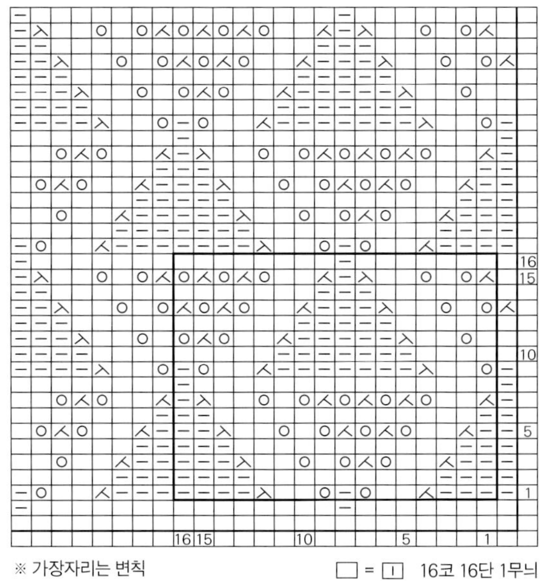

※ 가장자리는 변칙

□ = Ⅰ 16코 16단 1무늬

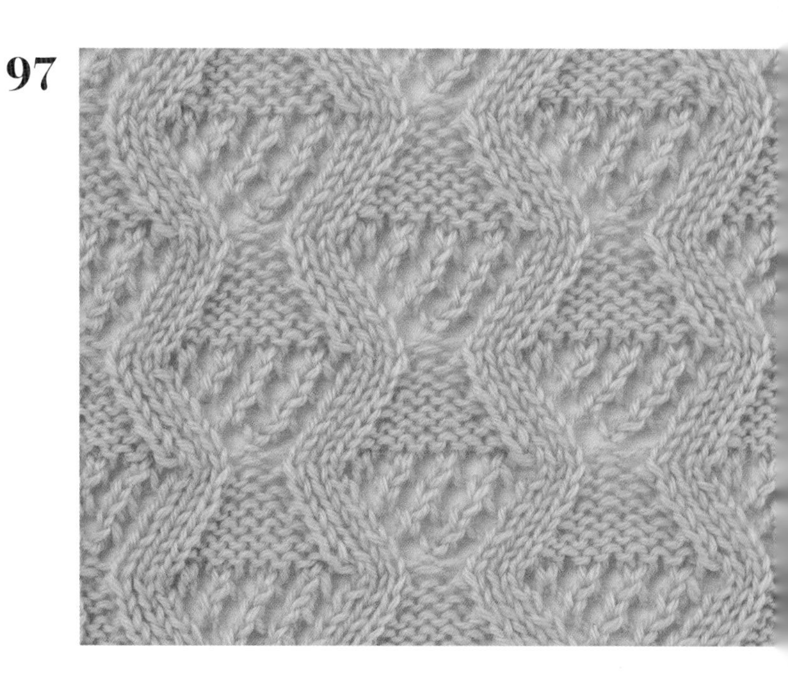

98

□ =

12
10
5
1

10 5 1

□ = Ⅰ 10코 12단 1무늬

= P.141

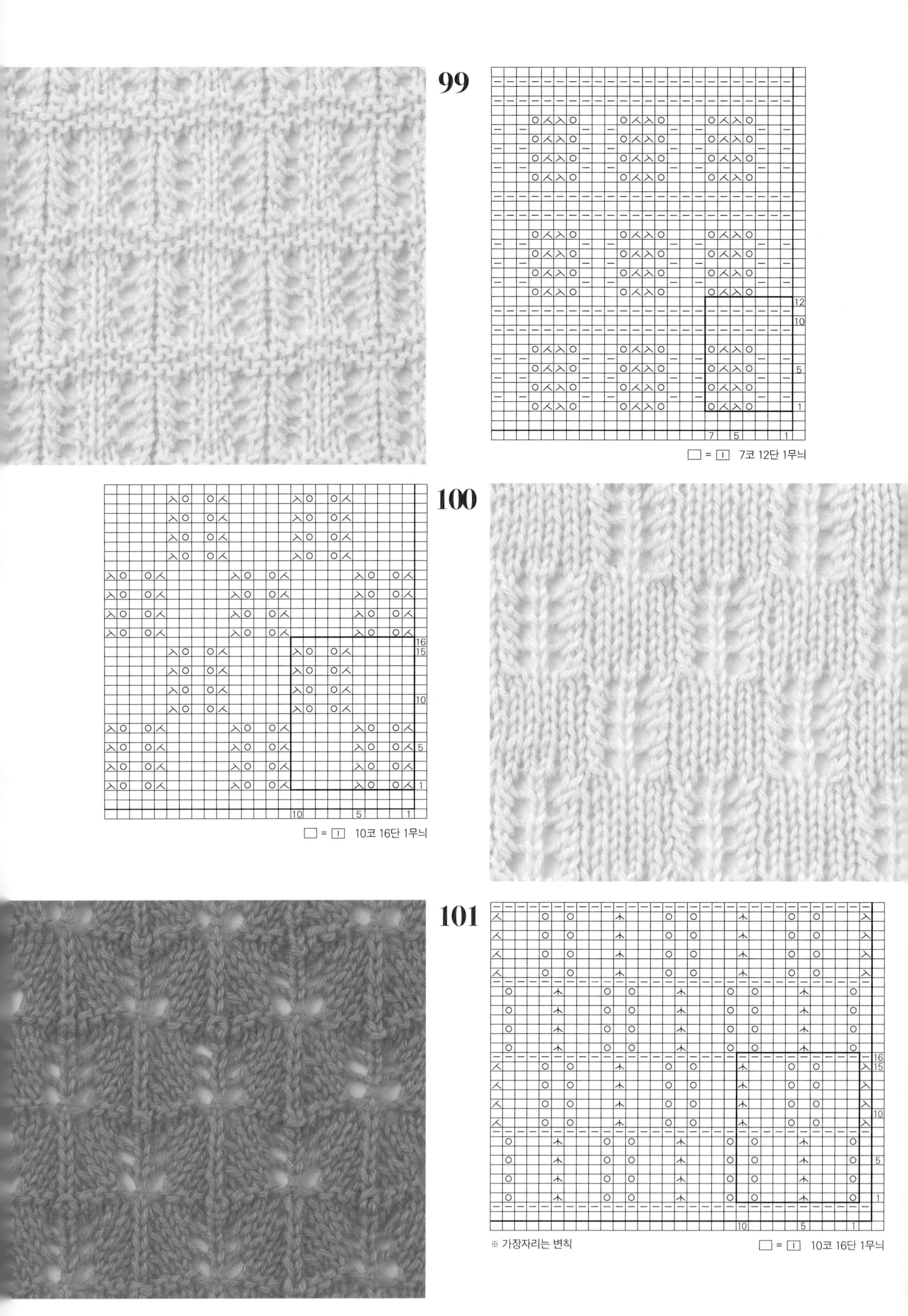
99
□ = I 7코 12단 1무늬
100
□ = I 10코 16단 1무늬
101
※ 가장자리는 변칙
□ = I 10코 16단 1무늬

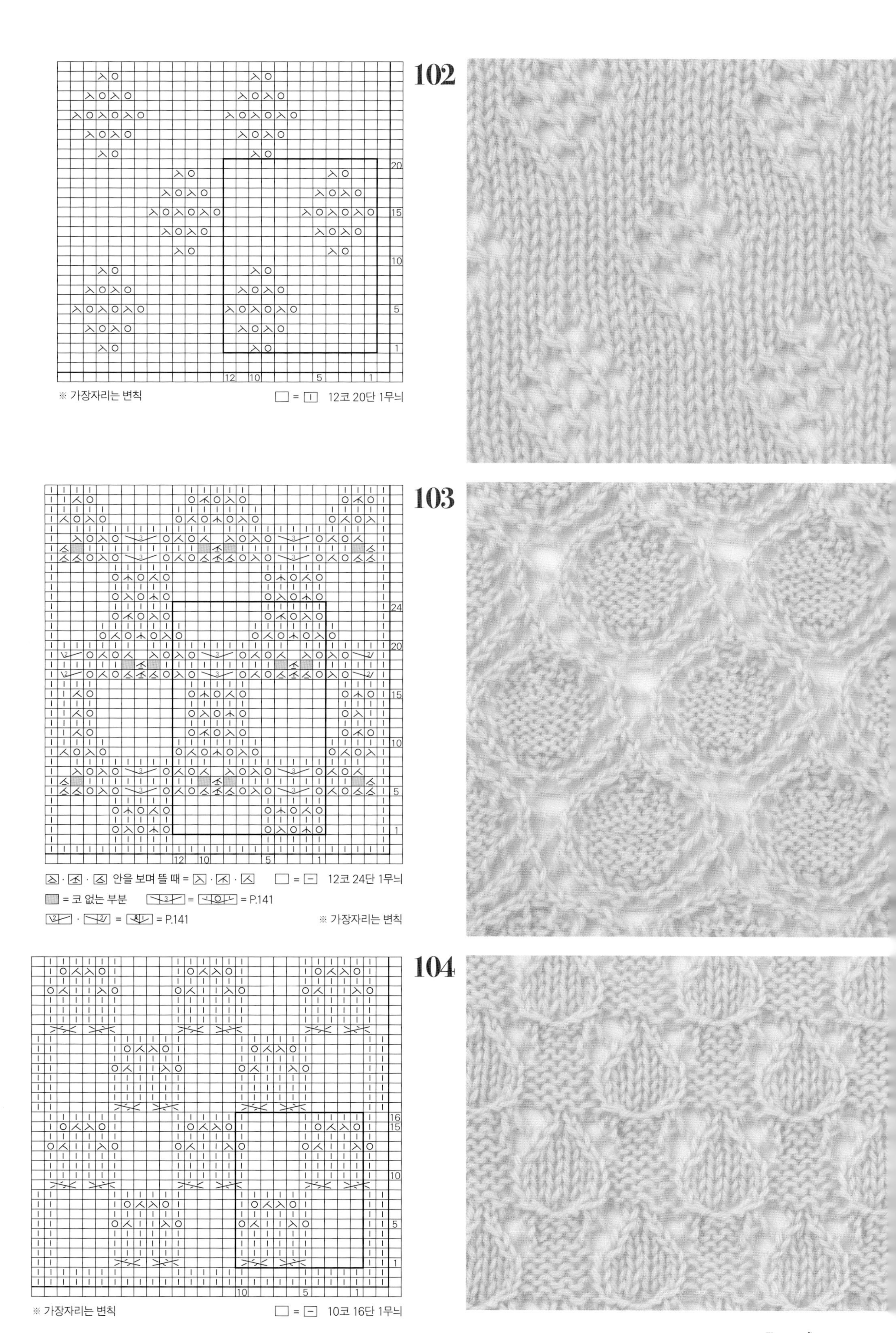
102
20
15
10
5
1
12 10 5 1
※ 가장자리는 변칙
12코 20단 1무늬
103
24
20
15
10
5
1
12 10 5 1
안을 보며 뜰 때 =
12코 24단 1무늬
= 코 없는 부분
= P.141
= P.141
※ 가장자리는 변칙
104
16
15
10
5
1
10 5 1
※ 가장자리는 변칙
10코 16단 1무늬

105

※ 가장자리는 변칙

= 6코 12단 1무늬

106

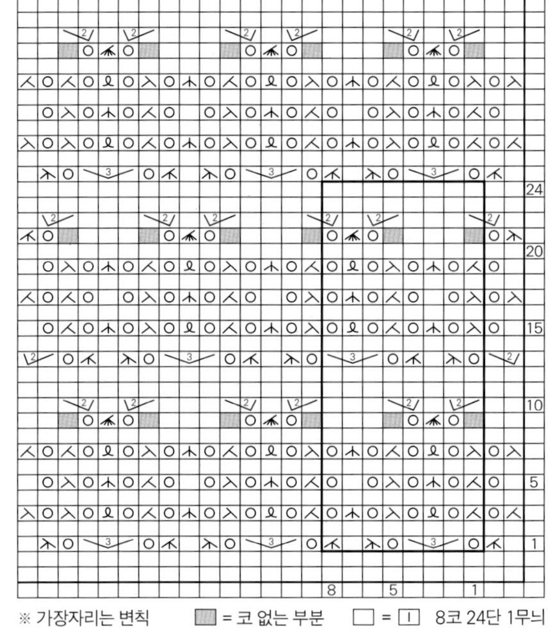

※ 가장자리는 변칙

= 코 없는 부분

= 8코 24단 1무늬

= = P.141

· = = P.141

= 왼코 겹쳐 5코 모아뜨기

107

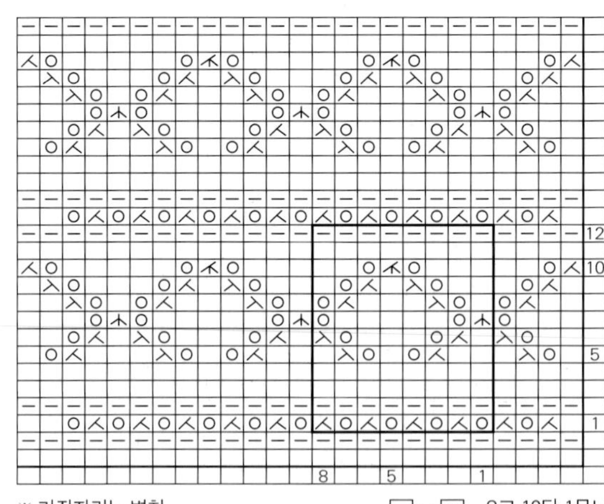

※ 가장자리는 변칙

= 8코 12단 1무늬

· · 안을 보며 뜰 때 = · ·

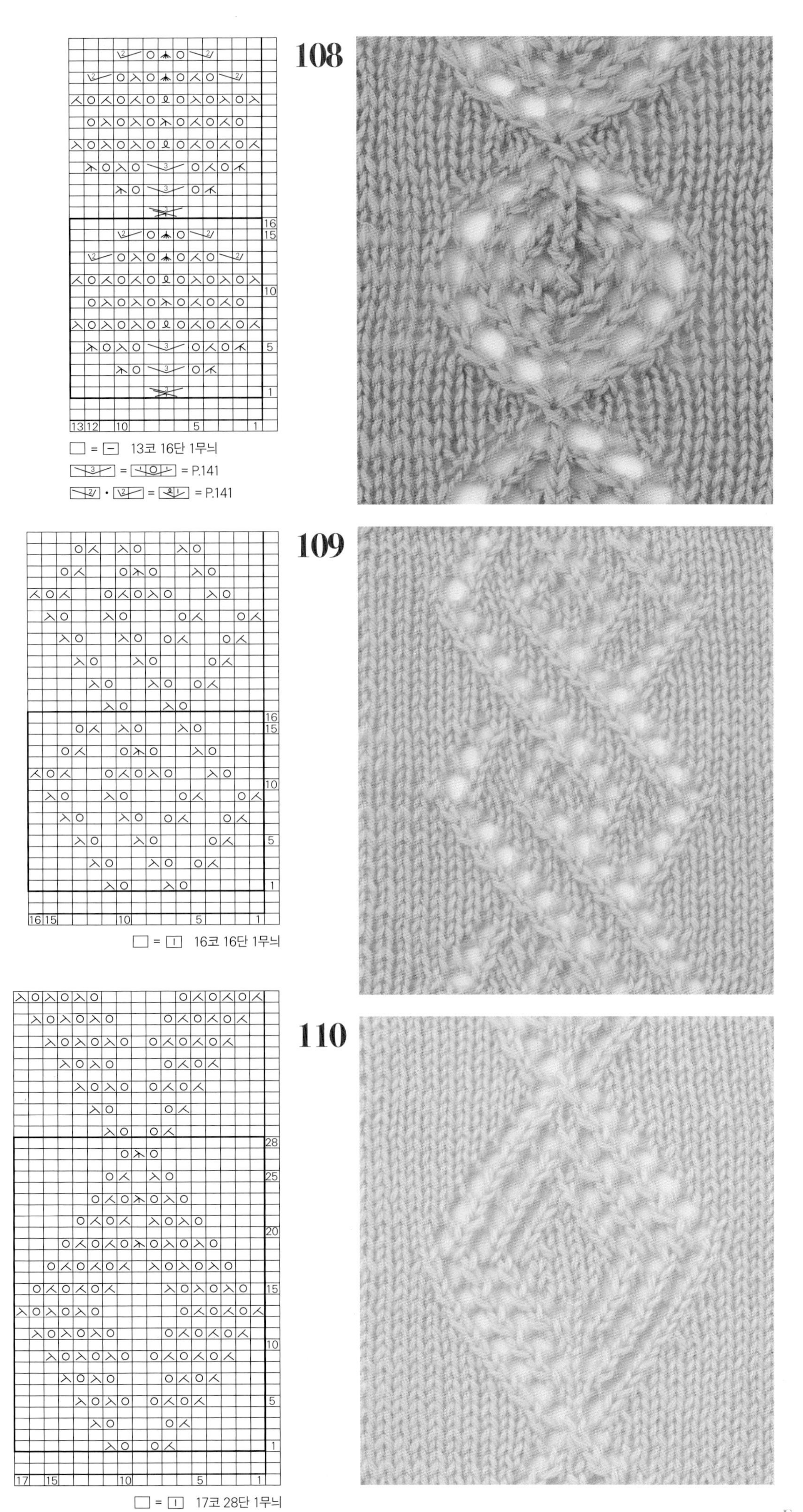
108
13코 16단 1무늬
= P.141
= P.141
109
16코 16단 1무늬
110
17코 28단 1무늬

111

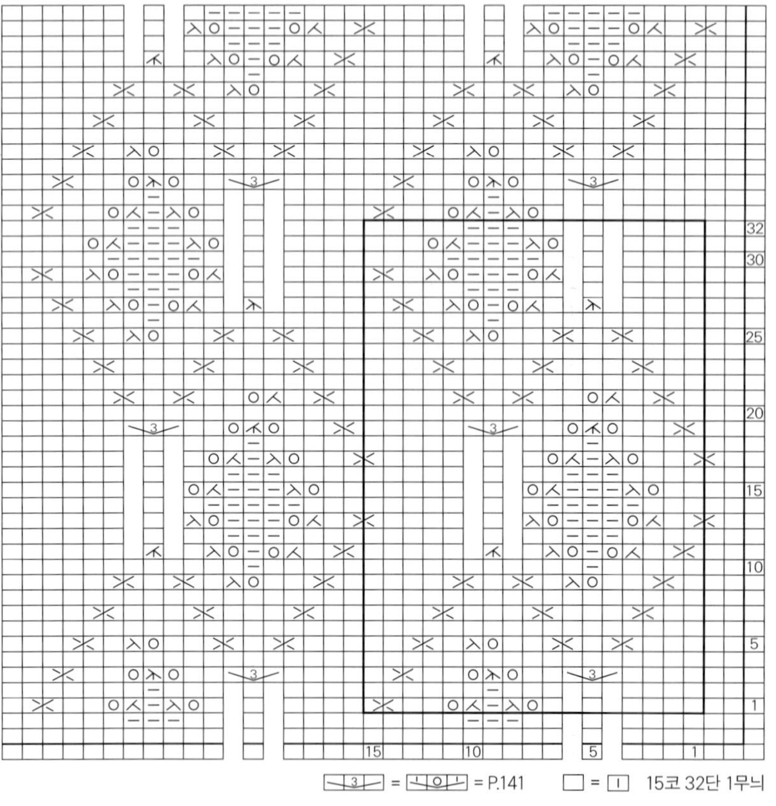

= = P.141 □ = ⊡ 15코 32단 1무늬

112

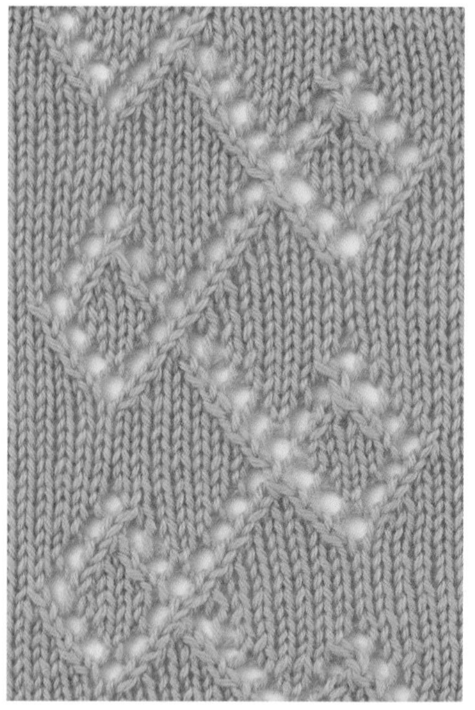

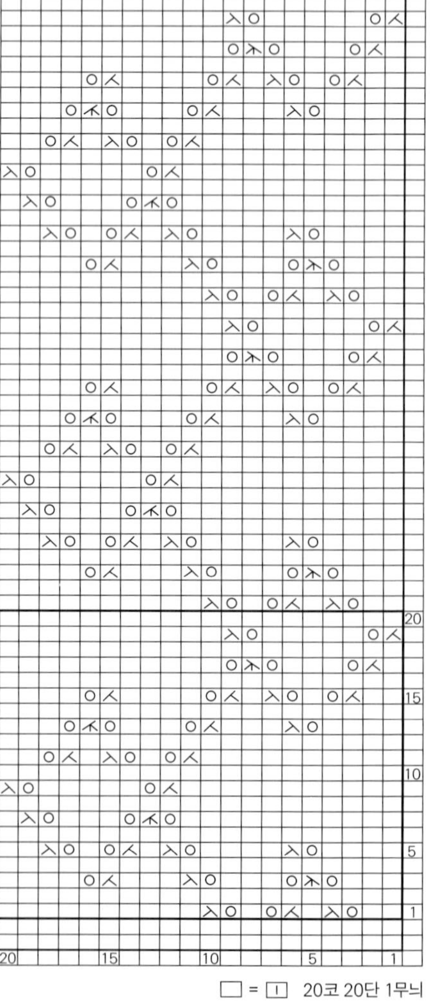

□ = ⊡ 20코 20단 1무늬

113

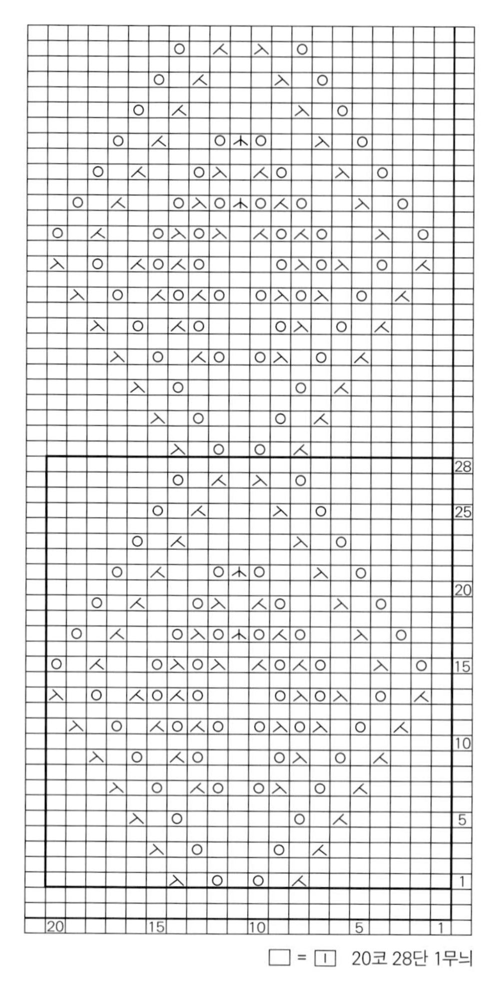

□ = ⊡ 20코 28단 1무늬

114

32
30
25
20
15
10
5
1
16 15 10 5 1

※ 가장자리는 변칙

□ = ⊡ 16코 32단 1무늬

115

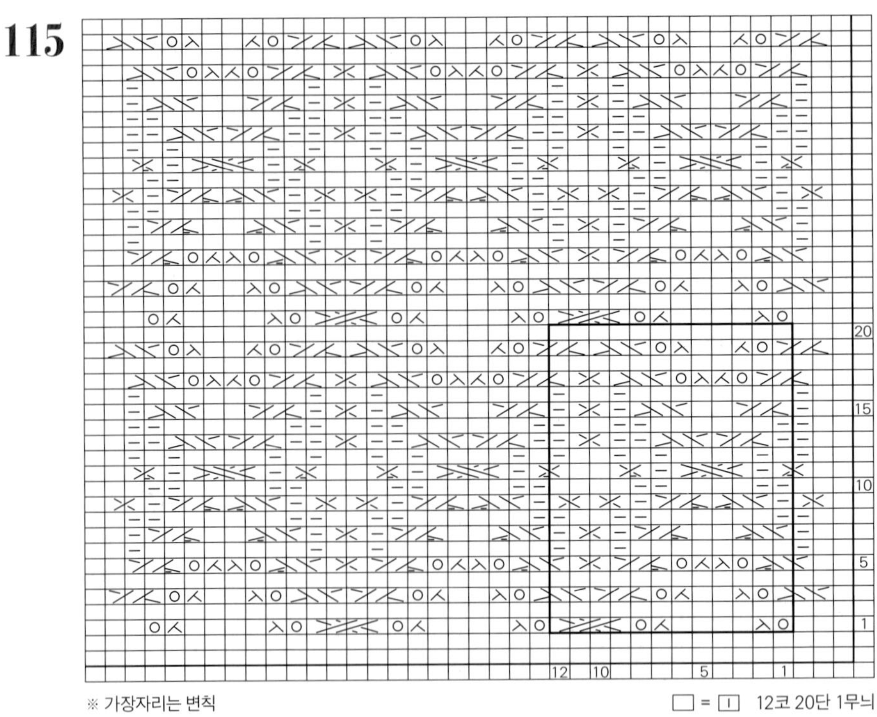

※ 가장자리는 변칙

□ = ▯ 12코 20단 1무늬

116

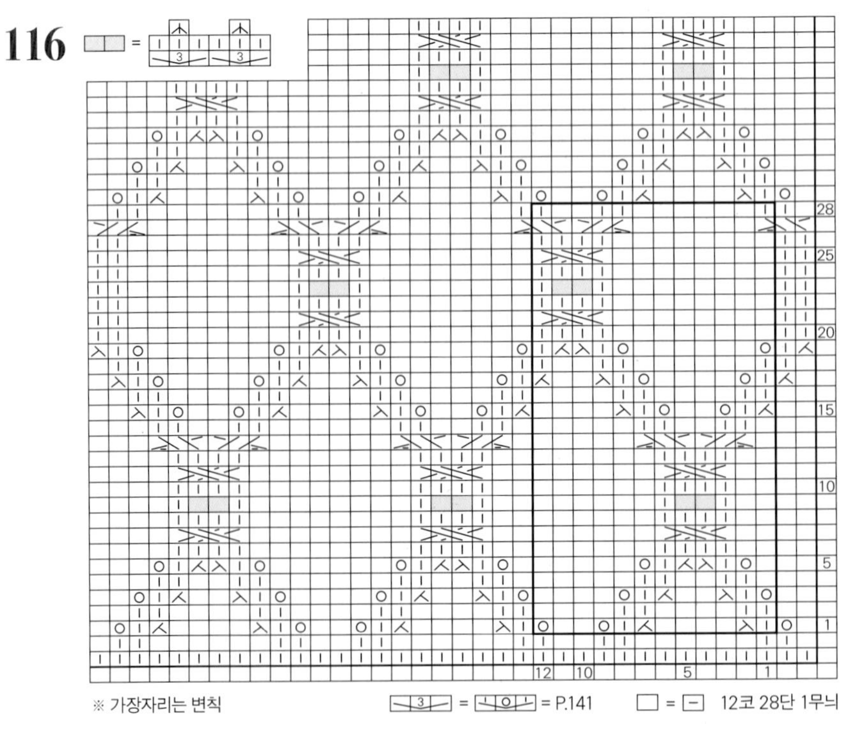

※ 가장자리는 변칙

= P.141

□ = ⊟ 12코 28단 1무늬

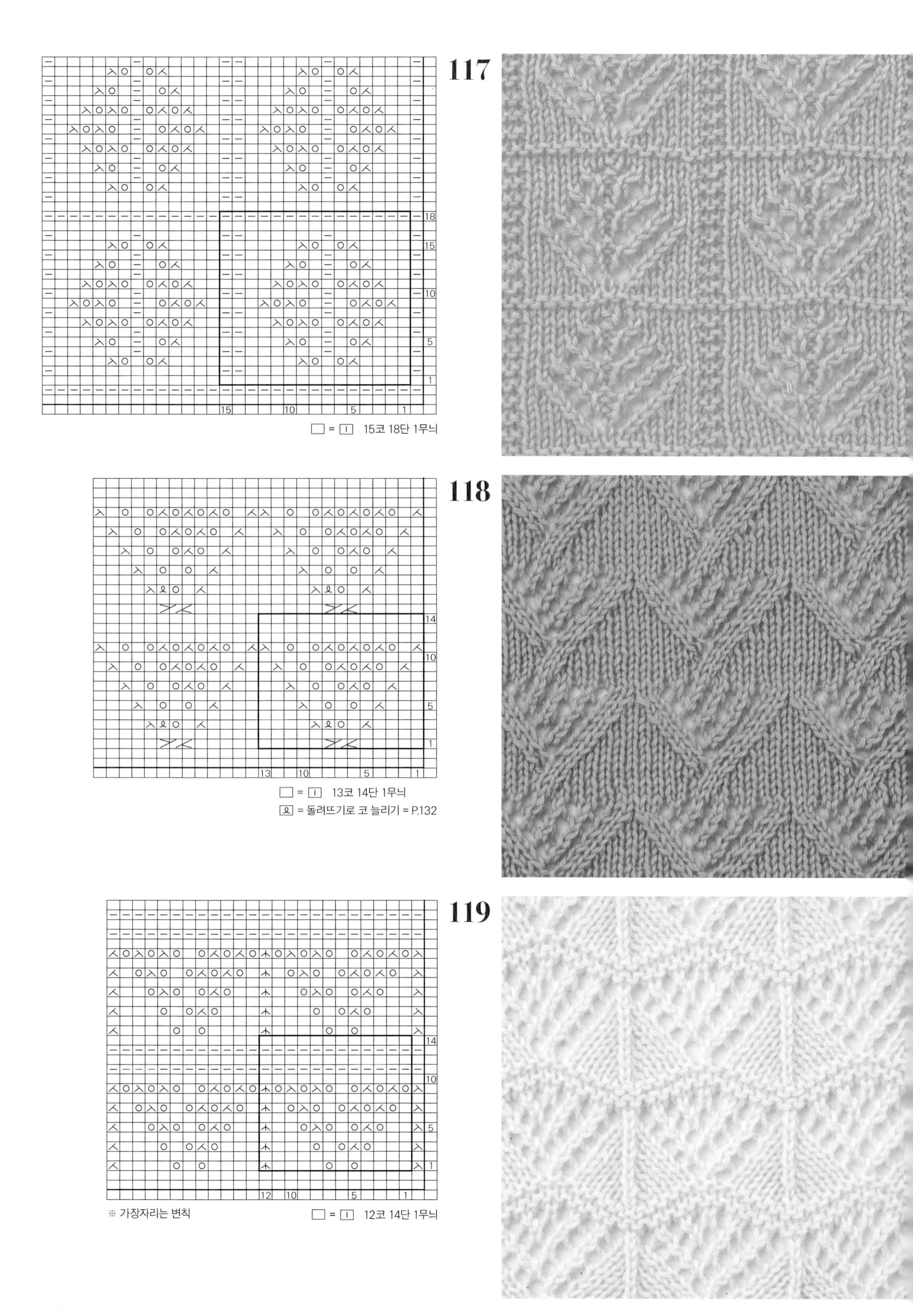
117
15코 18단 1무늬
118
13코 14단 1무늬
= 돌려뜨기로 코 늘리기 = P.132
119
※ 가장자리는 변칙
12코 14단 1무늬

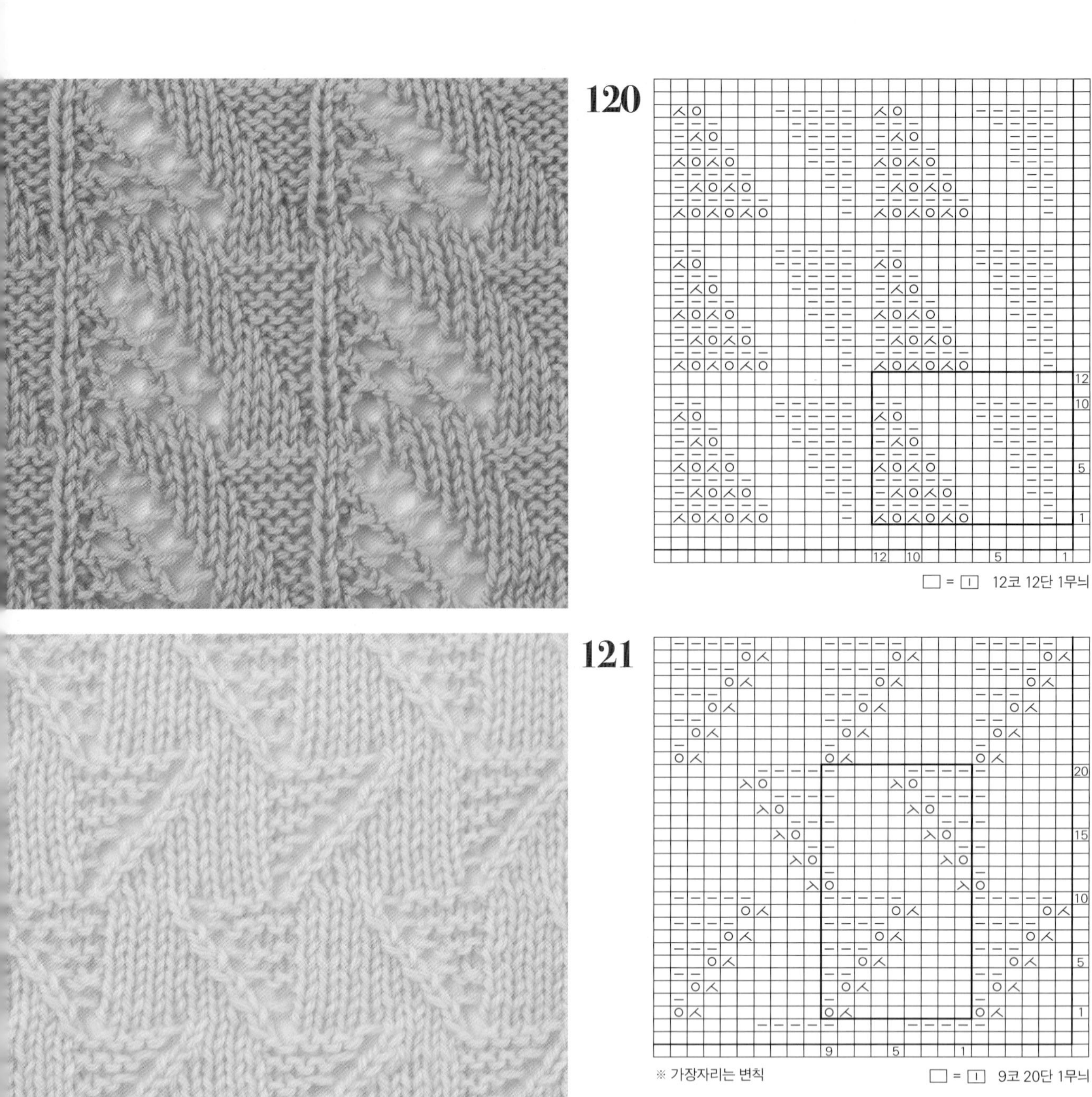

122

□ = ⊡ 13코 10단 1무늬

123

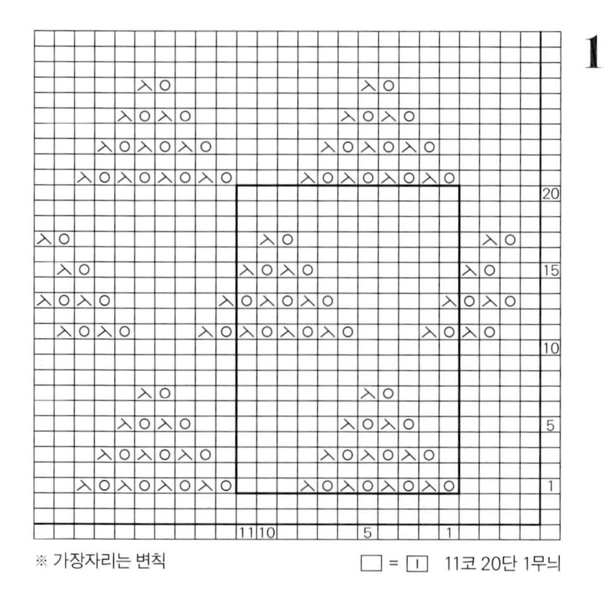

※ 가장자리는 변칙

□ = ⊡ 11코 20단 1무늬

124

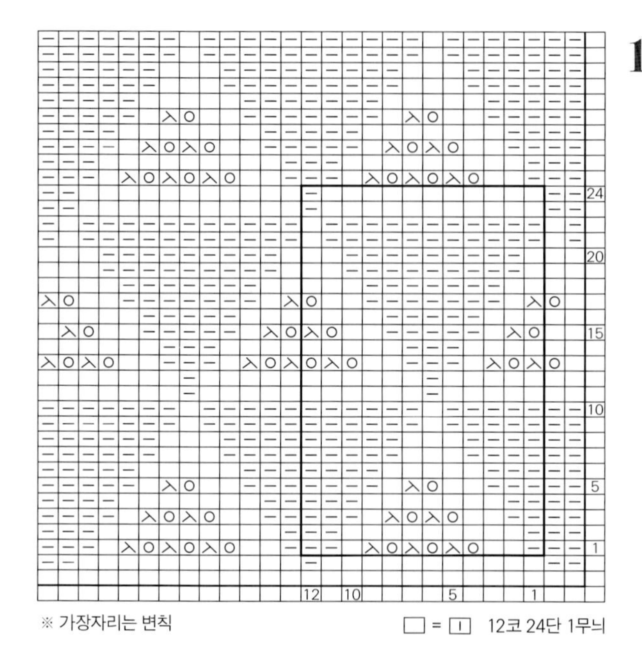

※ 가장자리는 변칙

□ = ⊡ 12코 24단 1무늬

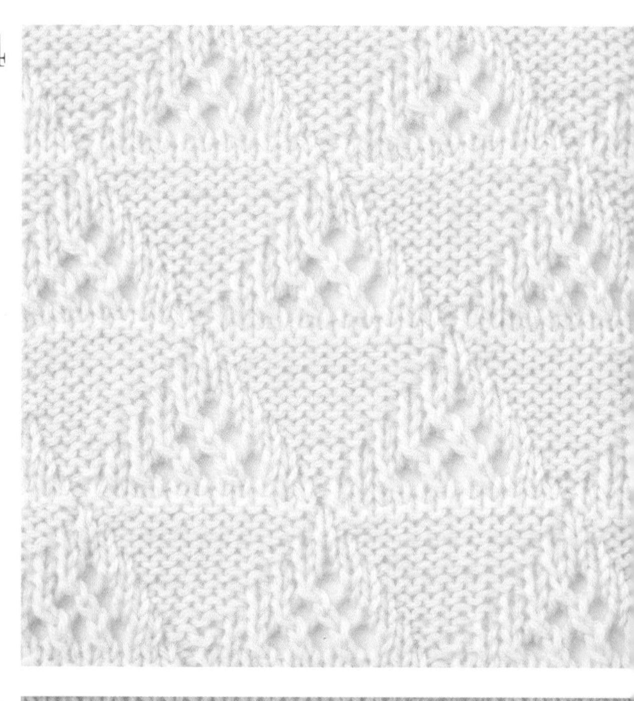

125

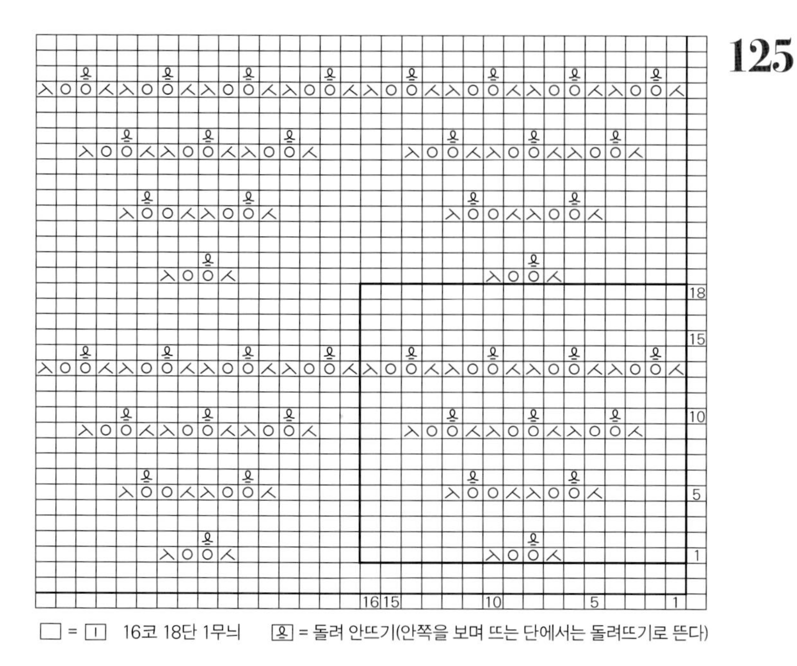

□ = ⊡ 16코 18단 1무늬 ⍜ = 돌려 안뜨기(안쪽을 보며 뜨는 단에서는 돌려뜨기로 뜬다)

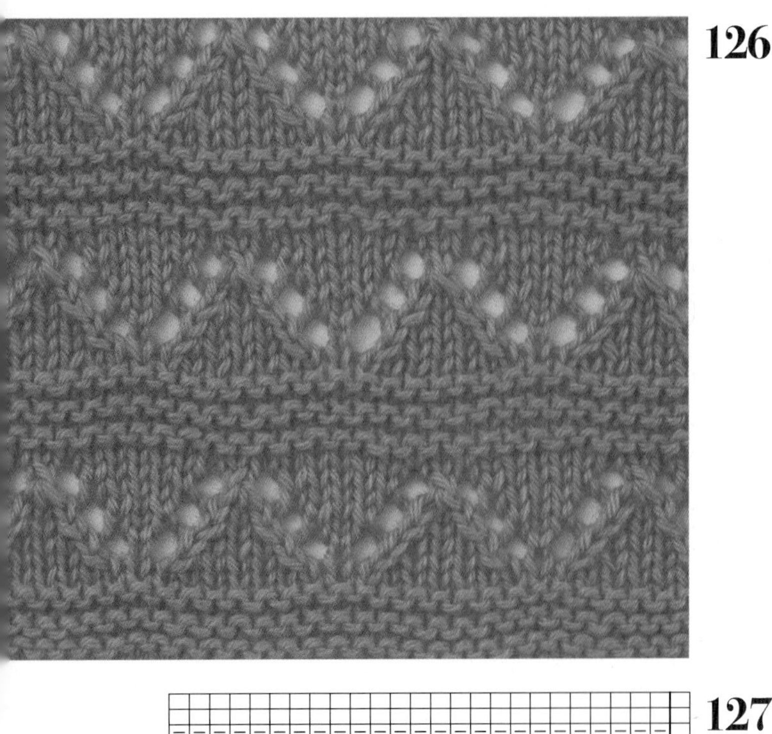

126

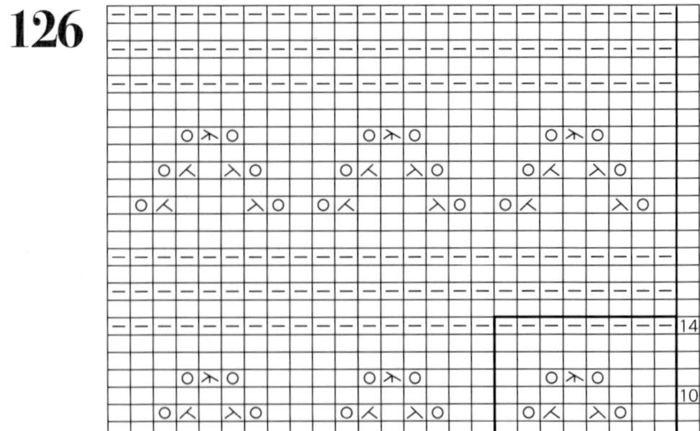

□ = [|] 8코 14단 1무늬

127

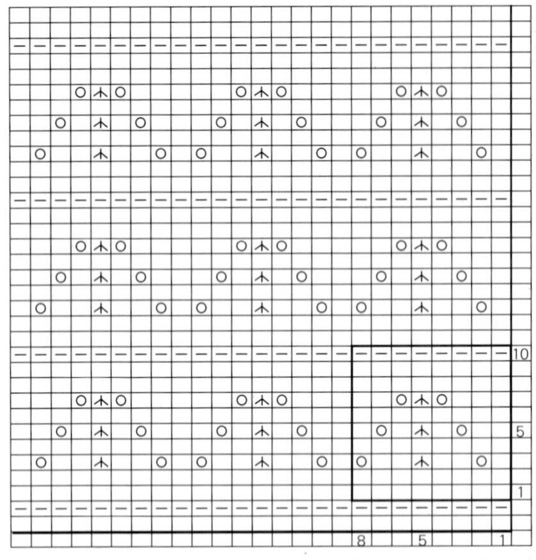

□ = [|] 8코 10단 1무늬

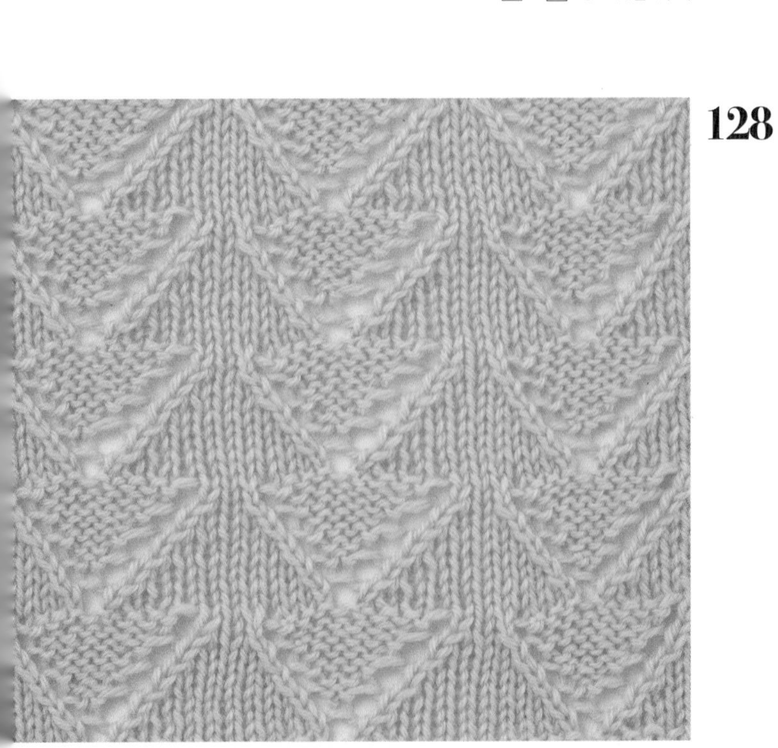

128

10
5
1
12 10 5 1

□ = [|] 12코 10단 1무늬

129

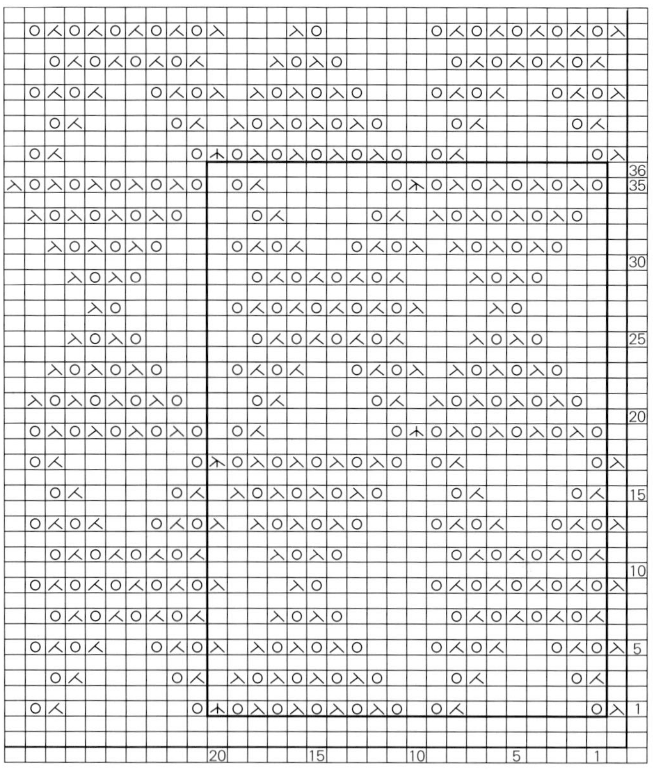

※ 가장자리는 변칙

□ = ⊡ 20코 36단 1무늬

130

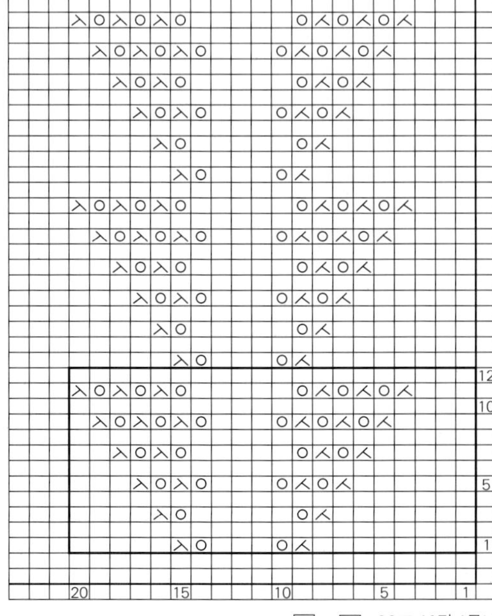

□ = ⊡ 20코 12단 1무늬

131

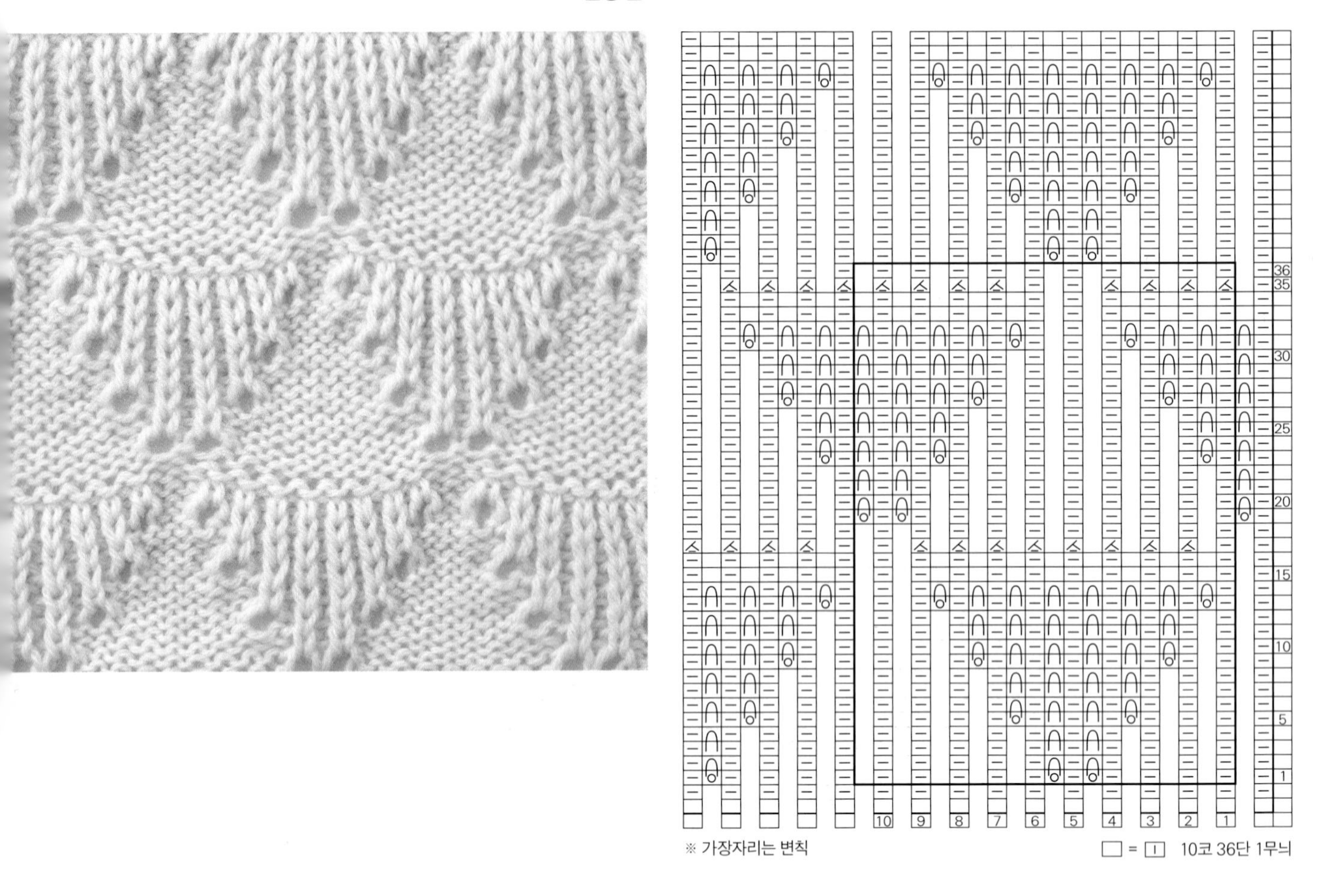

※ 가장자리는 변칙

□ = ⊡ 10코 36단 1무늬

132

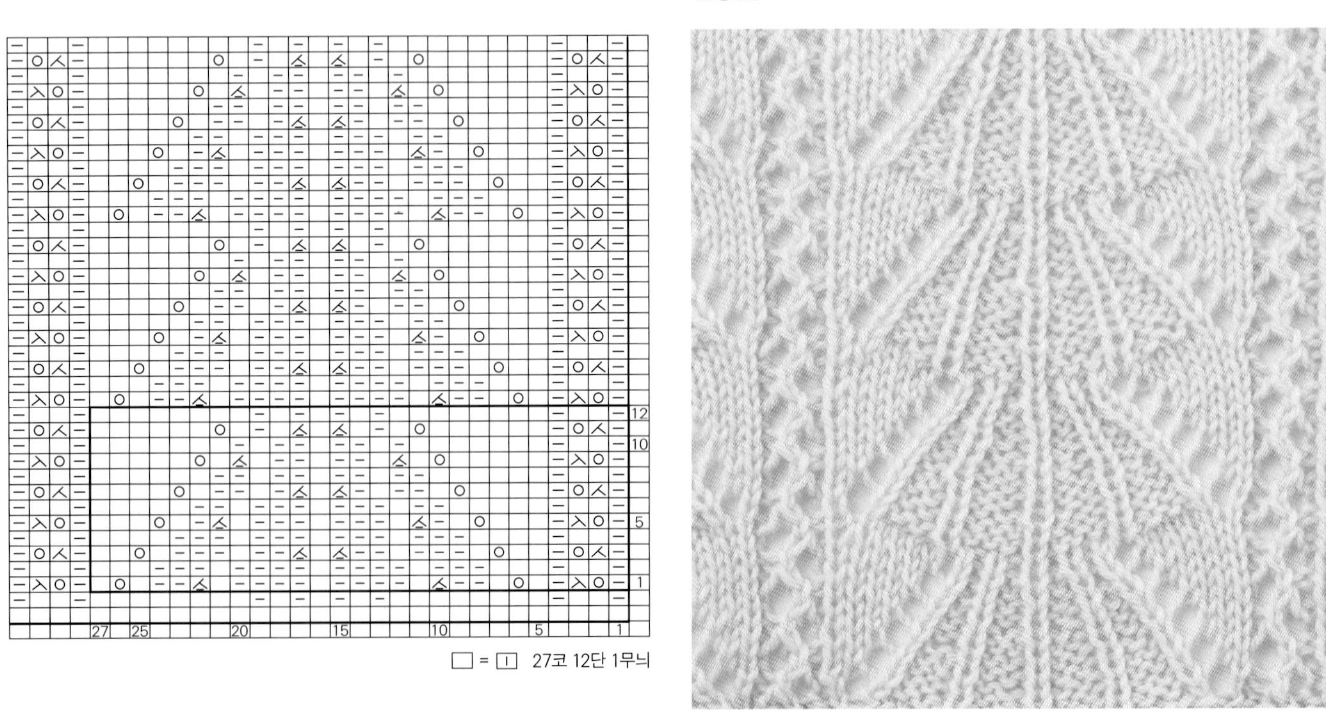

□ = ⊡ 27코 12단 1무늬

133

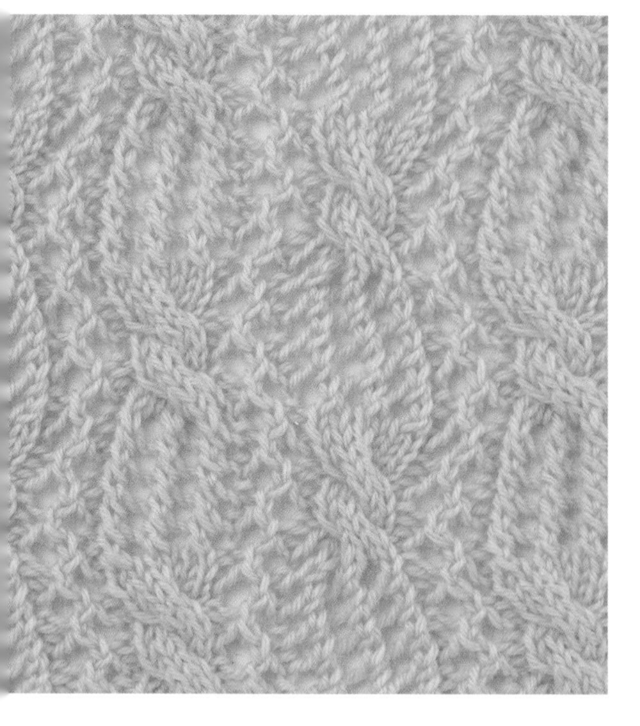

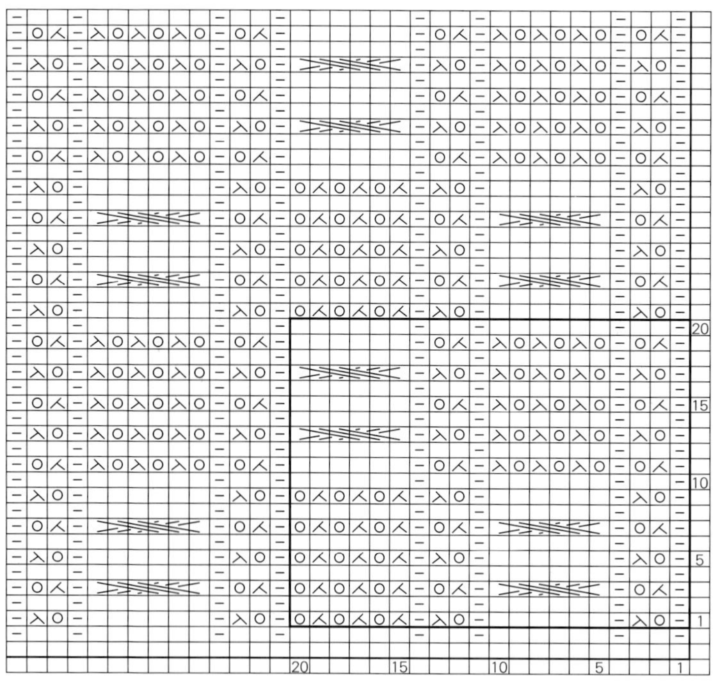
20
15
10
5
1
20 15 10 5 1
□ = ⊟ 20코 20단 1무늬

134

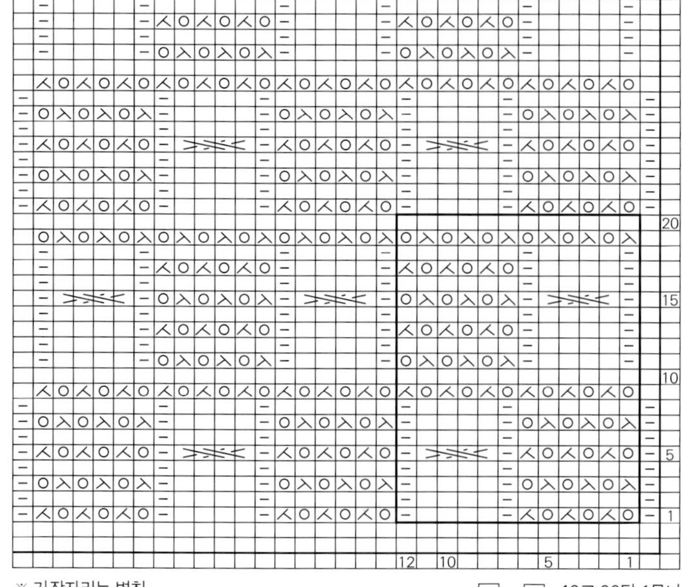
20
15
10
5
1
12 10 5 1
※ 가장자리는 변칙
□ = ⊟ 12코 20단 1무늬

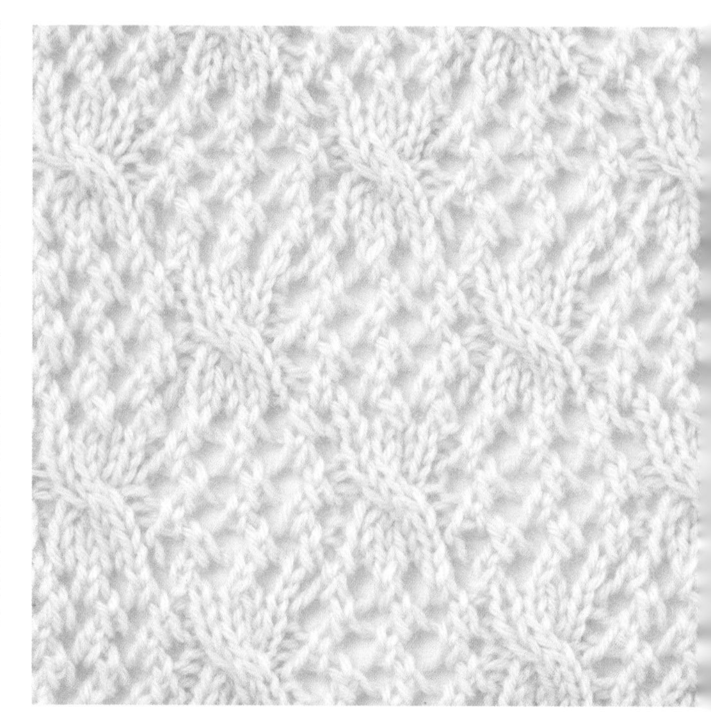

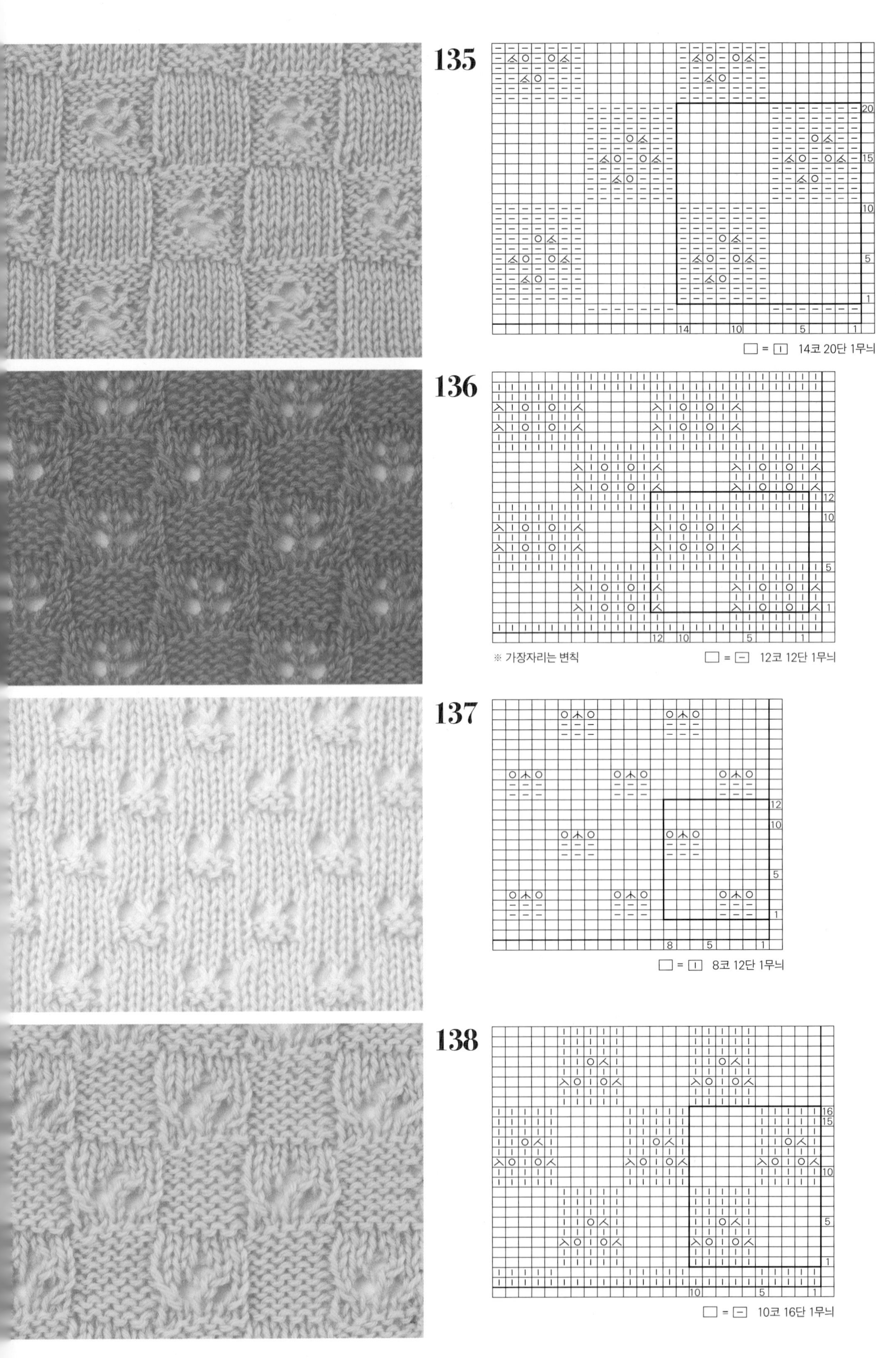
135
14코 20단 1무늬
136
※ 가장자리는 변칙
12코 12단 1무늬
137
8코 12단 1무늬
138
10코 16단 1무늬

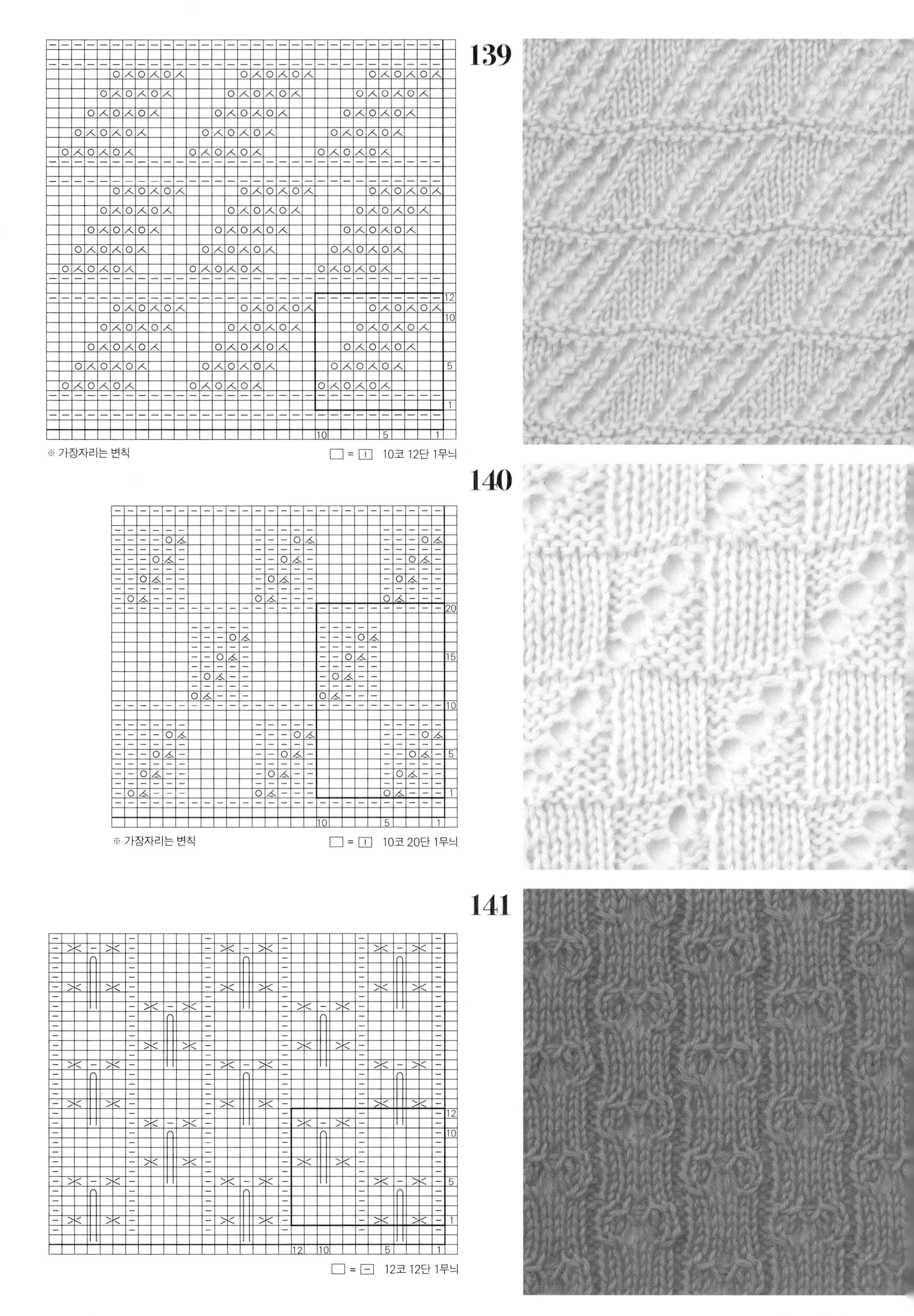
139
※ 가장자리는 변칙
□ = ⊡ 10코 12단 1무늬
140
※ 가장자리는 변칙
□ = ⊡ 10코 20단 1무늬
141
□ = ⊟ 12코 12단 1무늬

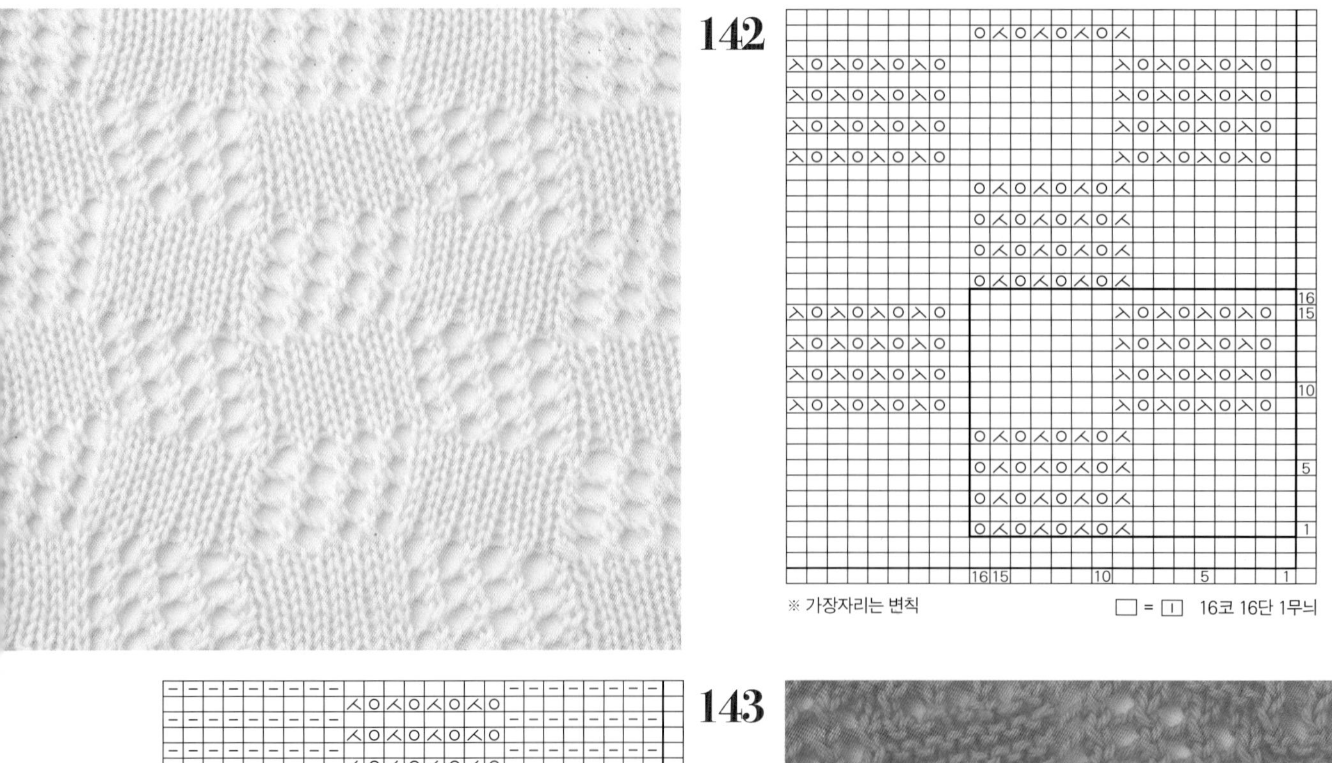

※ 가장자리는 변칙

□ = ⊡ 16코 16단 1무늬

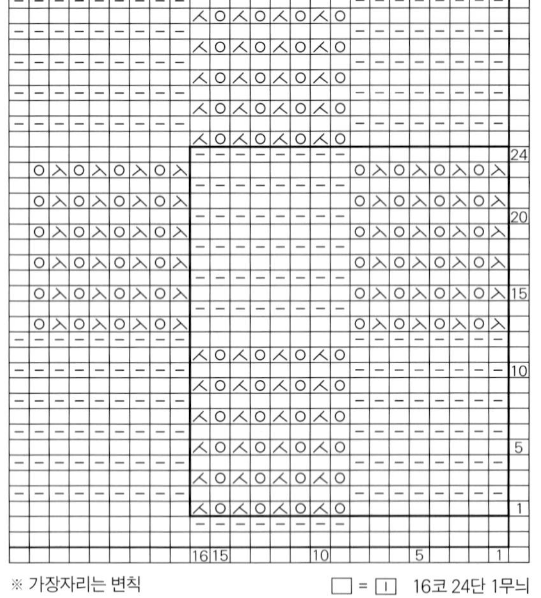

※ 가장자리는 변칙

□ = ⊡ 16코 24단 1무늬

143

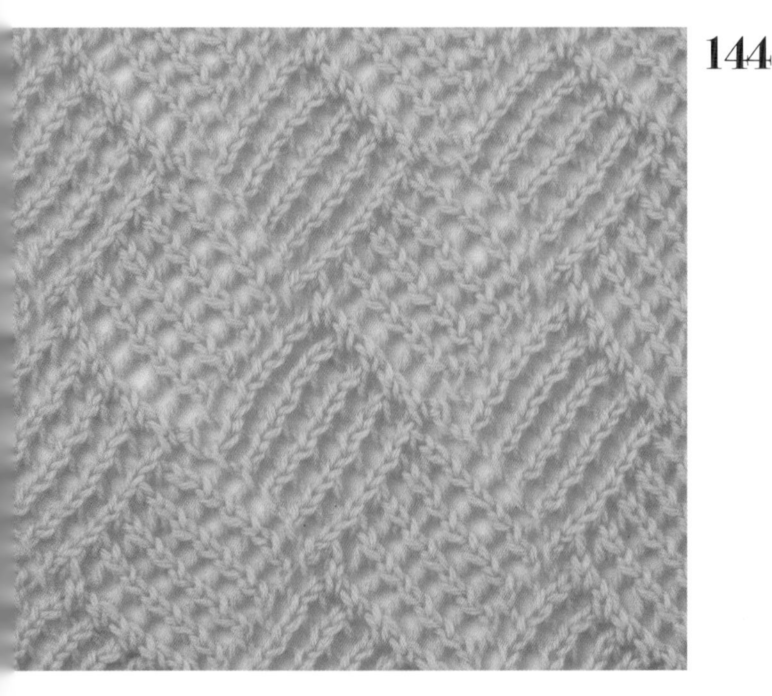

144

20

15

10

5

1

12 10 5 1

※ 가장자리는 변칙

□ = ⊡ 12코 20단 1무늬

145

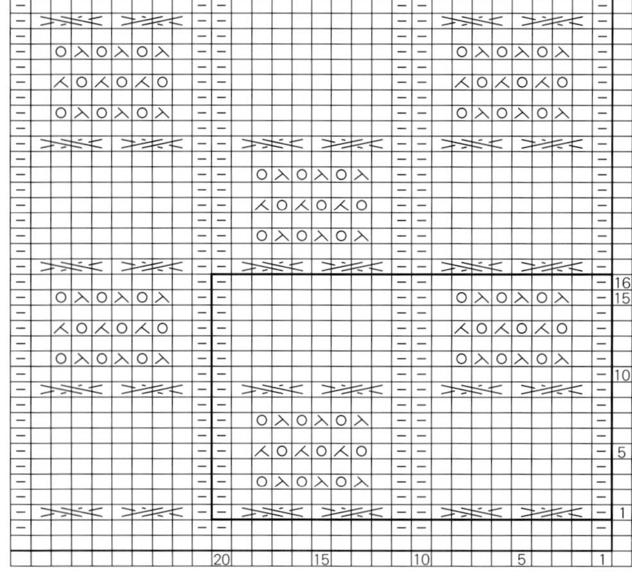

□ = ⊡ 20코 16단 1무늬

146

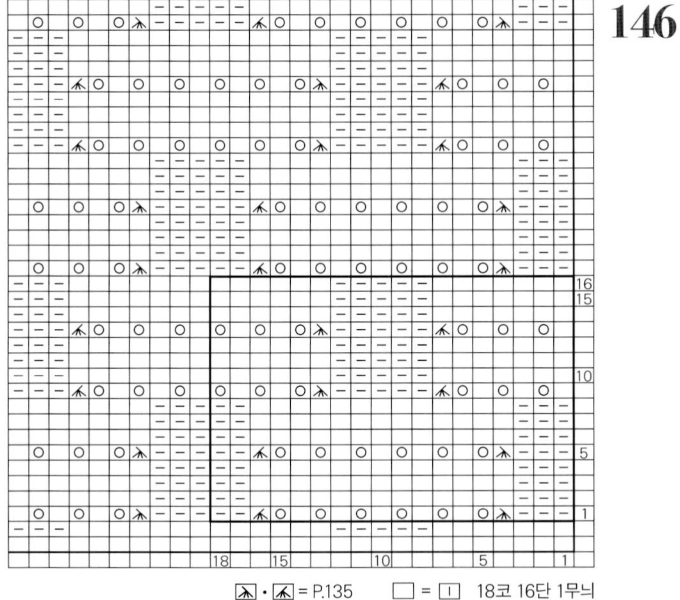

⊼ · ⊼ = P.135 □ = ⊡ 18코 16단 1무늬

147

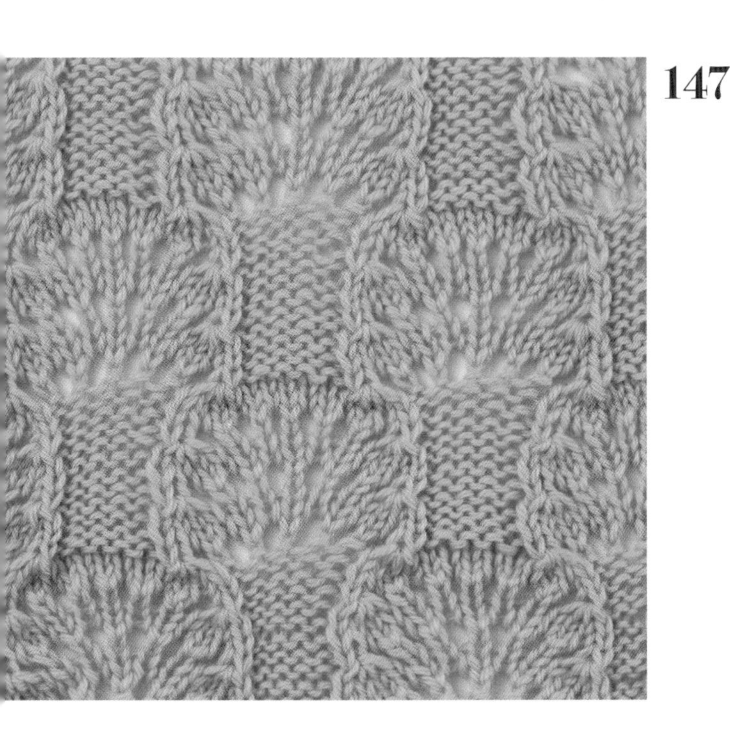

⊼ · ⊼ = P.135 □ = ⊡ 18코 24단 1무늬

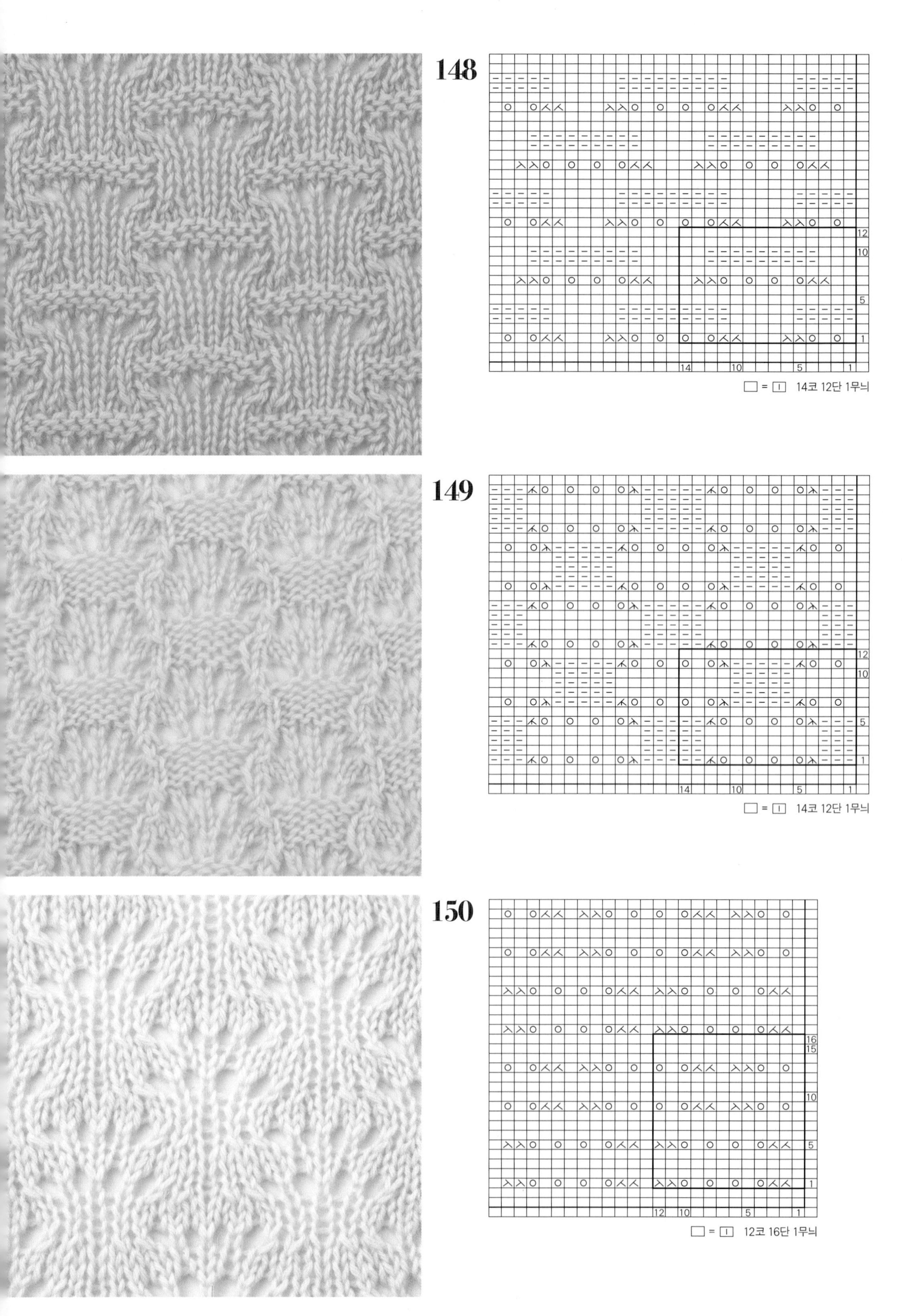
148
14 10 5 1
12 10 5 1
= 14코 12단 1무늬
149
14 10 5 1
12 10 5 1
= 14코 12단 1무늬
150
12 10 5 1
16 15 10 5 1
= 12코 16단 1무늬

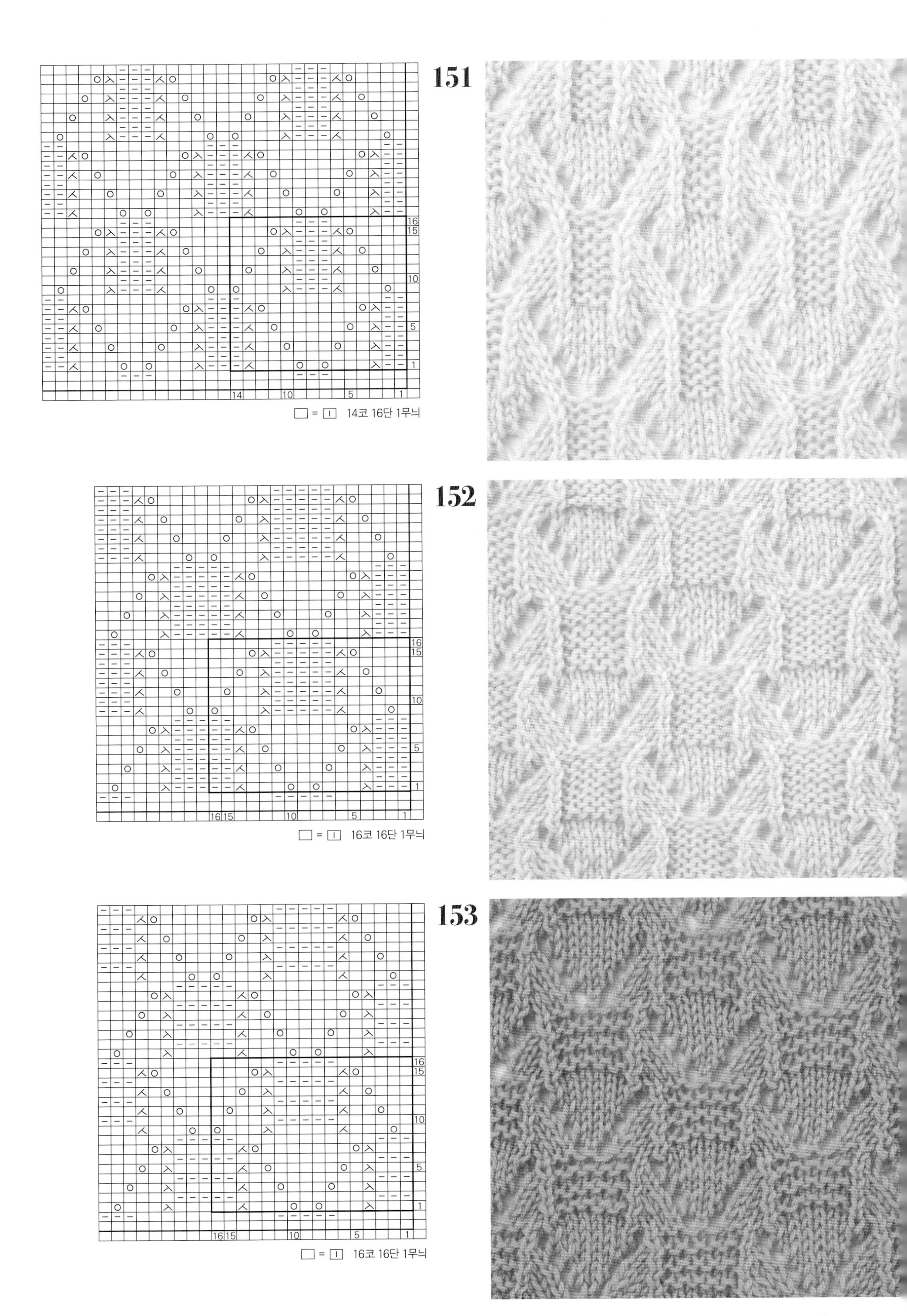151
□ = ⊡ 14코 16단 1무늬
152
□ = ⊡ 16코 16단 1무늬
153
□ = ⊡ 16코 16단 1무늬

선 Line

가로세로, 사선으로 이어지는 선이 날카로운 느낌을 주는 무늬입니다. 걸기코와 2코 모아뜨기의 위치를 바꾸면 뜨개 바탕 자체를 비스듬하게 만들 수 있습니다(→P.7 (→P.7 솔)). 가로세로 선을 조합해도 멋진 무늬가 됩니다.

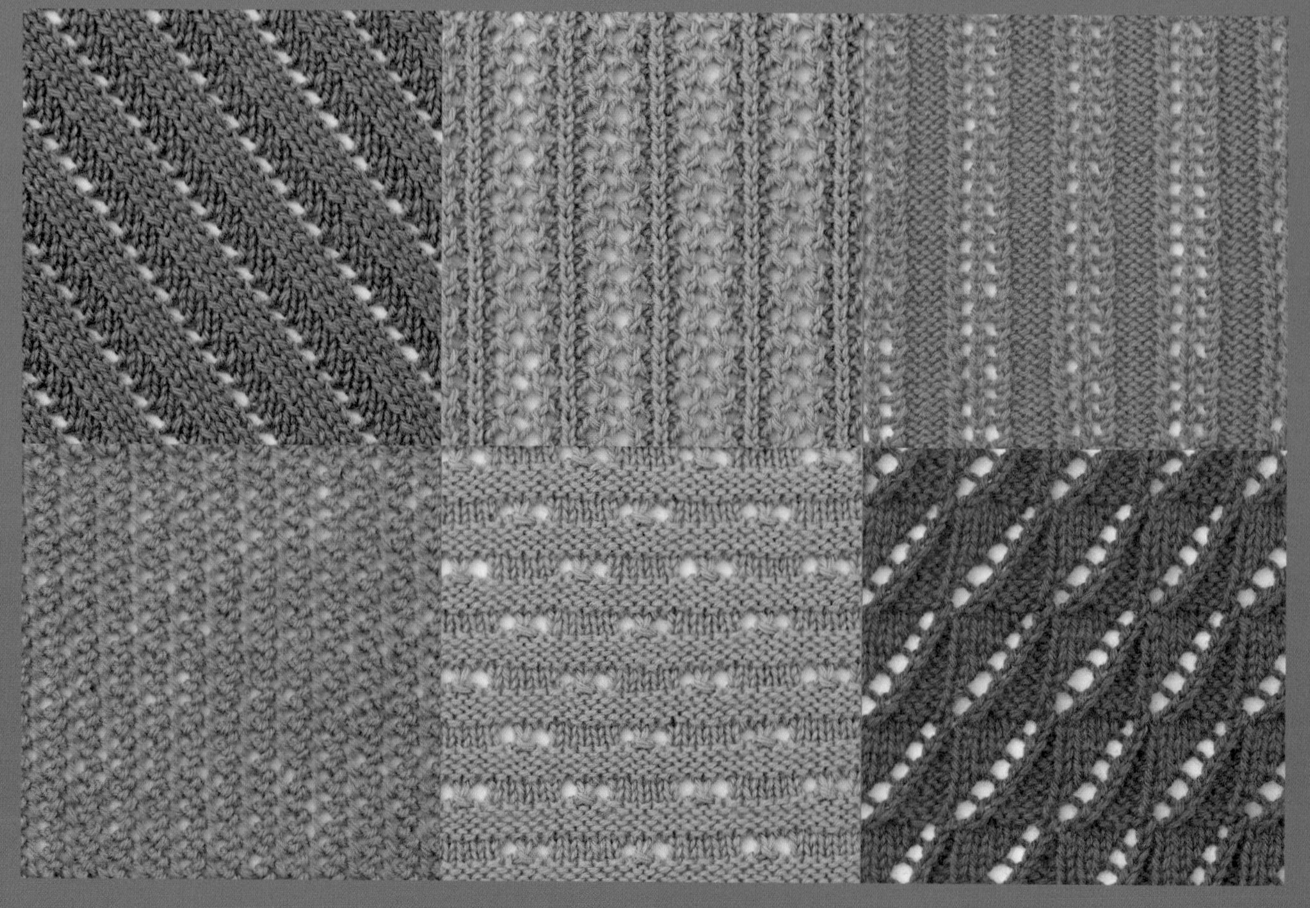

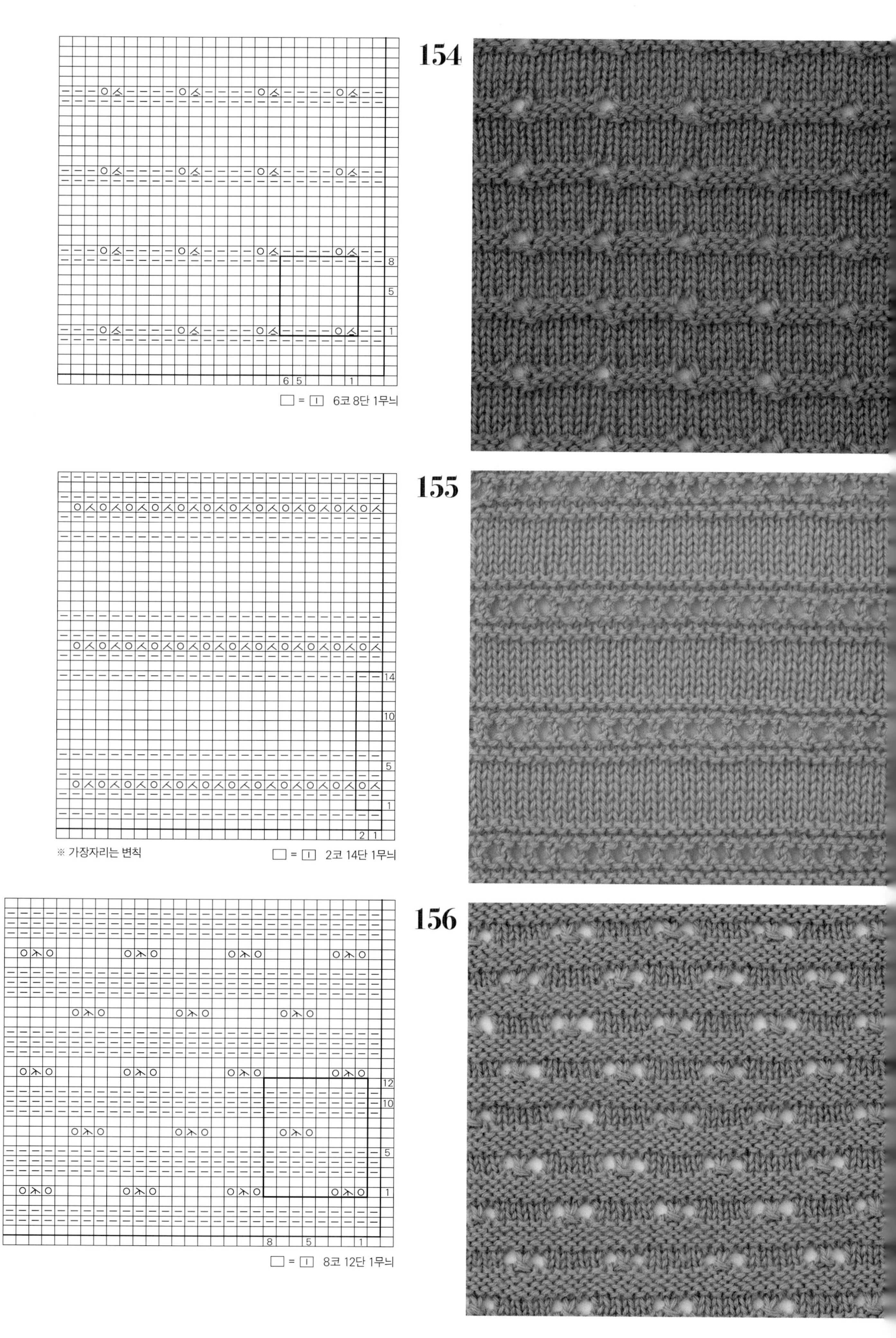
154
6 5
1
8
5
1
□ = ⊡ 6코 8단 1무늬
155
2 1
14
10
5
1
※ 가장자리는 변칙
□ = ⊡ 2코 14단 1무늬
156
8
5
1
12
10
5
1
□ = ⊡ 8코 12단 1무늬

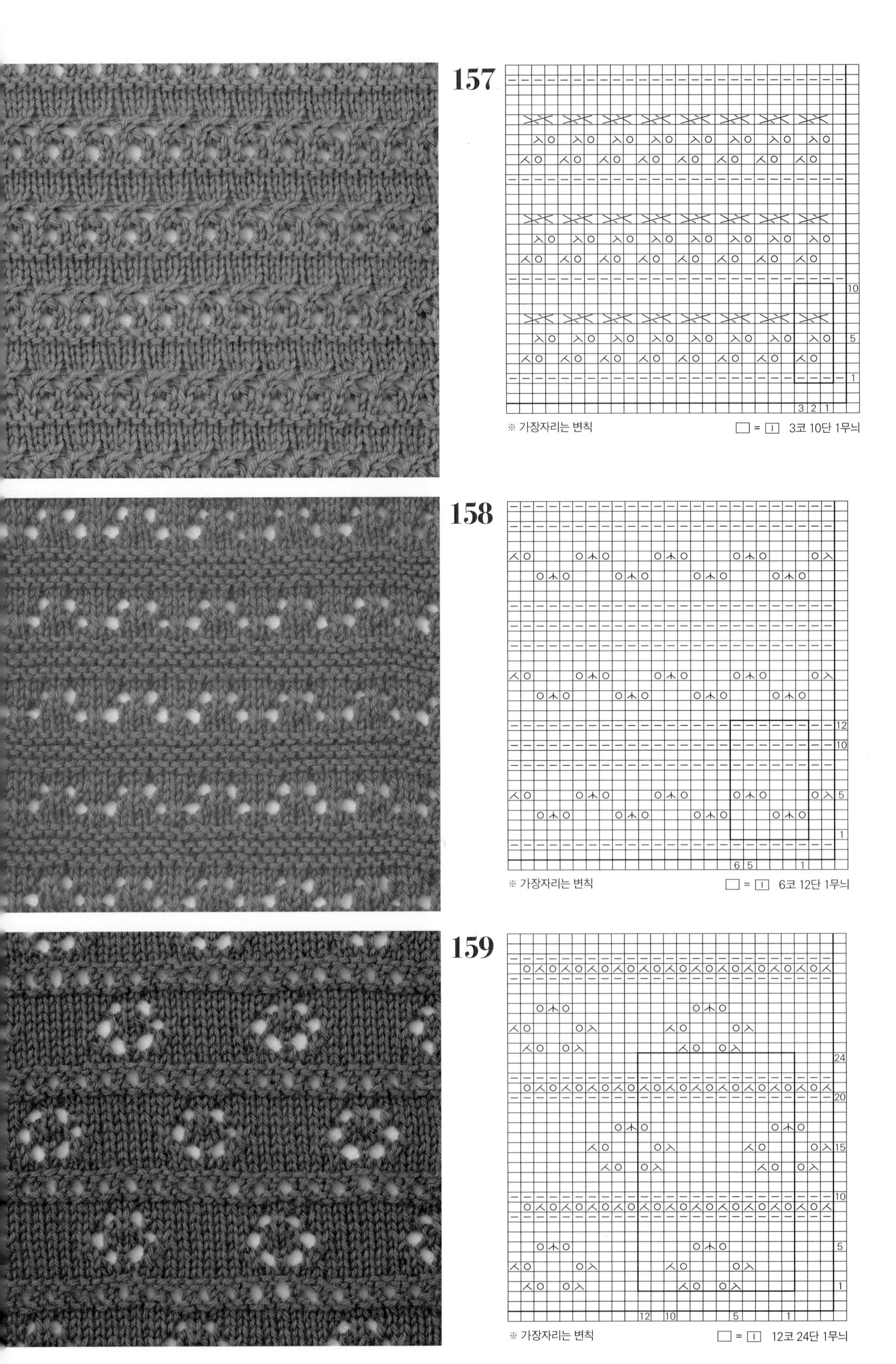
157
※ 가장자리는 변칙
= 3코 10단 1무늬
158
※ 가장자리는 변칙
= 6코 12단 1무늬
159
※ 가장자리는 변칙
= 12코 24단 1무늬

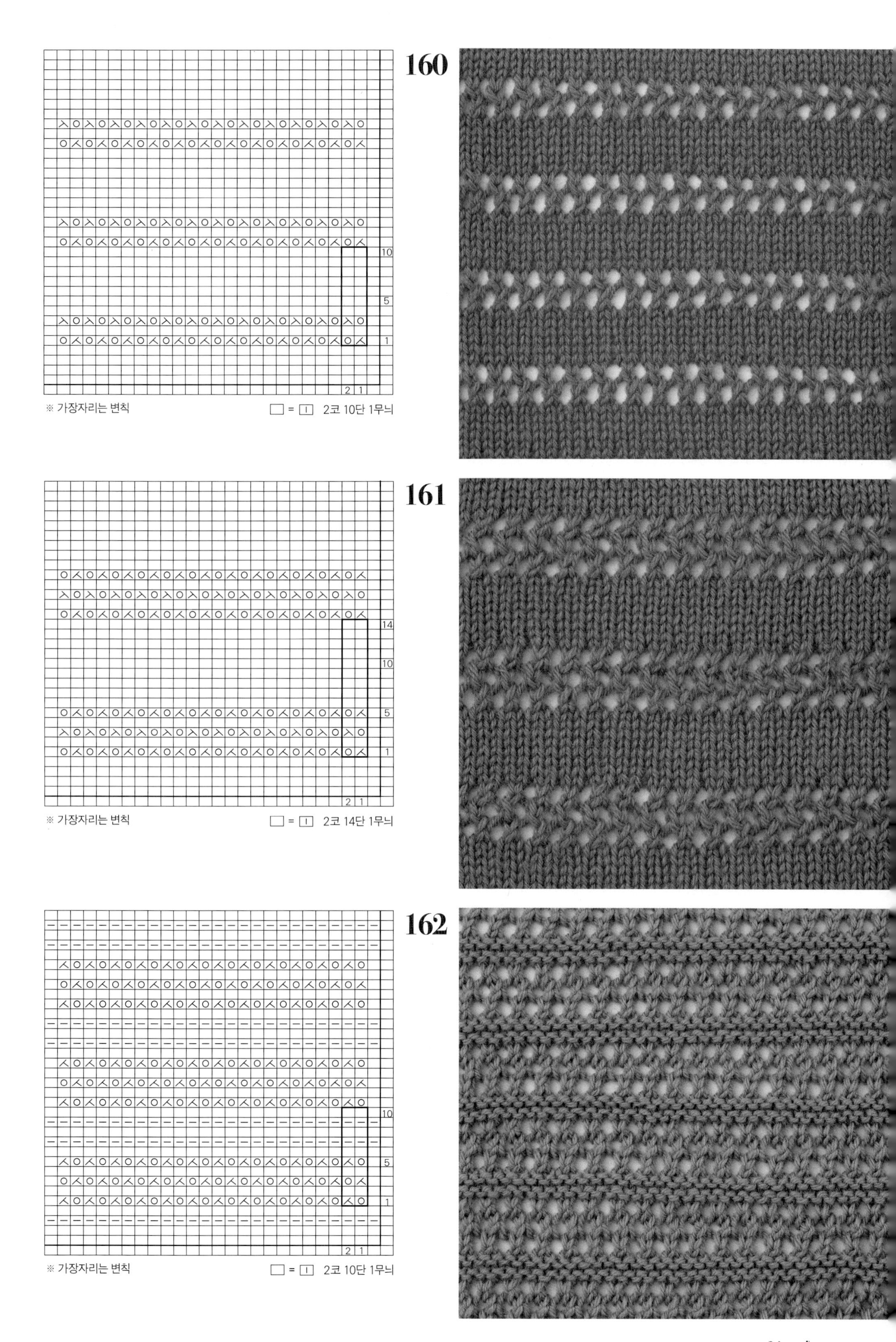
160
10
5
1
2 1
※ 가장자리는 변칙
= 2코 10단 1무늬
161
14
10
5
1
2 1
※ 가장자리는 변칙
= 2코 14단 1무늬
162
10
5
1
2 1
※ 가장자리는 변칙
= 2코 10단 1무늬

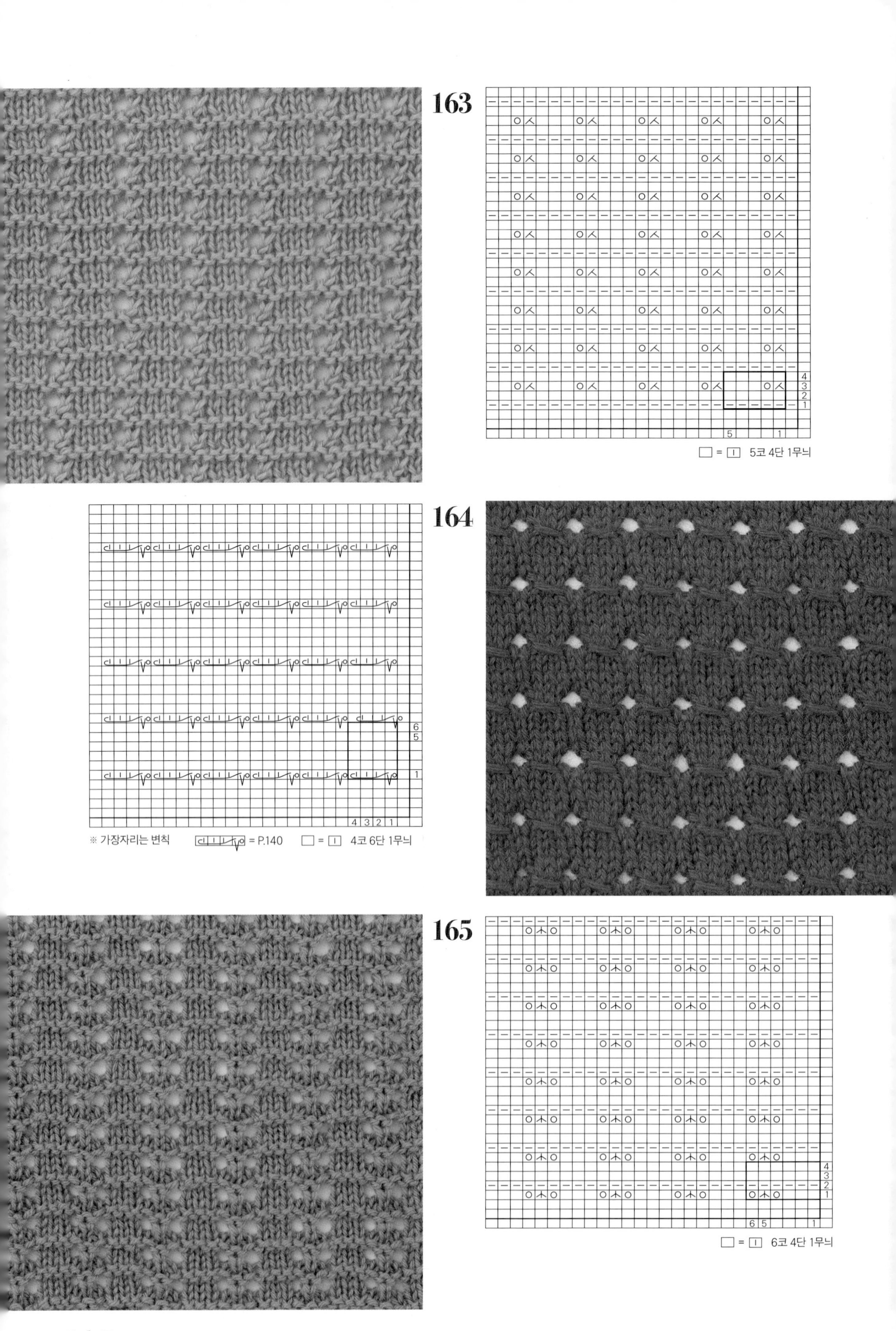
163
□ = ⊡ 5코 4단 1무늬
164
※ 가장자리는 변칙
= P.140
□ = ⊡ 4코 6단 1무늬
165
□ = ⊡ 6코 4단 1무늬

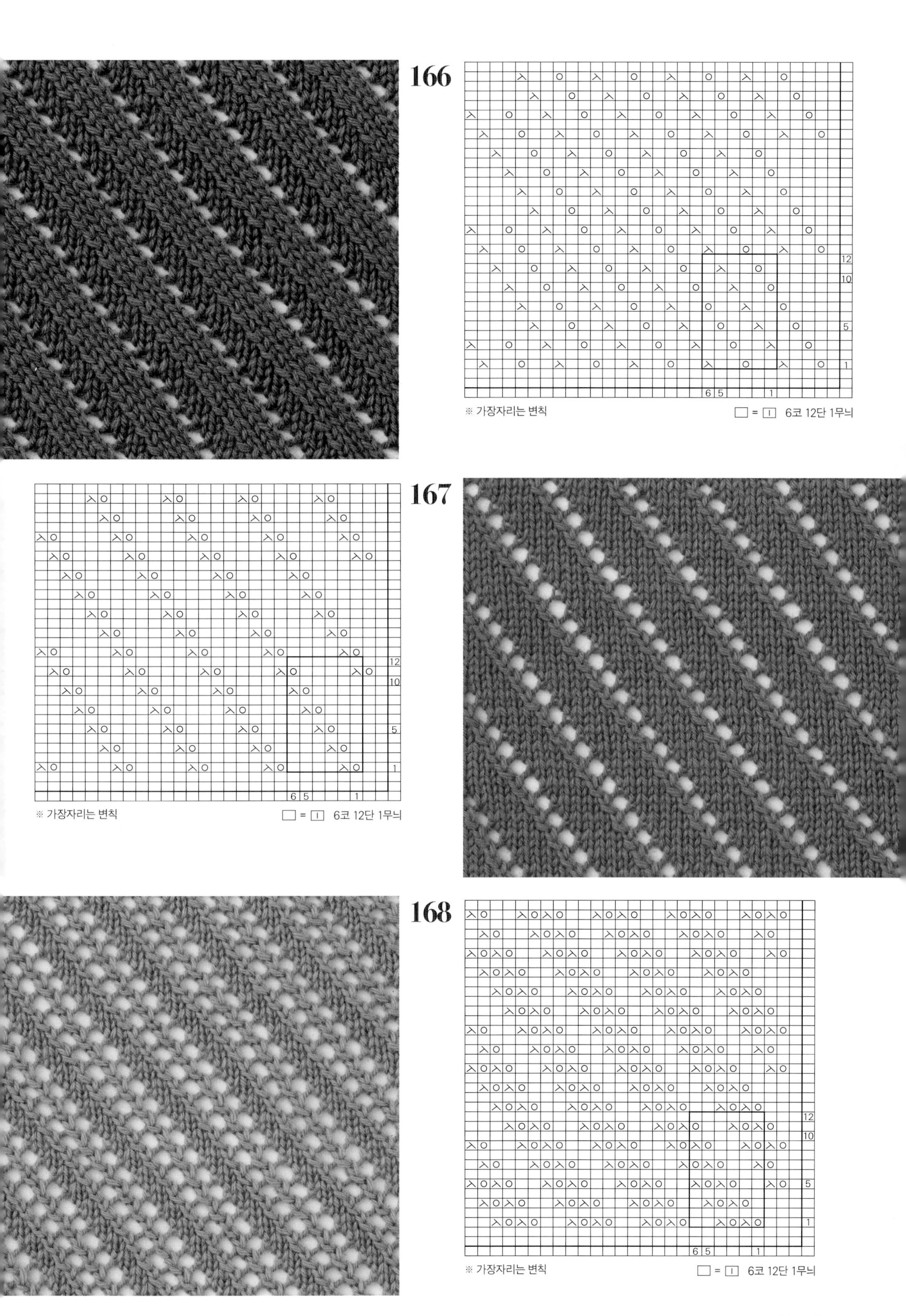
166
※ 가장자리는 변칙
= 6코 12단 1무늬
167
※ 가장자리는 변칙
= 6코 12단 1무늬
168
※ 가장자리는 변칙
= 6코 12단 1무늬

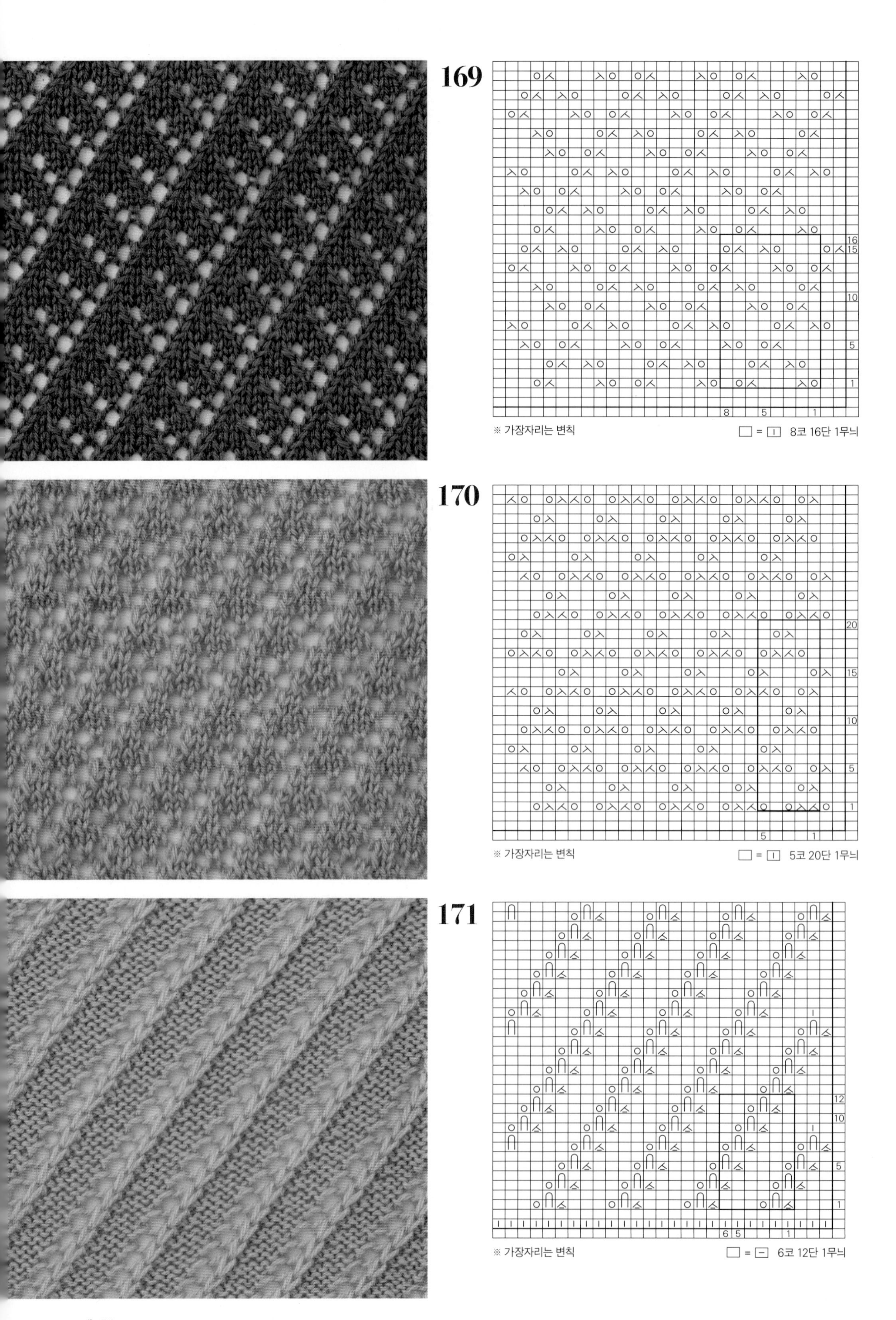
169
※ 가장자리는 변칙
= 8코 16단 1무늬
170
※ 가장자리는 변칙
= 5코 20단 1무늬
171
※ 가장자리는 변칙
= 6코 12단 1무늬

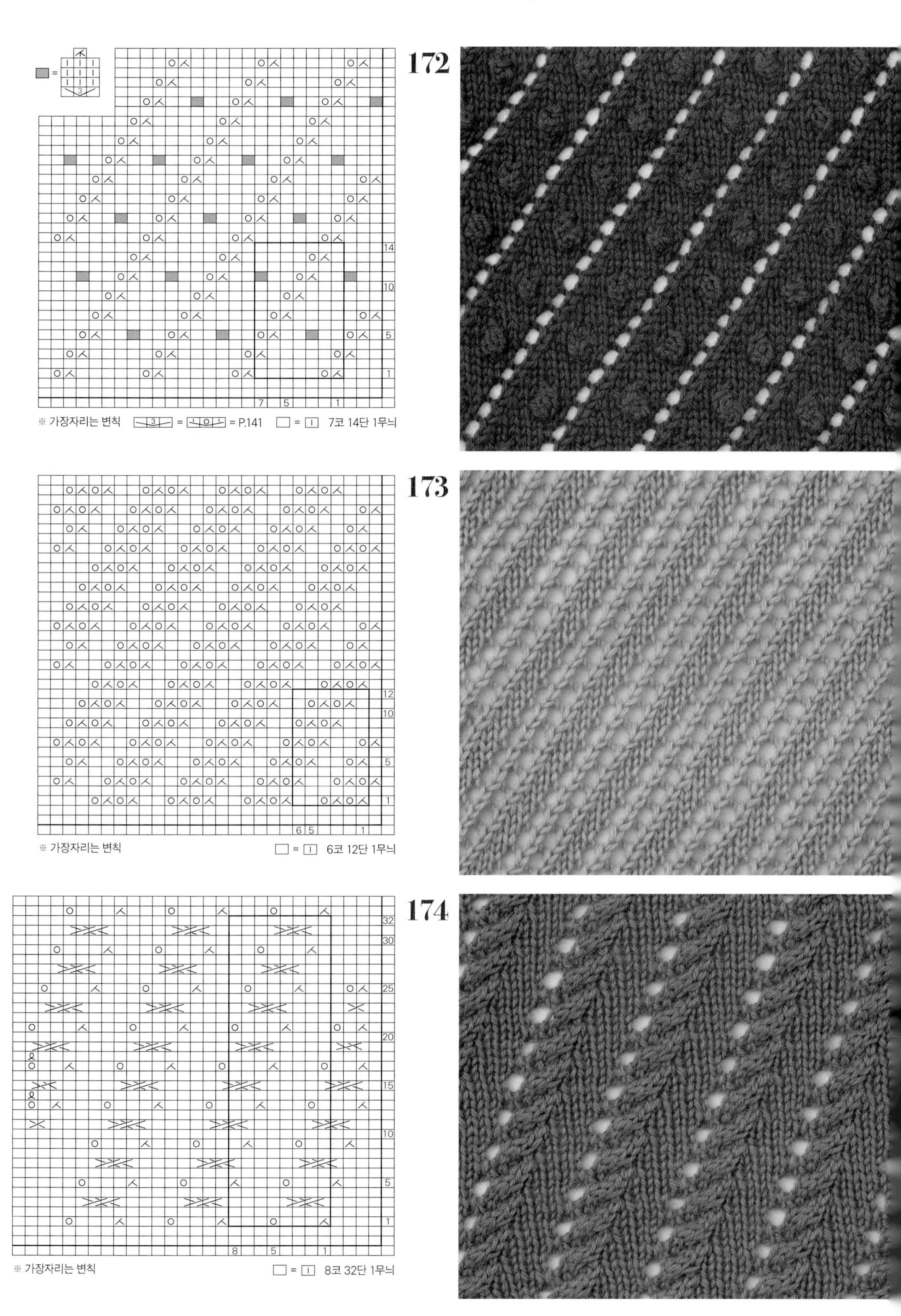
172
※ 가장자리는 변칙
= P.141
7코 14단 1무늬
173
※ 가장자리는 변칙
6코 12단 1무늬
174
※ 가장자리는 변칙
8코 32단 1무늬

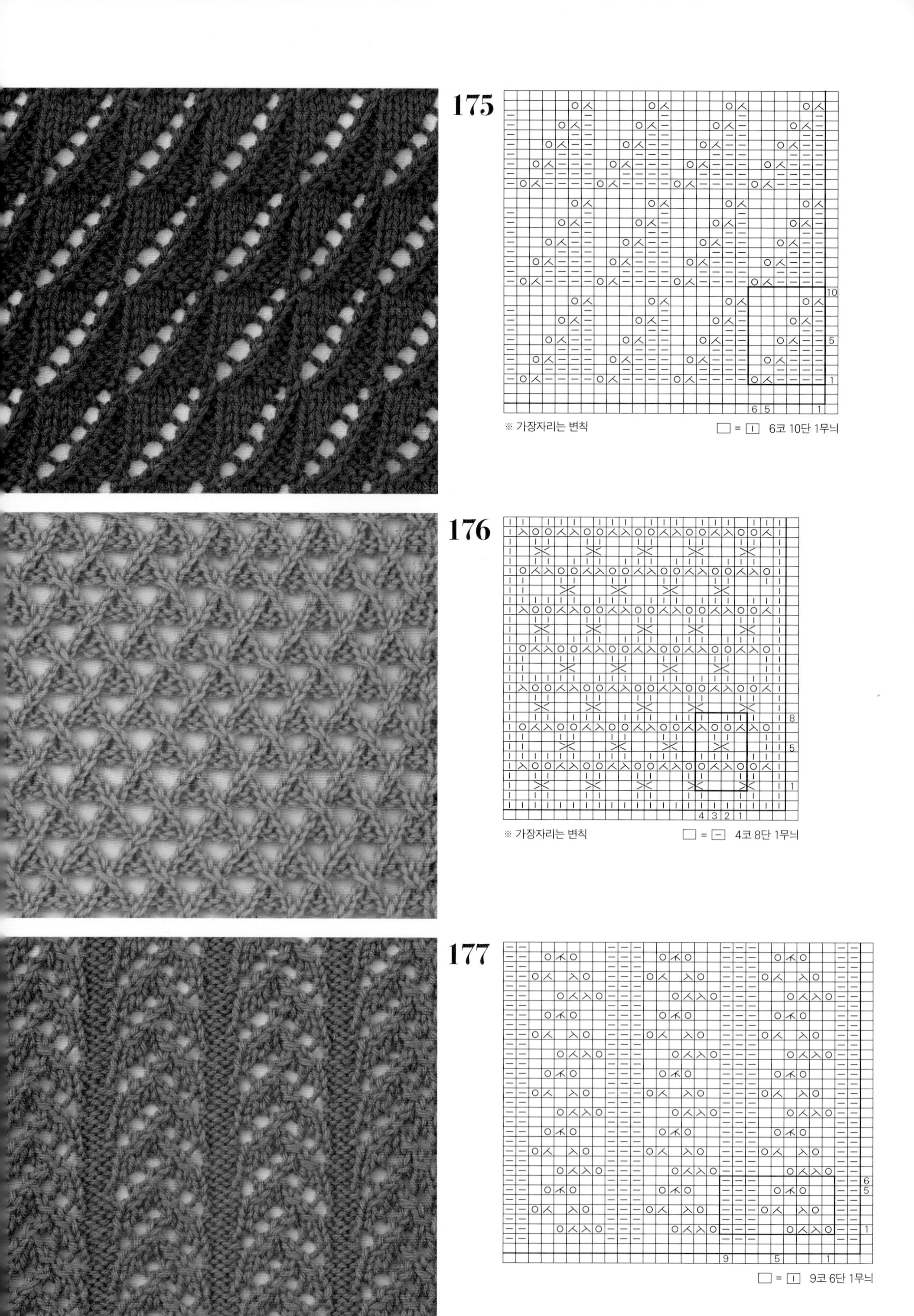
175
※ 가장자리는 변칙
□ = ⎕ 6코 10단 1무늬
176
※ 가장자리는 변칙
□ = ⊟ 4코 8단 1무늬
177
□ = ⎕ 9코 6단 1무늬

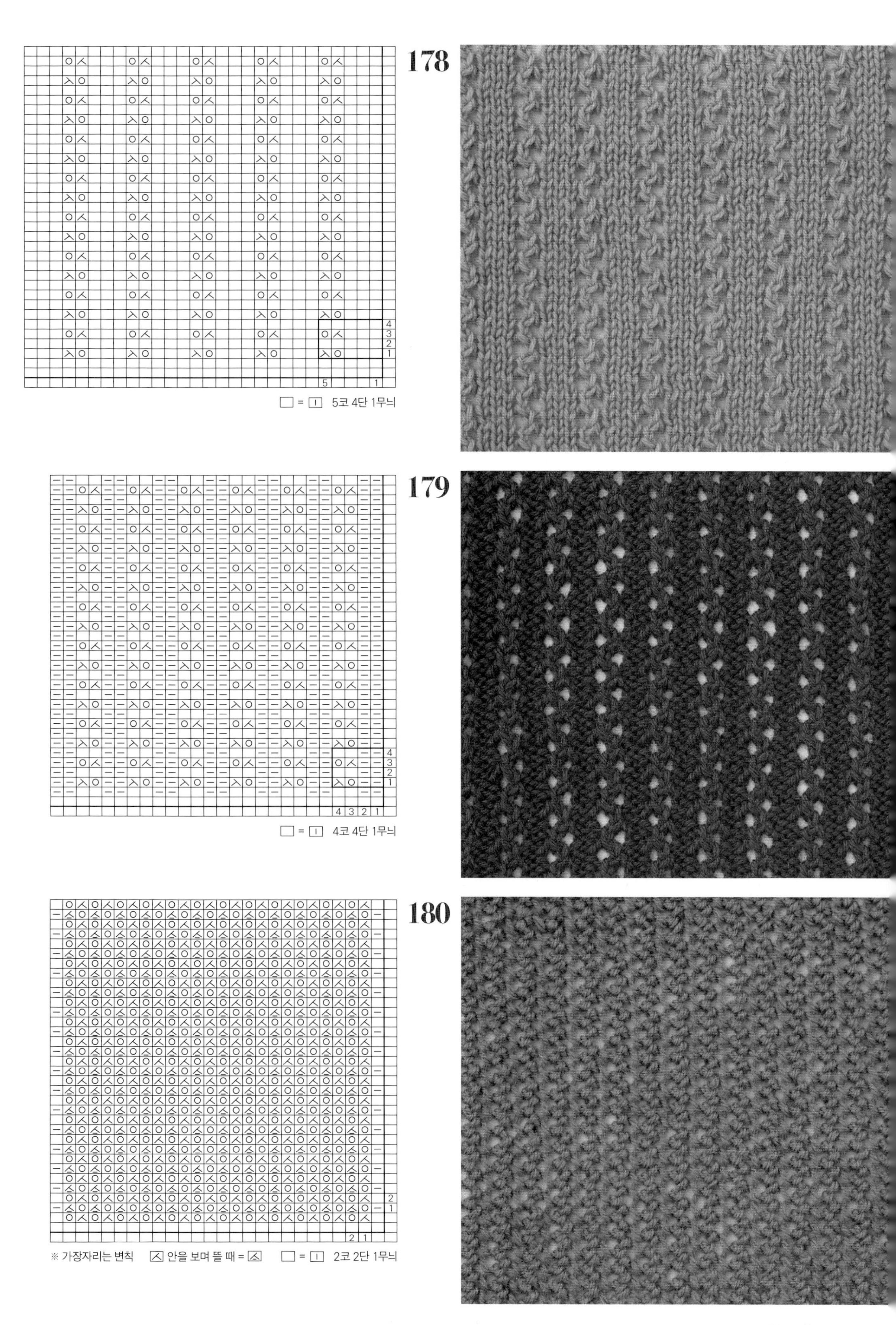
178
□ = ⊟ 5코 4단 1무늬
179
□ = ⊟ 4코 4단 1무늬
180
※ 가장자리는 변칙
안을 보며 뜰 때 =
□ = ⊟ 2코 2단 1무늬

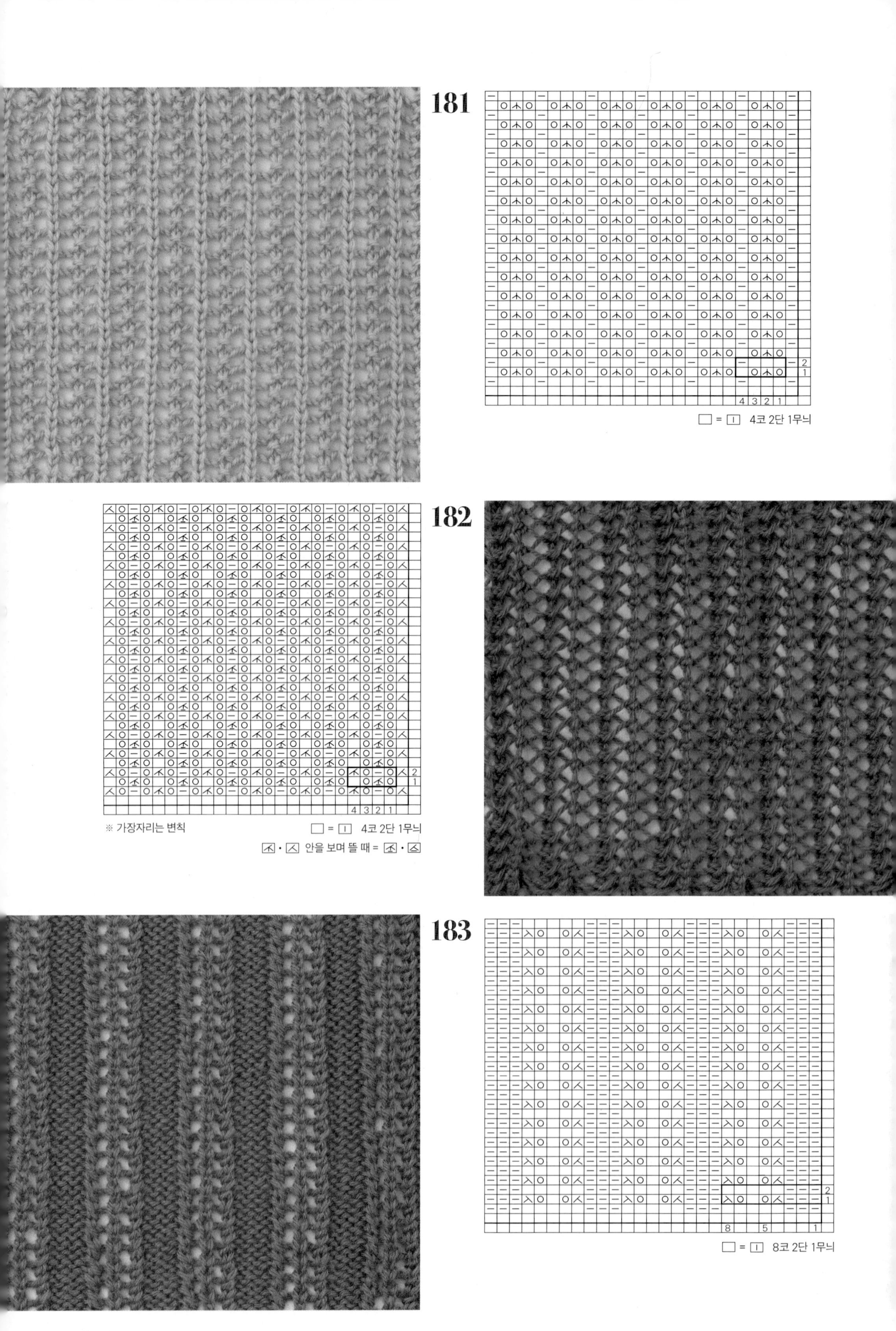
181
□ = □ 4코 2단 1무늬
182
※ 가장자리는 변칙
□ = □ 4코 2단 1무늬
안을 보며 뜰 때 =
183
□ = □ 8코 2단 1무늬

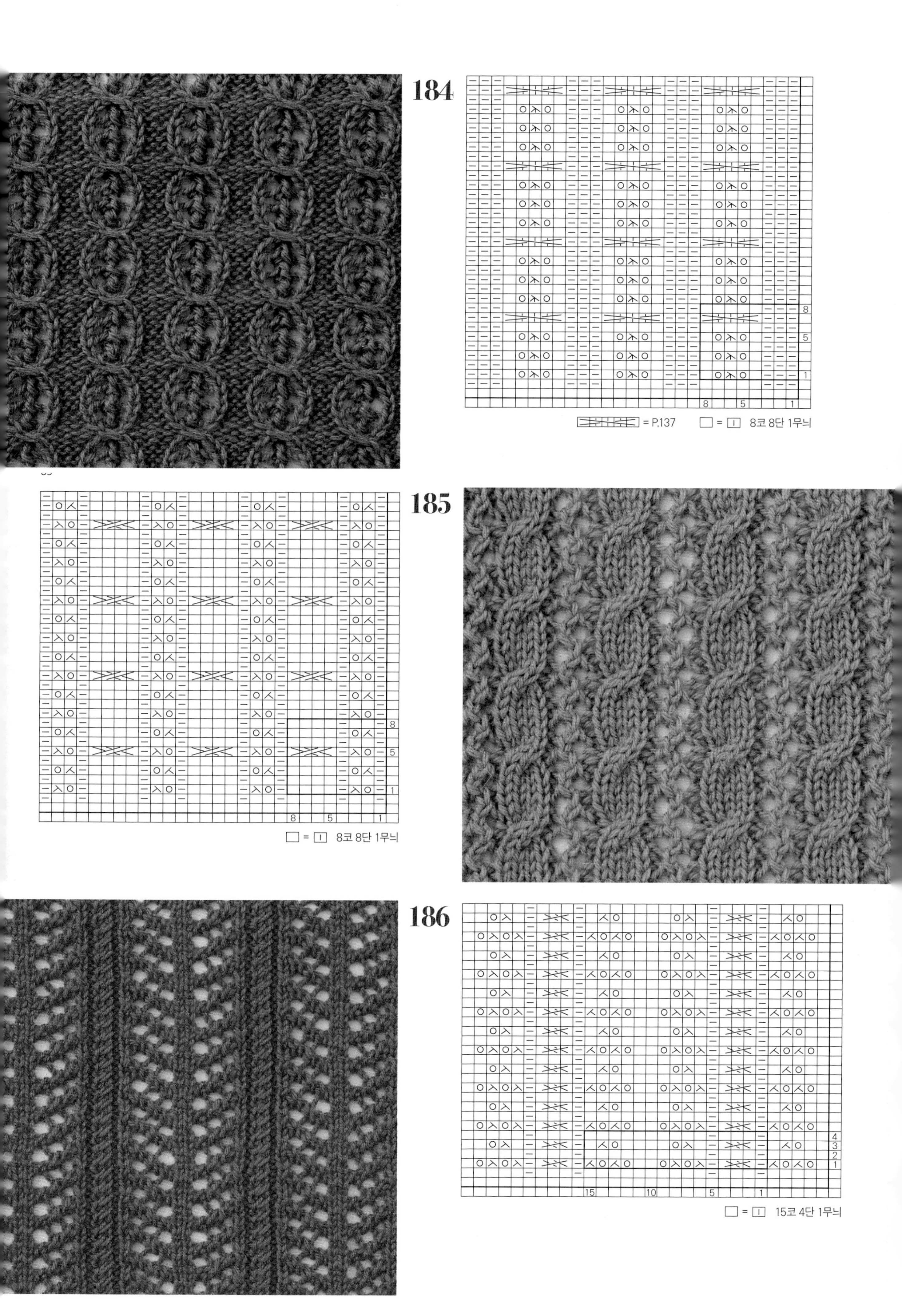
184
= P.137
= 8코 8단 1무늬
185
= 8코 8단 1무늬
186
= 15코 4단 1무늬

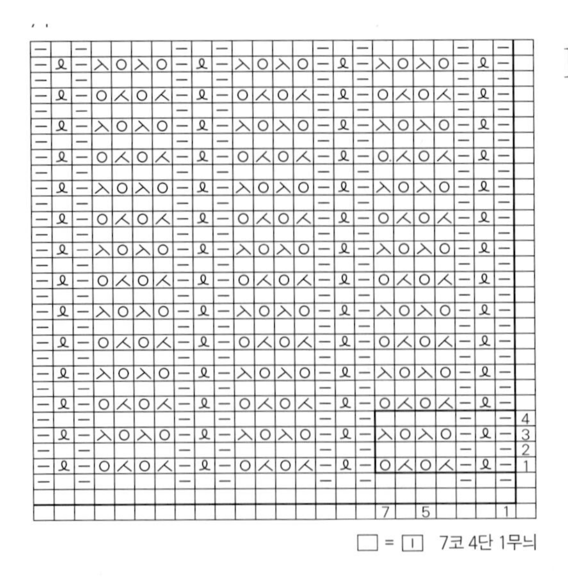

□ = □ 7코 4단 1무늬

187

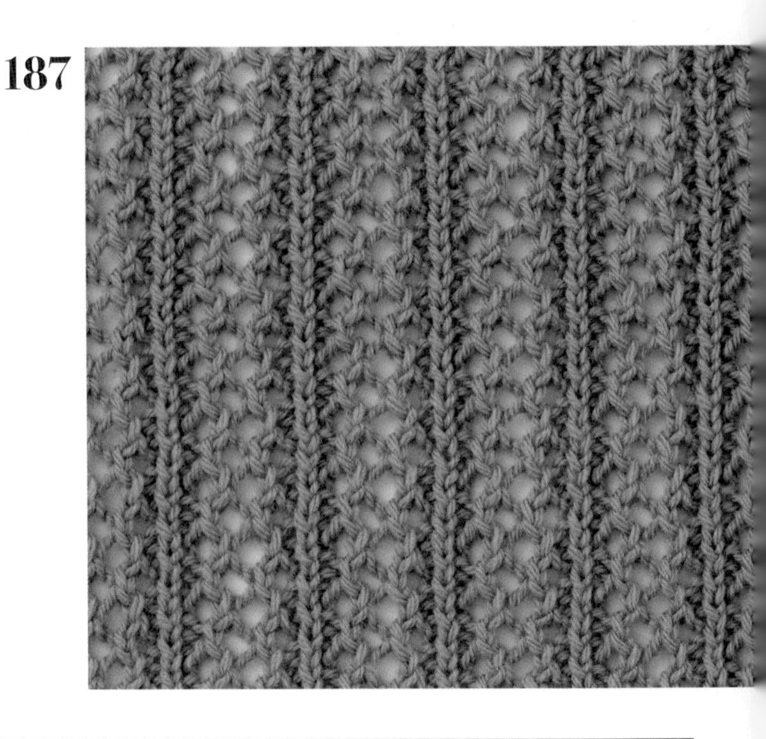

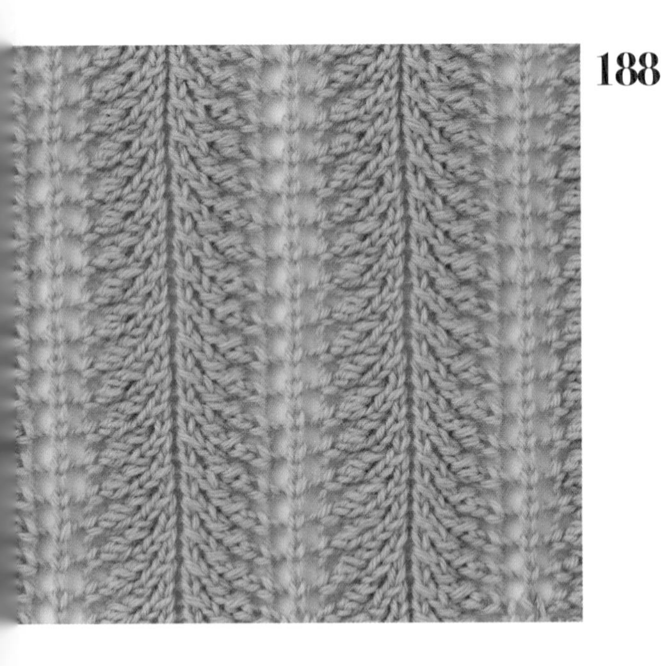

188

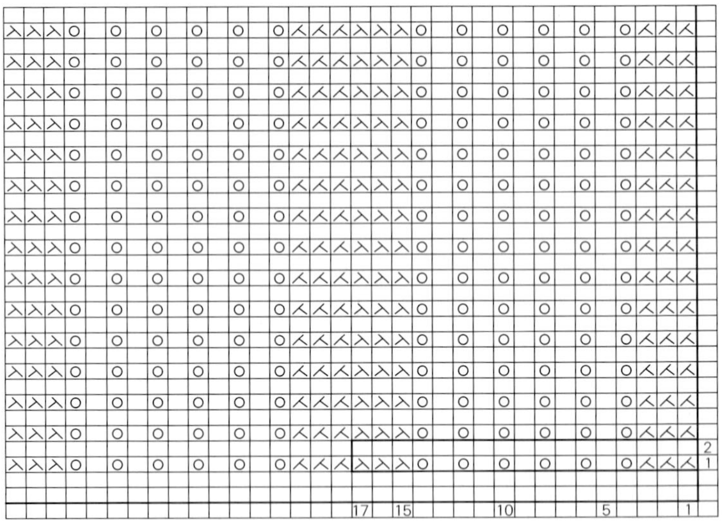

□ = □ 17코 2단 1무늬

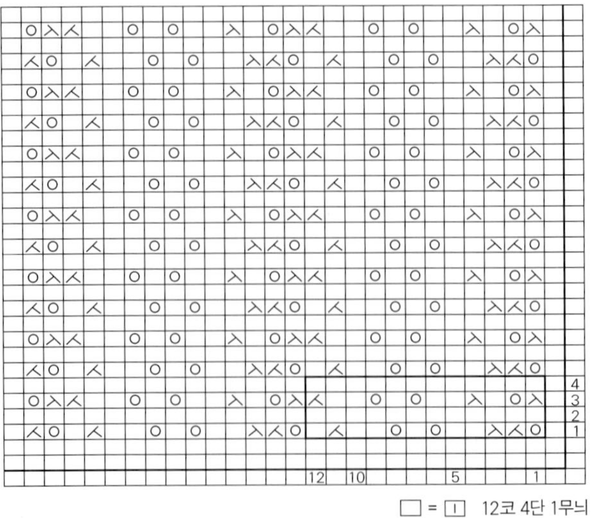

□ = □ 12코 4단 1무늬

189

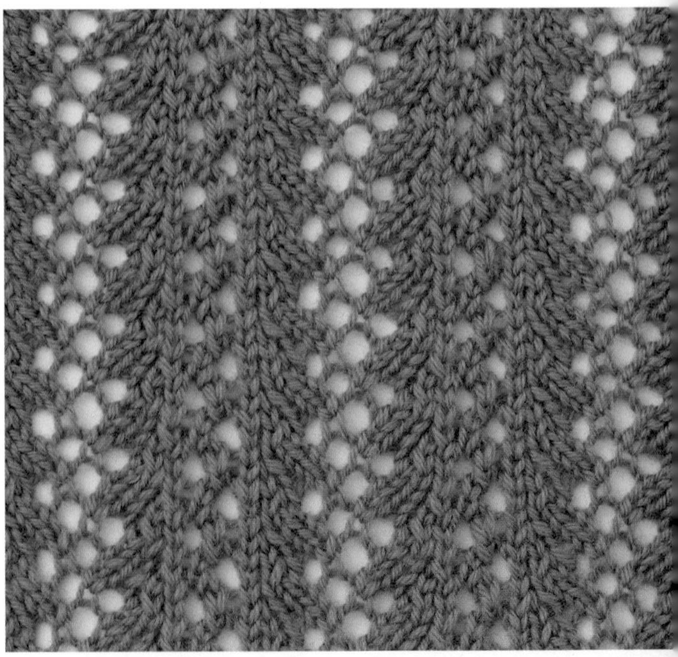

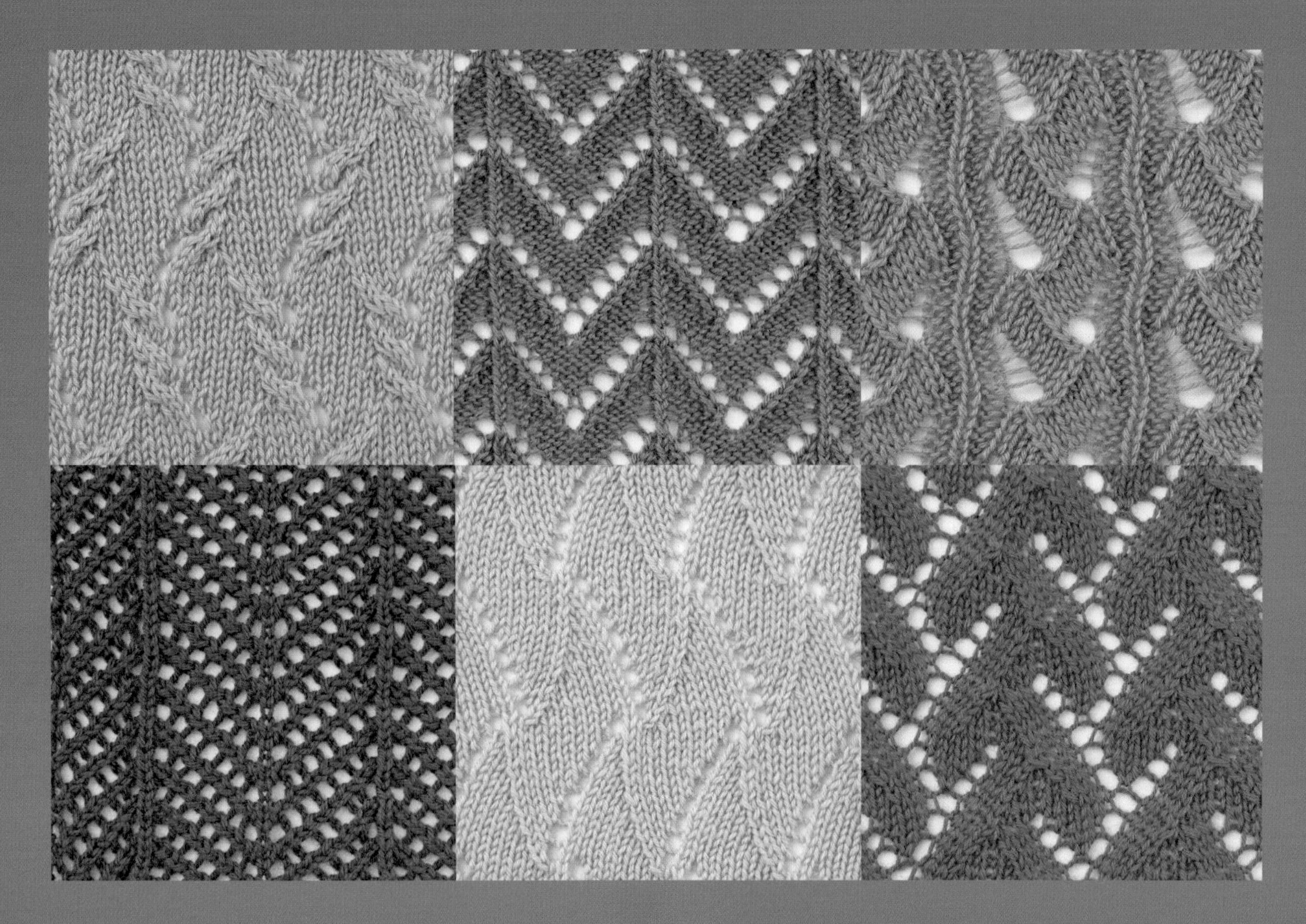

파도 Wave

지그재그, 헤링본, 물결무늬입니다. 뜨기 시작하는 부분과 뜨기를 마치는 부분이 스캘럽 모양으로 마무리되는 패턴도 많으니 파도 모양을 살린 작품을 즐겨보세요. 코 줄이기와 걸기코 위치가 떨어져 있는 무늬가 많으므로 가장자리의 변칙에 주의합니다.

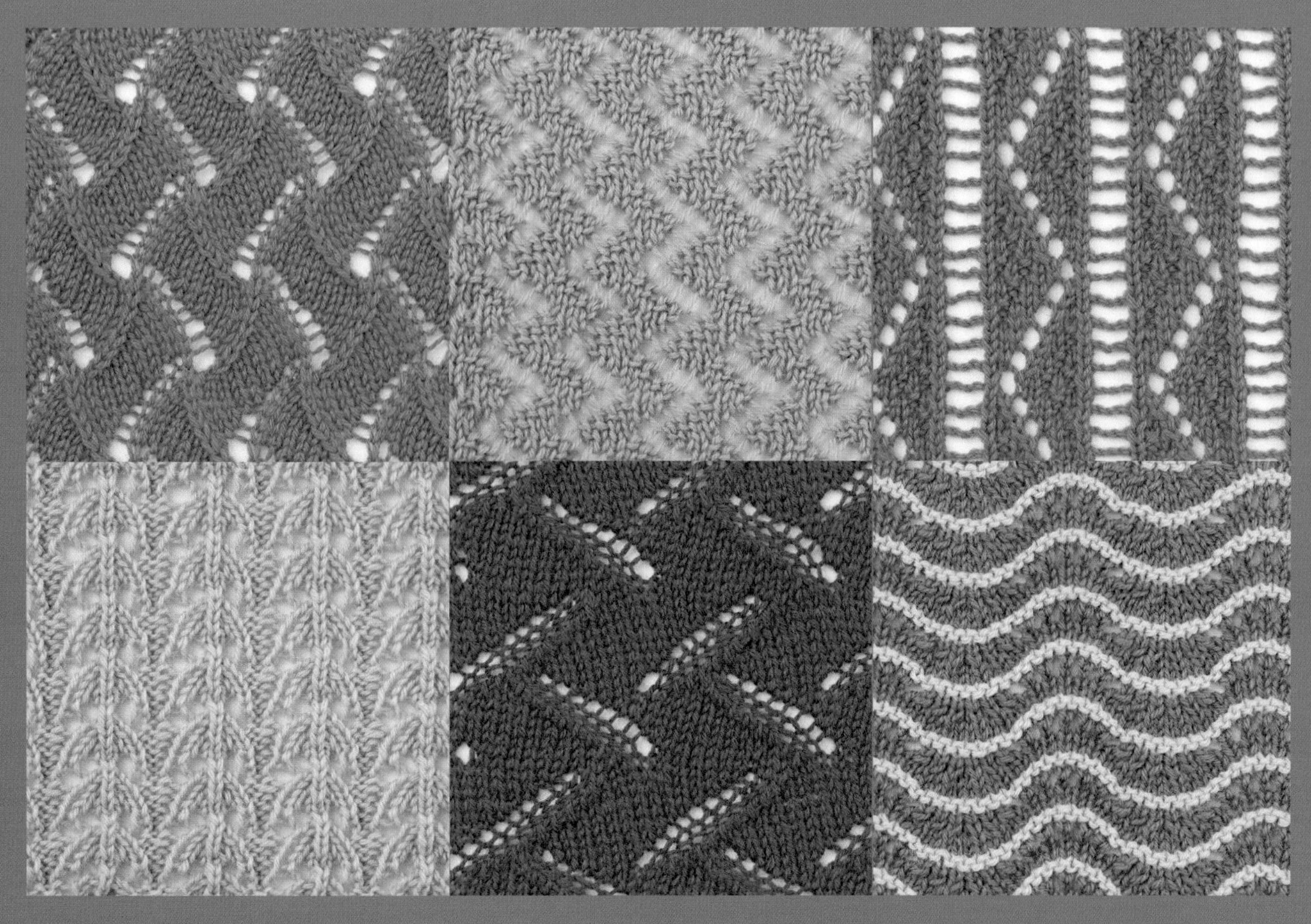

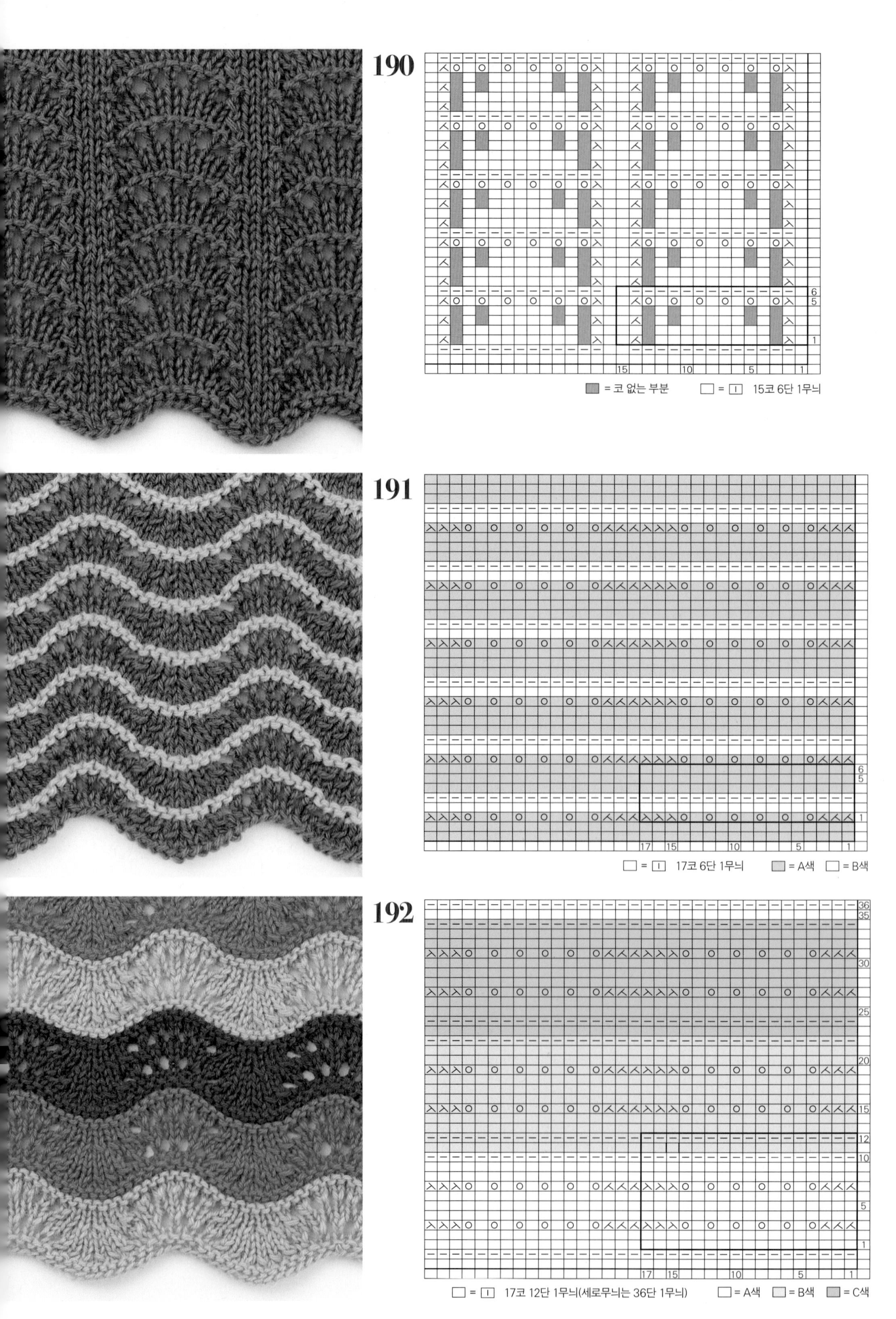
190
= 코 없는 부분
= 15코 6단 1무늬
191
= 17코 6단 1무늬
= A색
= B색
192
= 17코 12단 1무늬(세로무늬는 36단 1무늬)
= A색
= B색
= C색

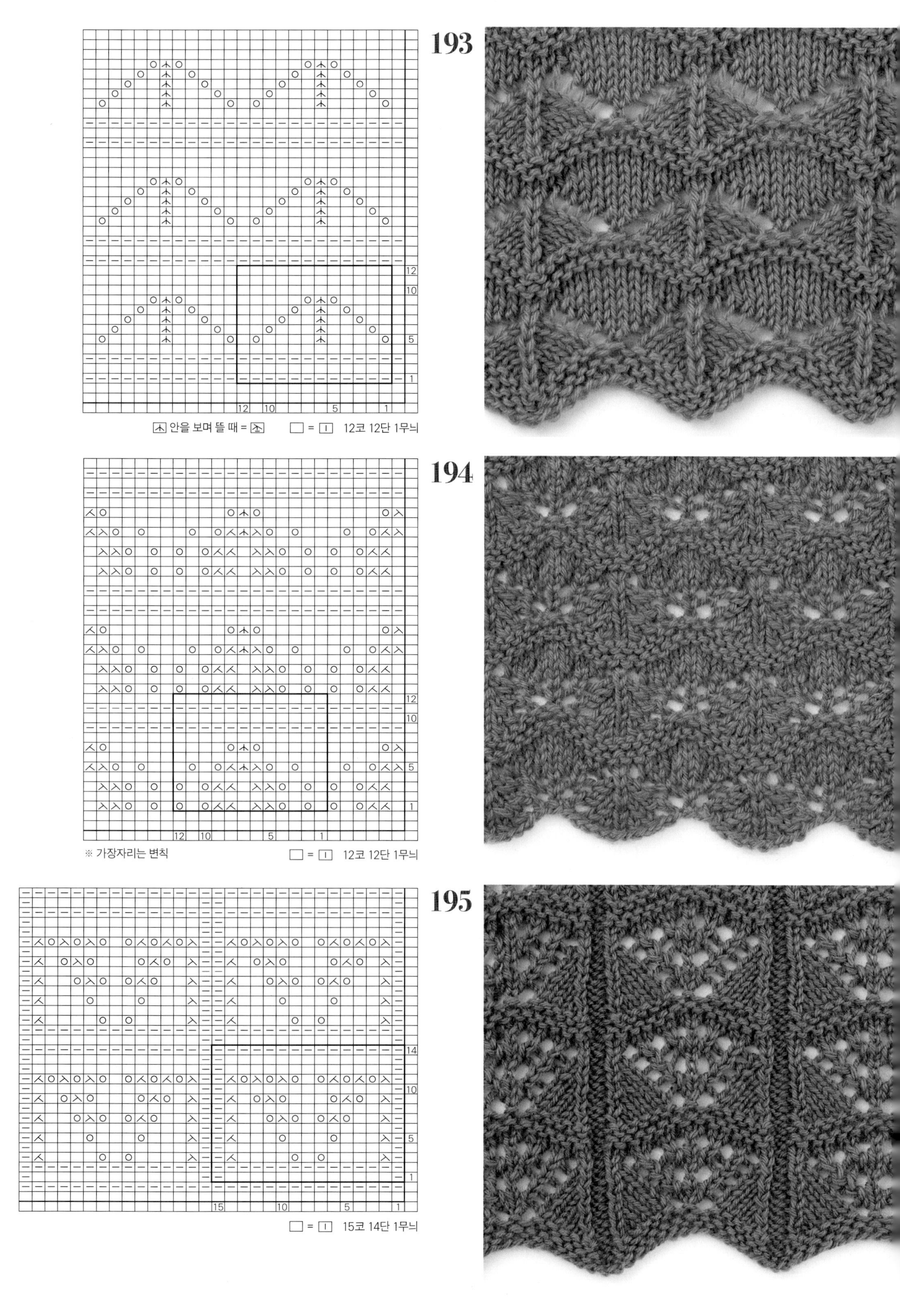
193
안을 보며 뜰 때 =
□ = ⊡ 12코 12단 1무늬
194
※ 가장자리는 변칙
□ = ⊡ 12코 12단 1무늬
195
□ = ⊡ 15코 14단 1무늬

196

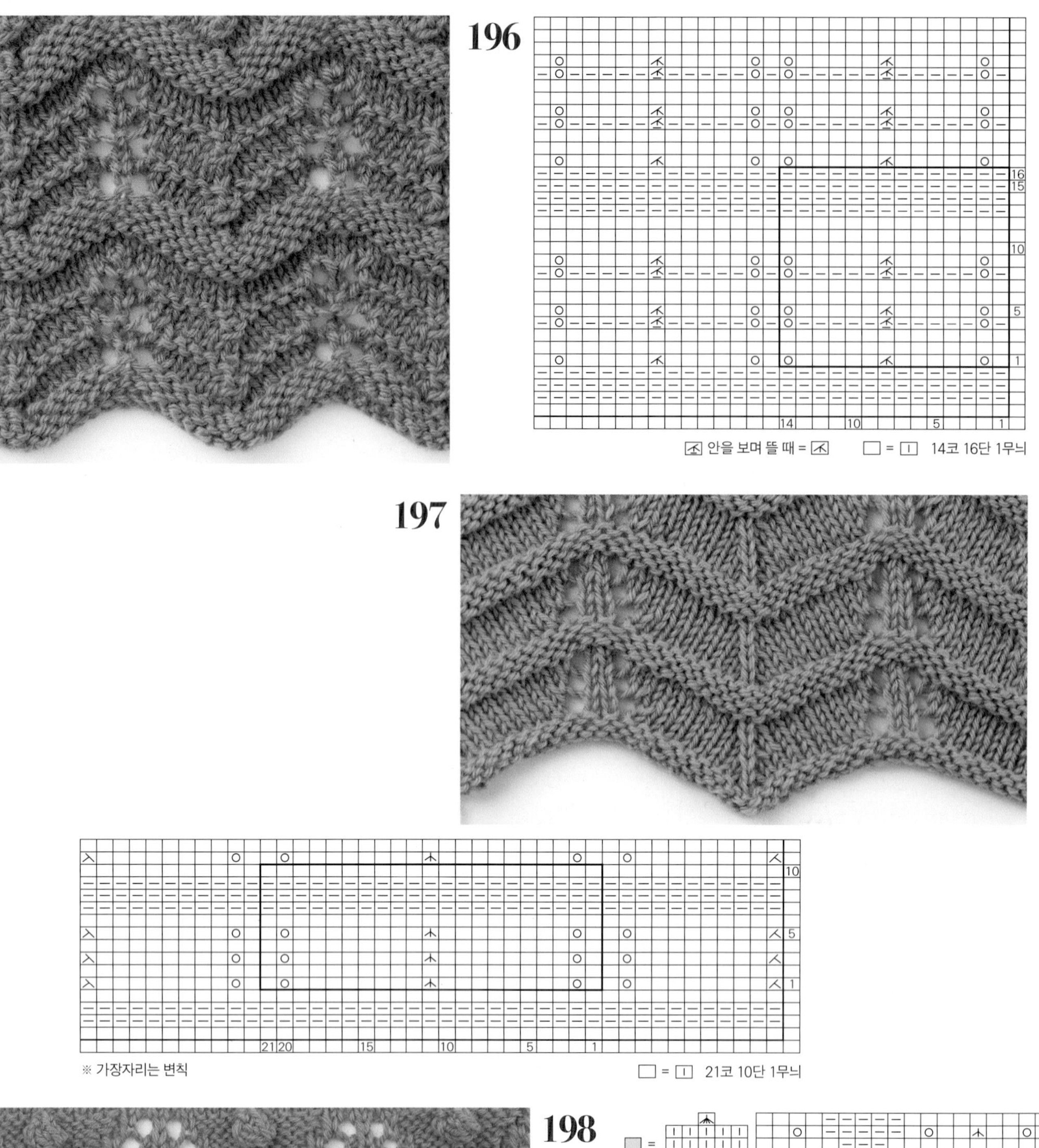

안을 보며 뜰 때 =　　　= 14코 16단 1무늬

197

※ 가장자리는 변칙

= 21코 10단 1무늬

198

※ 가장자리는 변칙

= 14코 14단 1무늬

= P.141

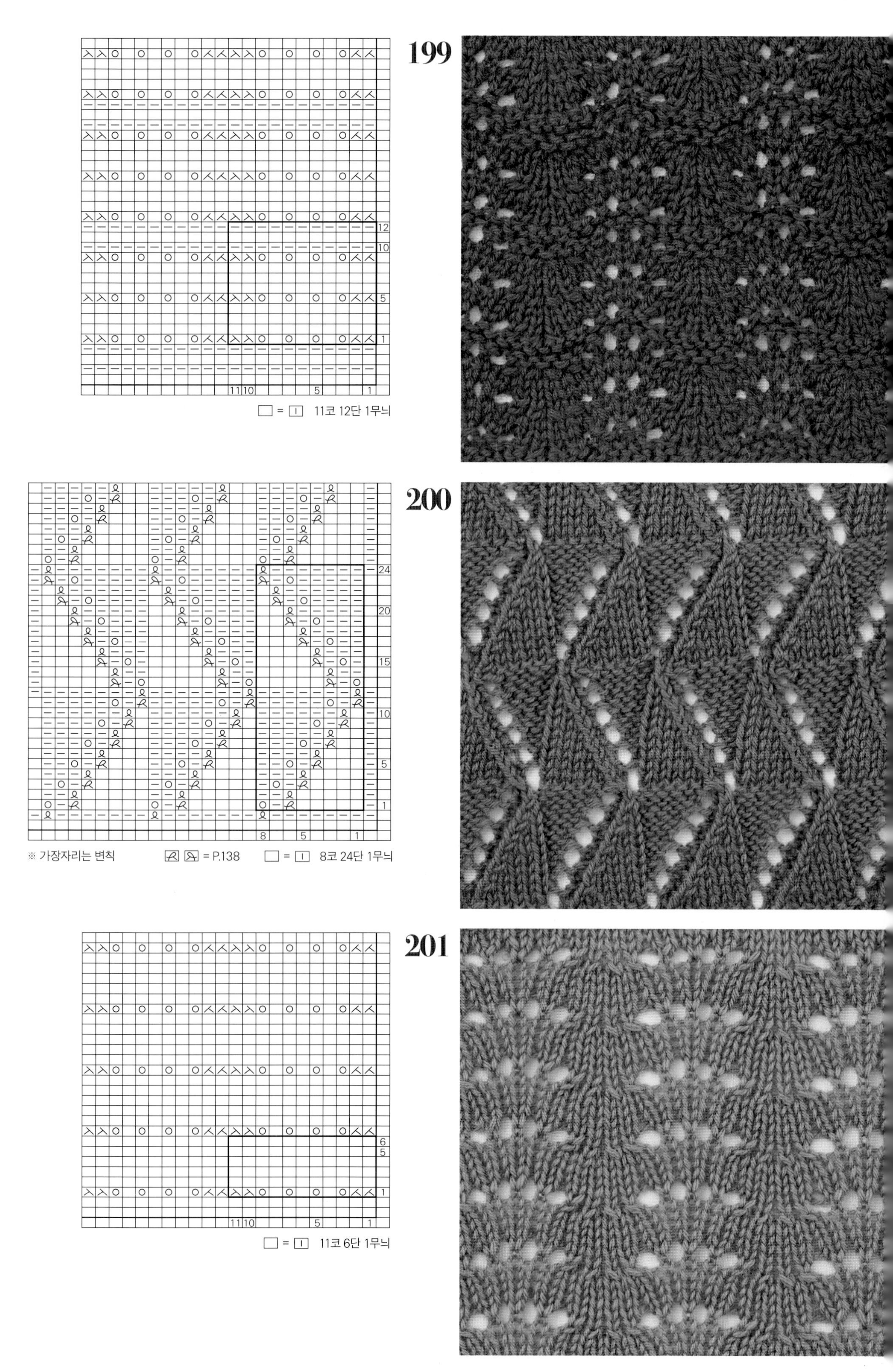
199
11코 12단 1무늬
200
※ 가장자리는 변칙
= P.138
8코 24단 1무늬
201
11코 6단 1무늬

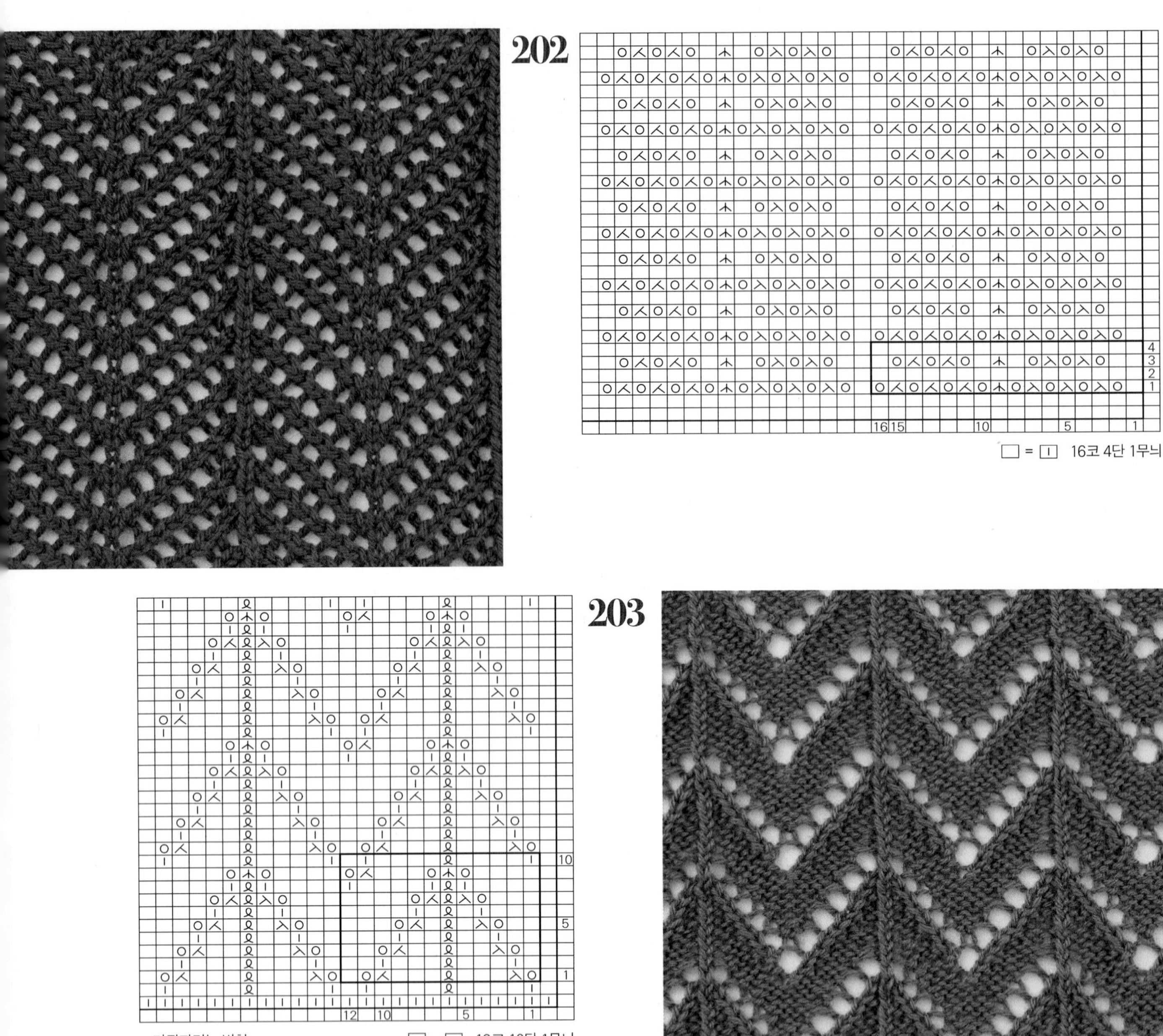

202

□ = Ⅰ 16코 4단 1무늬

203

※ 가장자리는 변칙

□ = ⊟ 12코 10단 1무늬

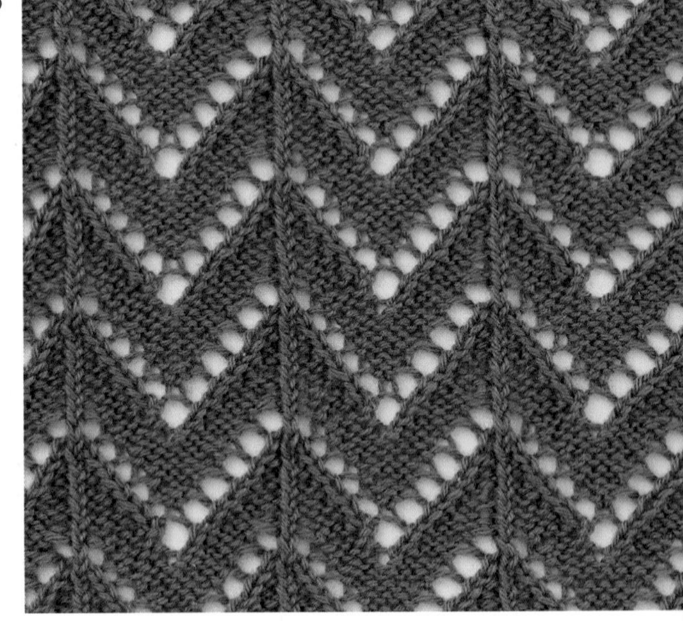

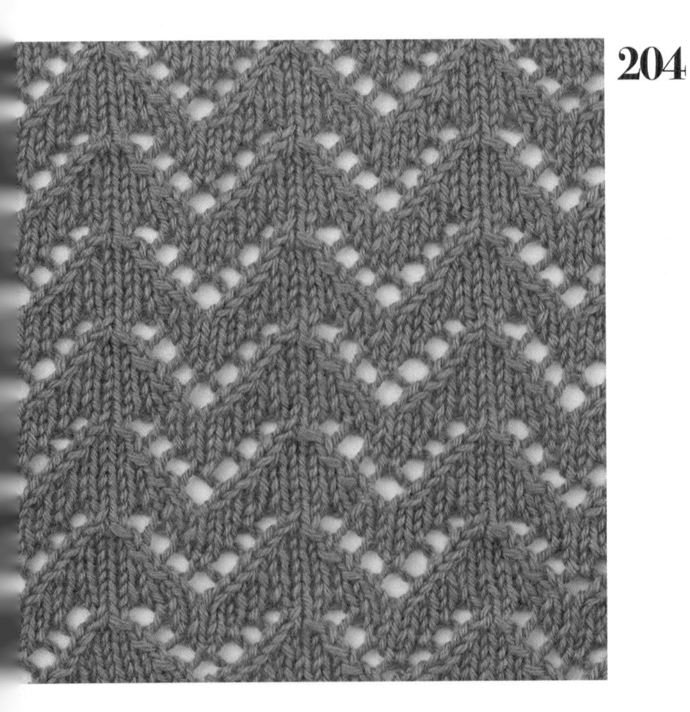

204

※ 가장자리는 변칙

□ = Ⅰ 9코 8단 1무늬

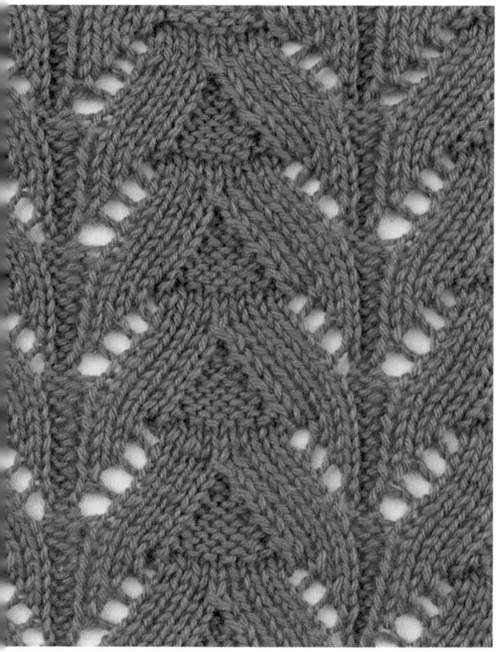

205

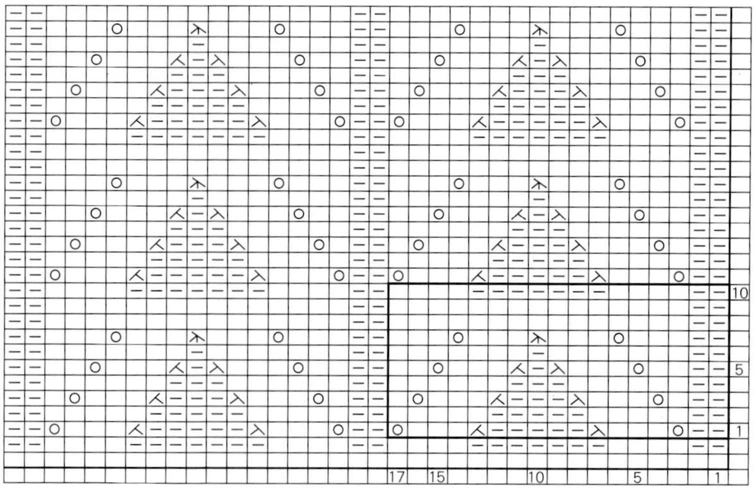

□ = I 17코 10단 1무늬

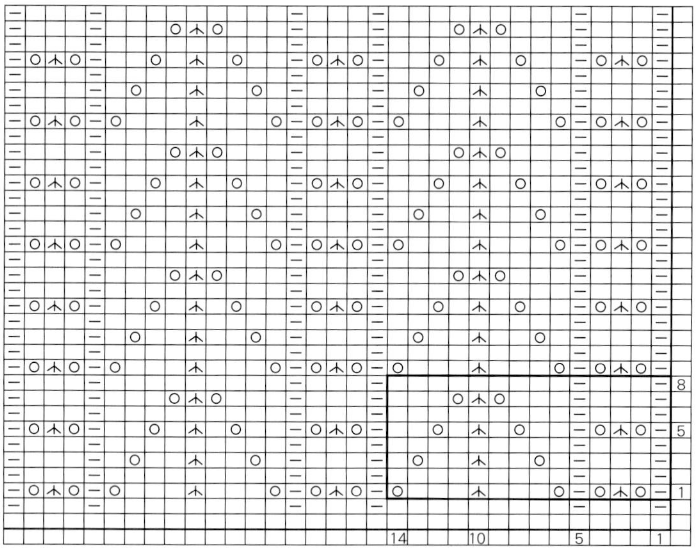

□ = I 14코 8단 1무늬

206

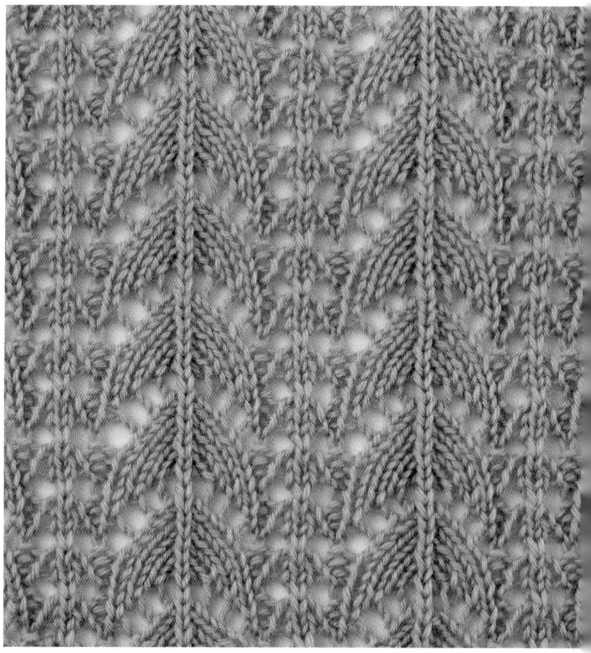

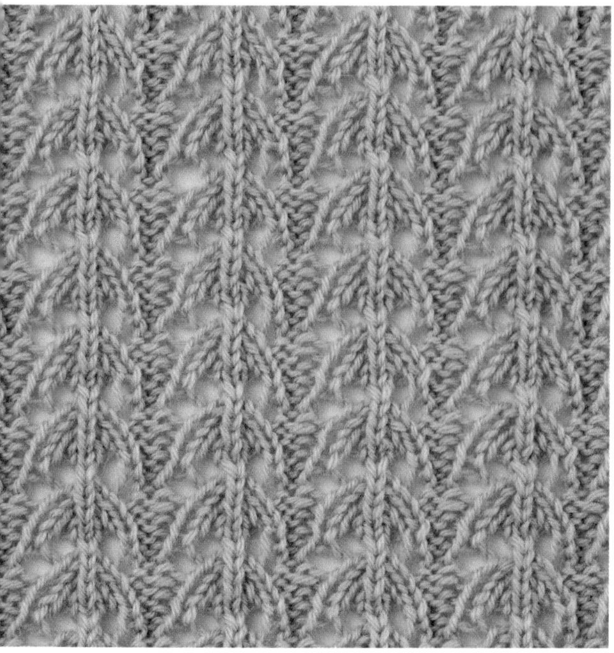

207

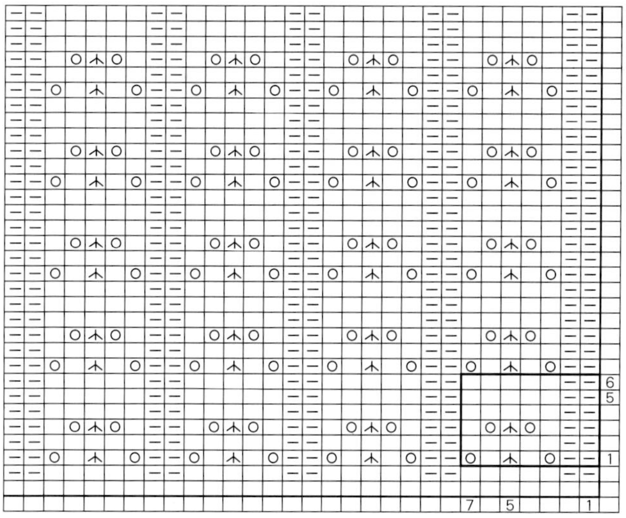

□ = I 7코 6단 1무늬

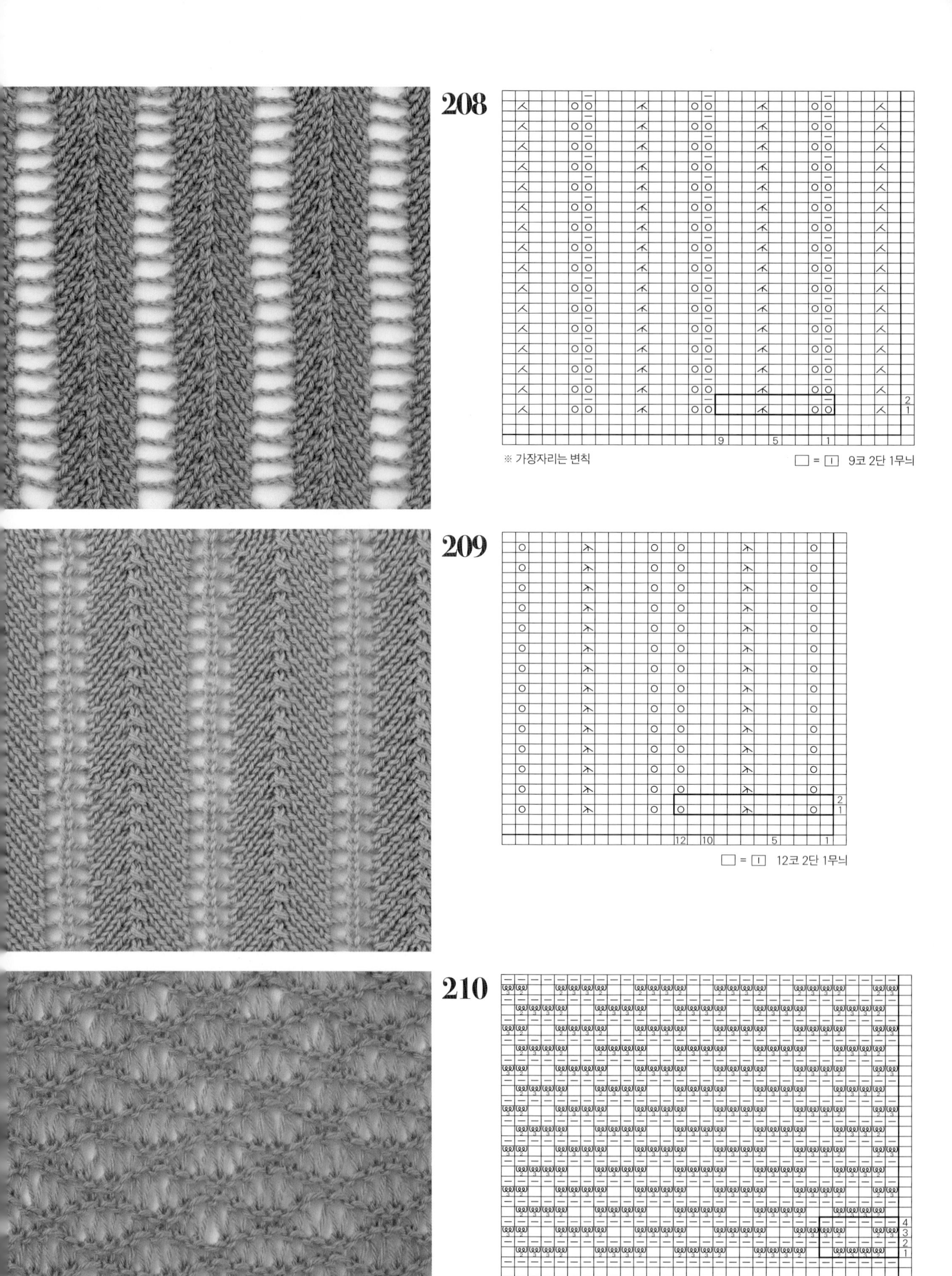

※ 가장자리는 변칙

□ = ▣ 9코 2단 1무늬

□ = ▣ 12코 2단 1무늬

= P.140

□ = ▣ 6코 4단 1무늬

211

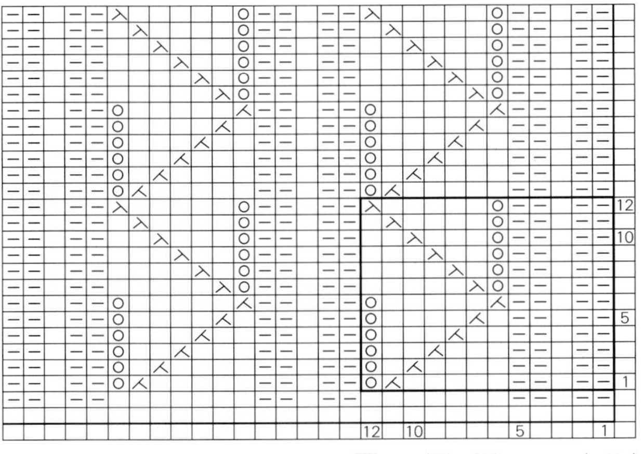

안을 보며 뜰 때 =
안을 보며 뜰 때 =
= 12코 12단 1무늬

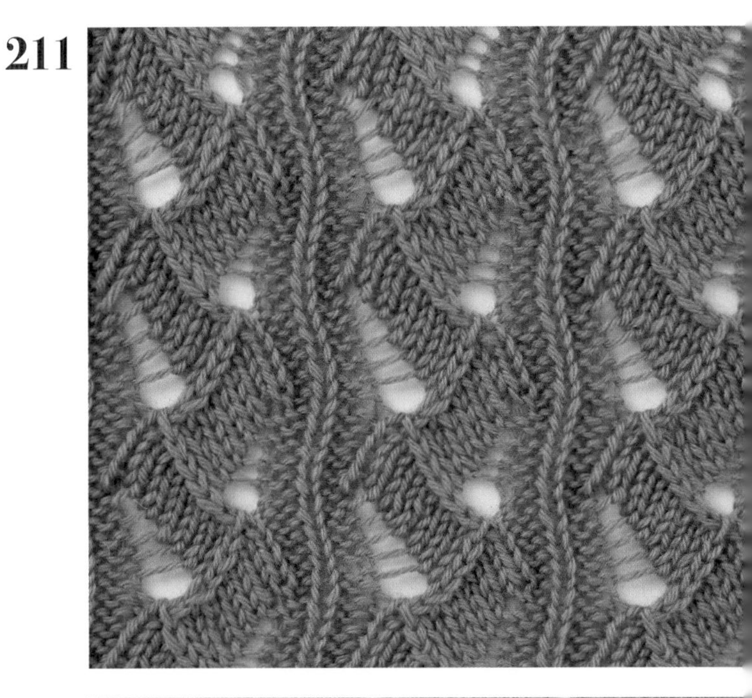

212

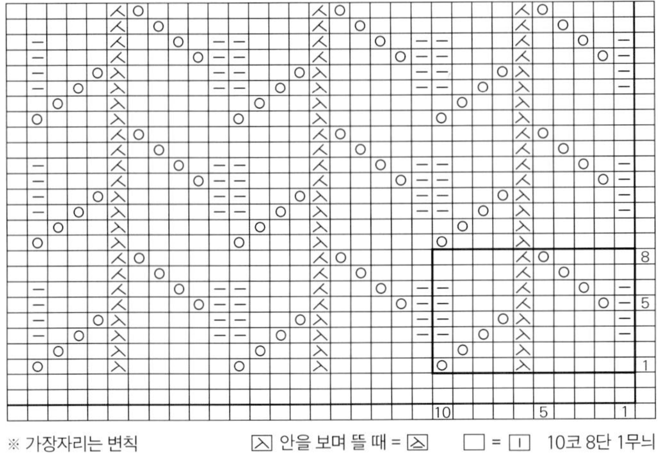

※ 가장자리는 변칙
안을 보며 뜰 때 =
안을 보며 뜰 때 =
= 10코 8단 1무늬

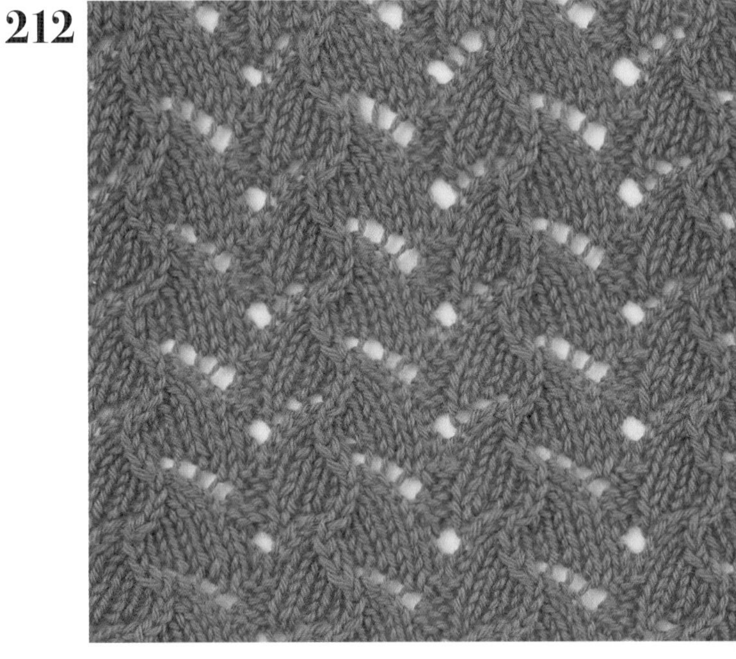

213

※ 가장자리는 변칙
안을 보며 뜰 때 =
안을 보며 뜰 때 =
= 9코 16단 1무늬

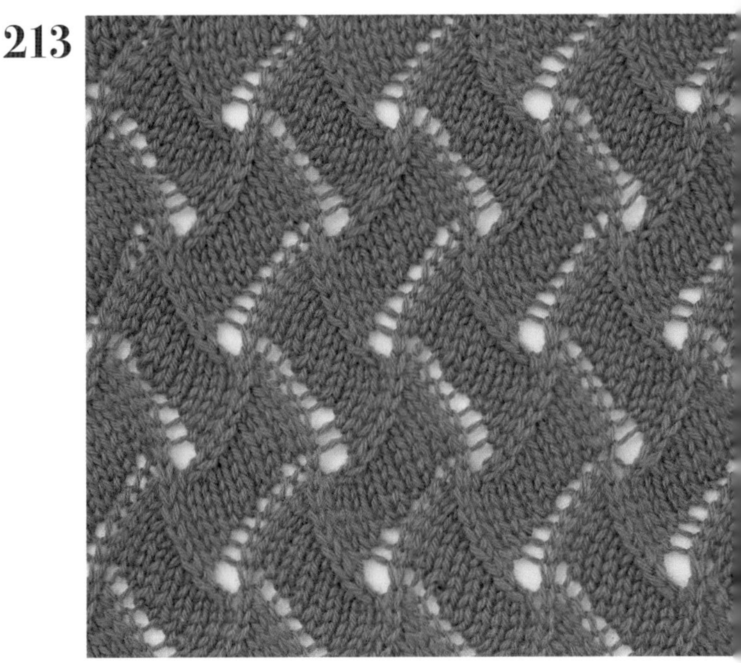

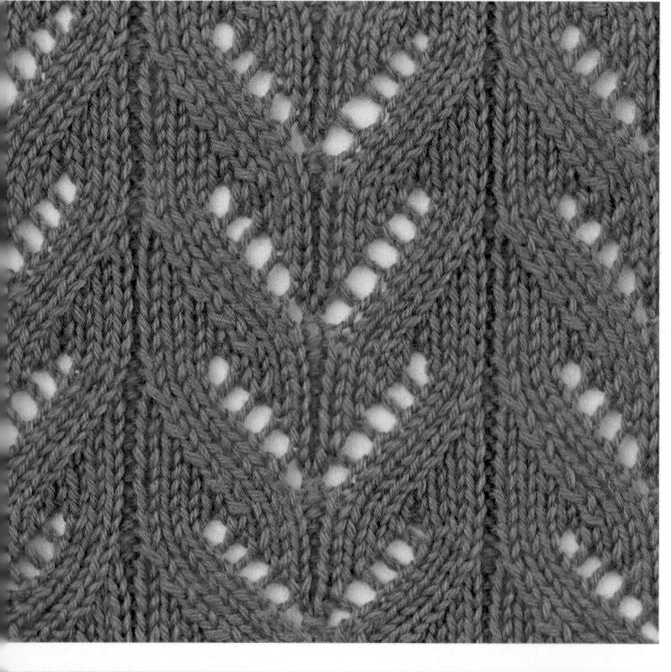

214

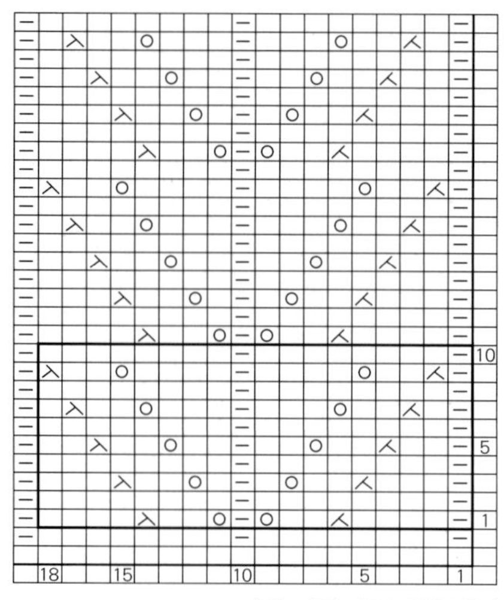

□ = ⊡ 18코 10단 1무늬

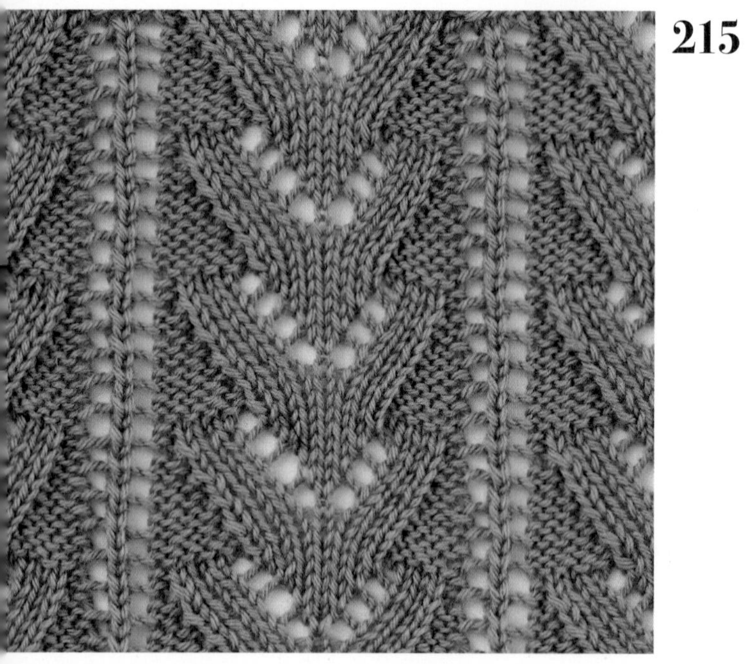

215

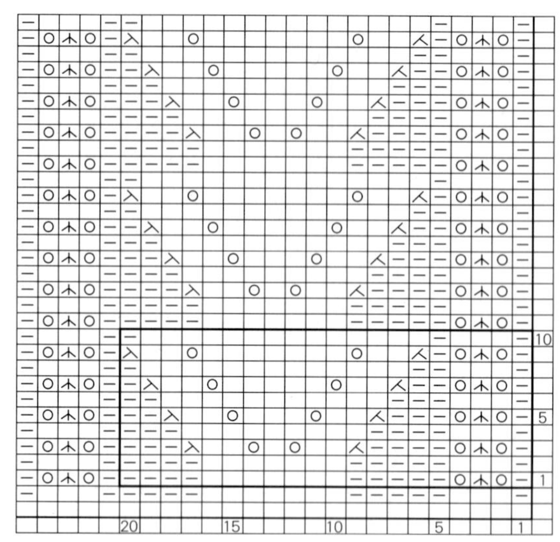

□ = ⊡ 20코 10단 1무늬

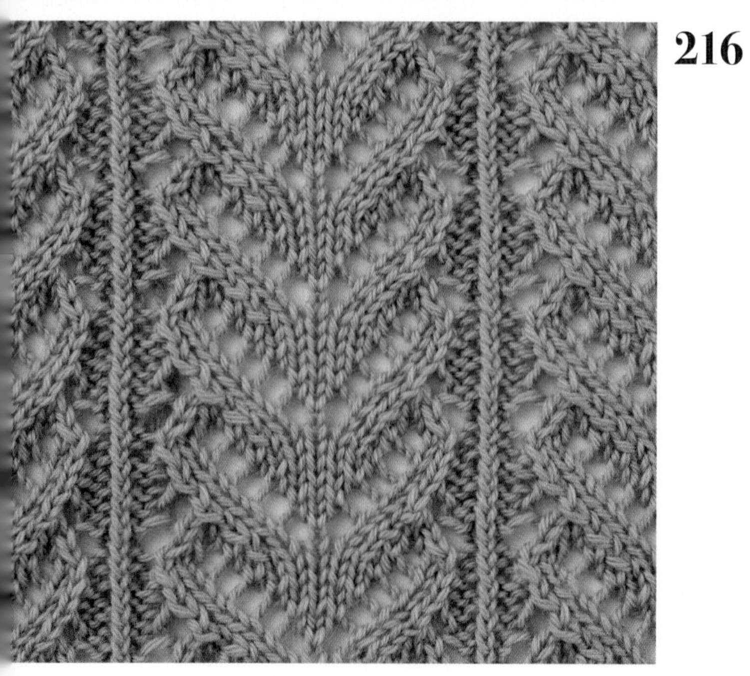

216

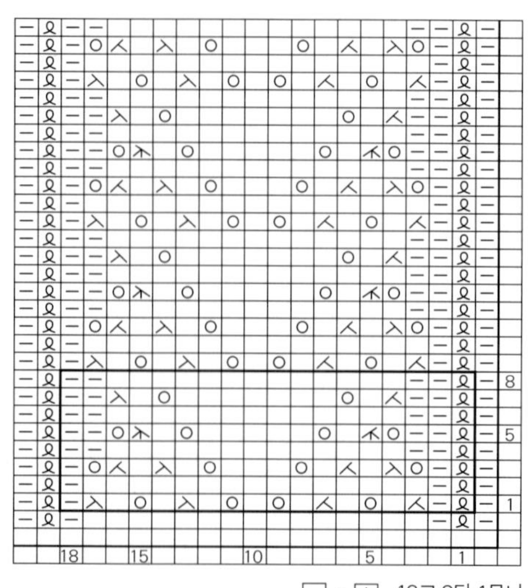

□ = ⊡ 18코 8단 1무늬

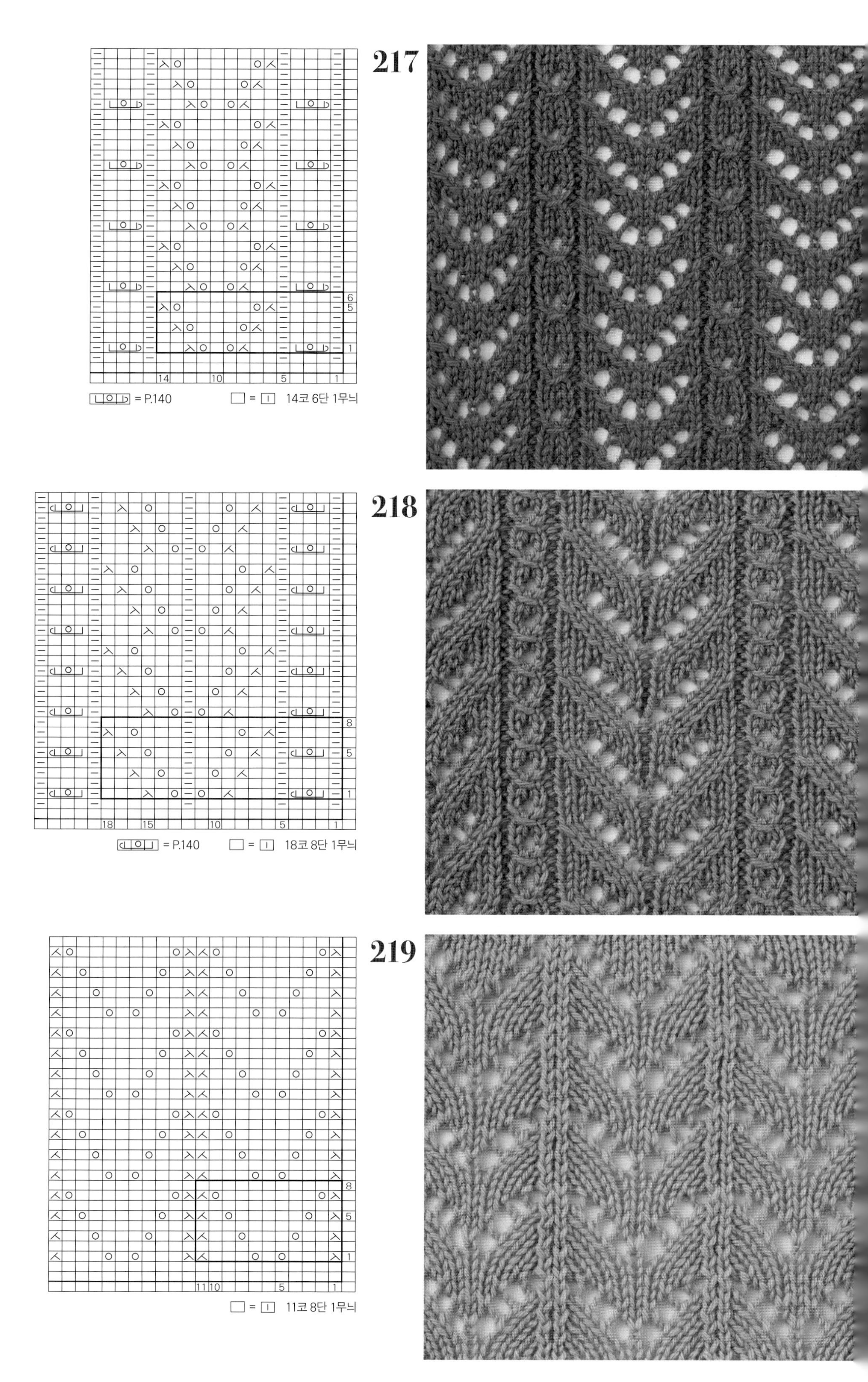
217
= P.140
= 14코 6단 1무늬
218
= P.140
= 18코 8단 1무늬
219
= 11코 8단 1무늬

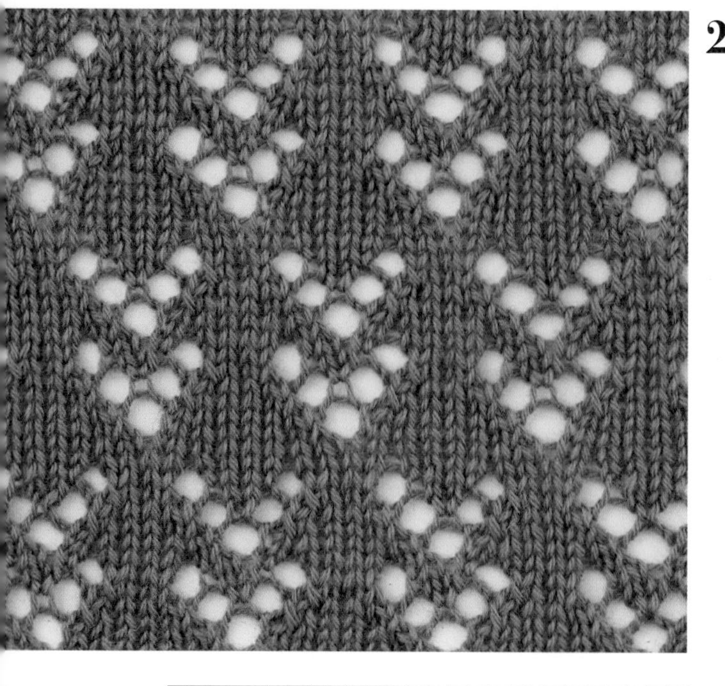

220

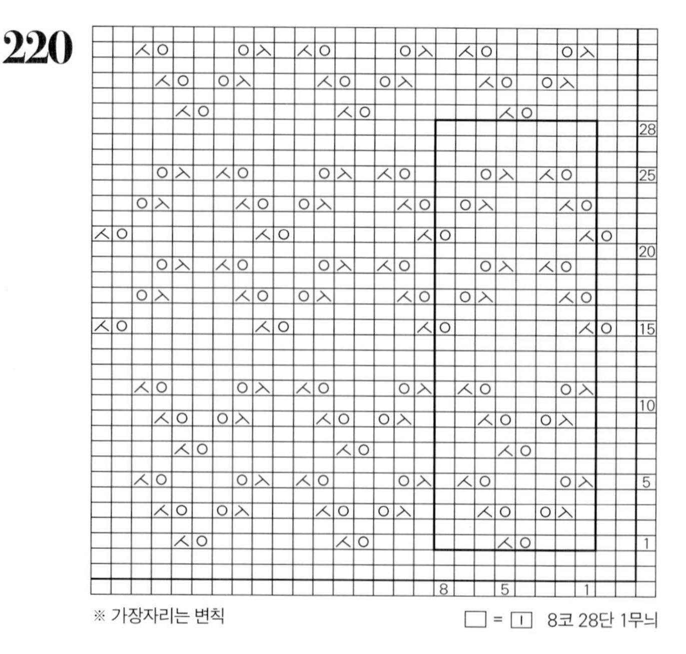

※ 가장자리는 변칙

□ = ⊡ 8코 28단 1무늬

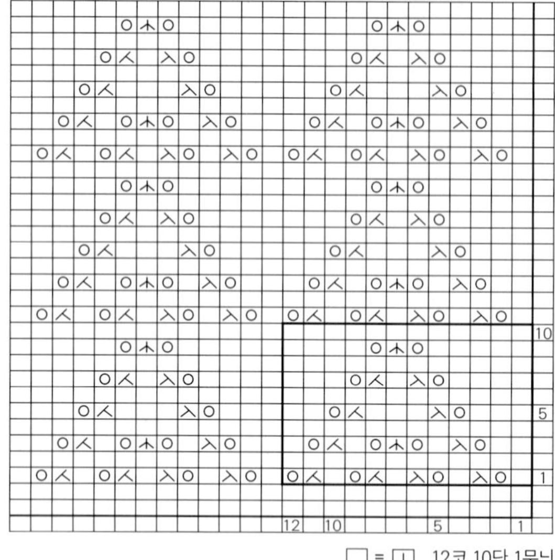

□ = ⊡ 12코 10단 1무늬

221

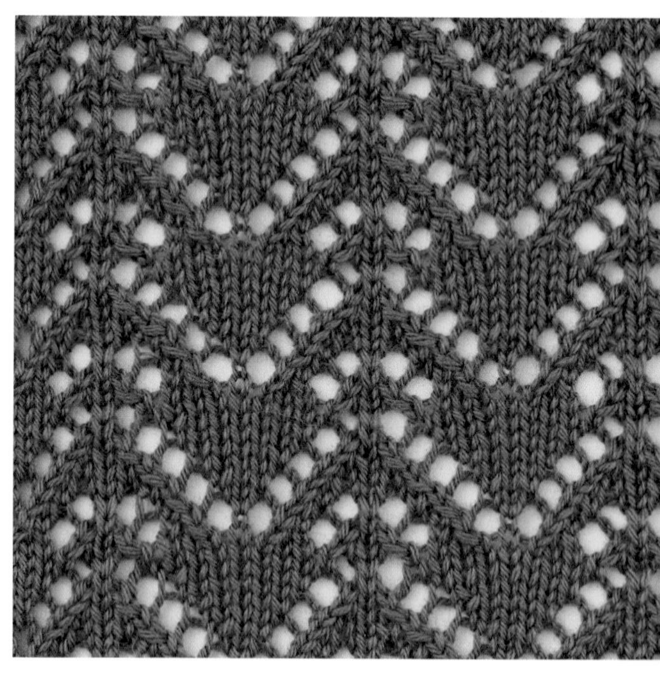

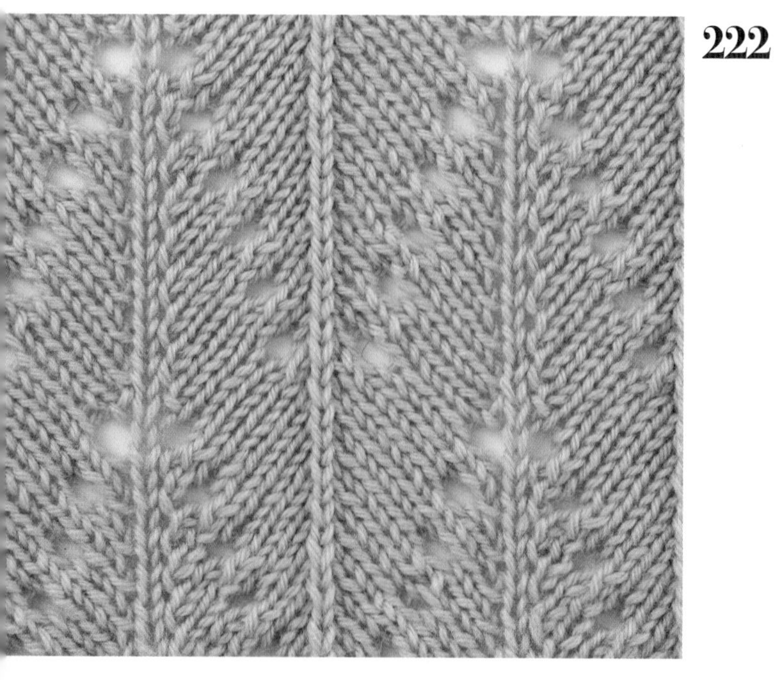

222

□ = ⊡ 18코 12단 1무늬

223

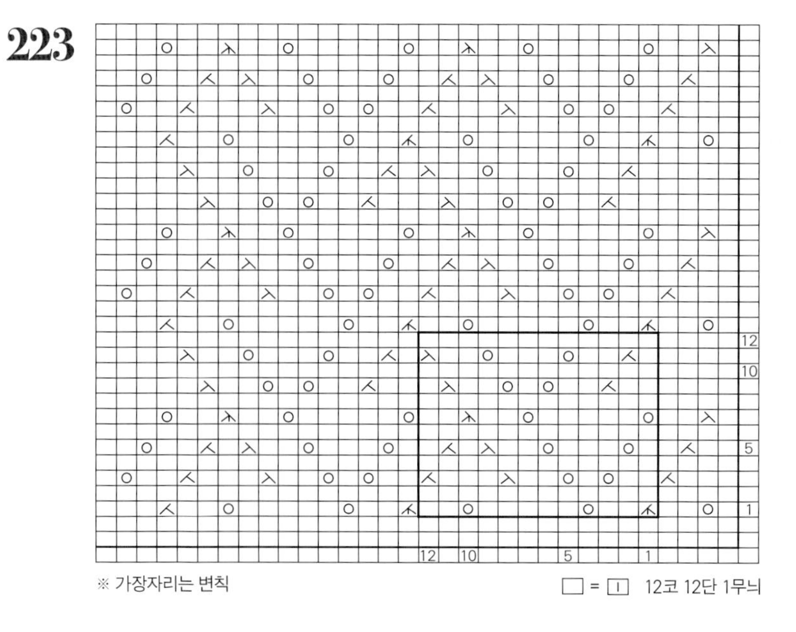

※ 가장자리는 변칙

□ = ⏐ 12코 12단 1무늬

224

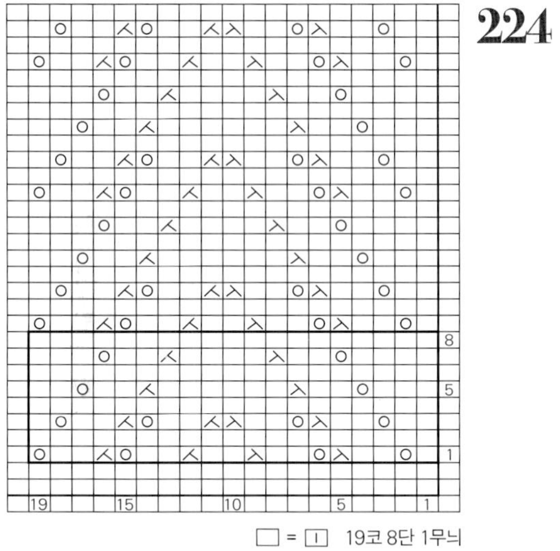

□ = ⏐ 19코 8단 1무늬

225

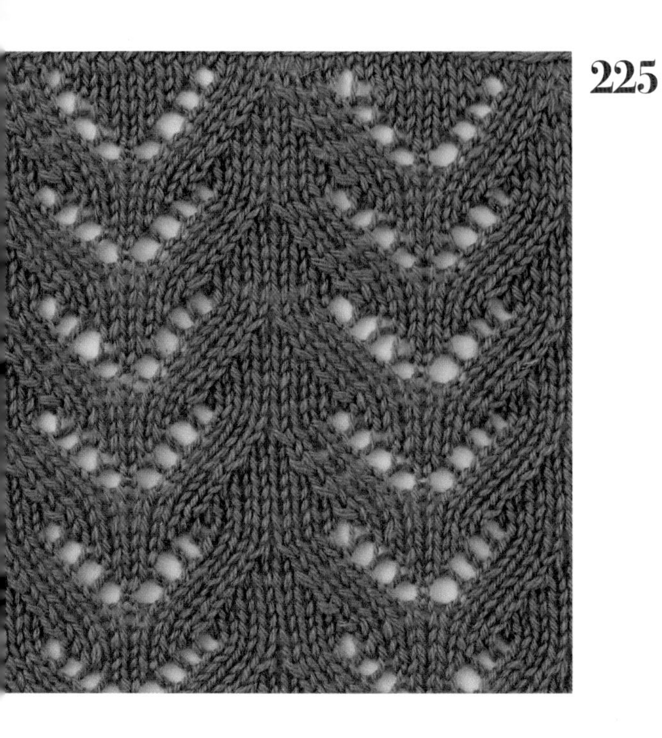

□ = ⏐ 15코 8단 1무늬

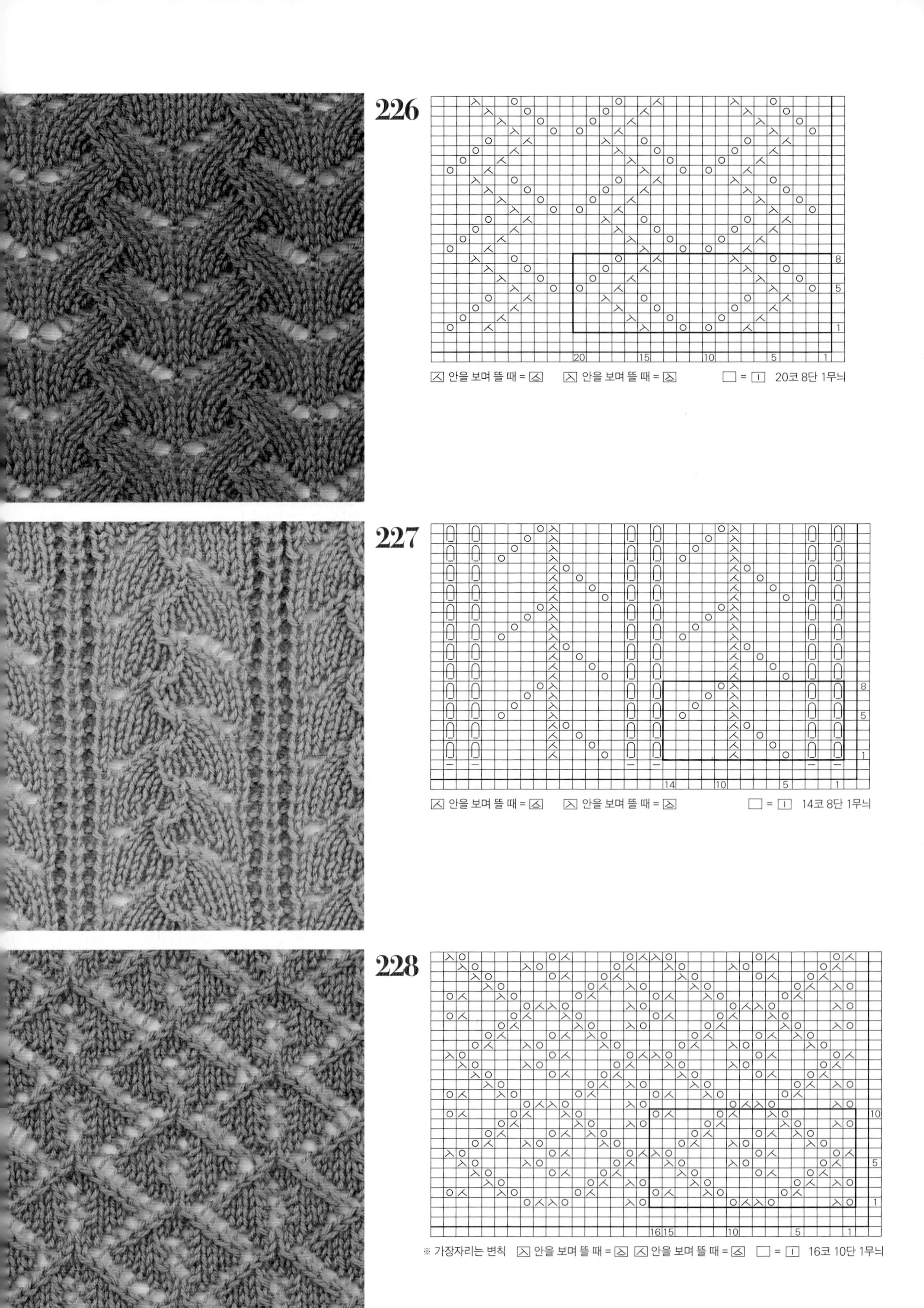
226
안을 보며 뜰 때 = 안을 보며 뜰 때 = = 20코 8단 1무늬
227
안을 보며 뜰 때 = 안을 보며 뜰 때 = = 14코 8단 1무늬
228
※ 가장자리는 변칙 안을 보며 뜰 때 = 안을 보며 뜰 때 = = 16코 10단 1무늬

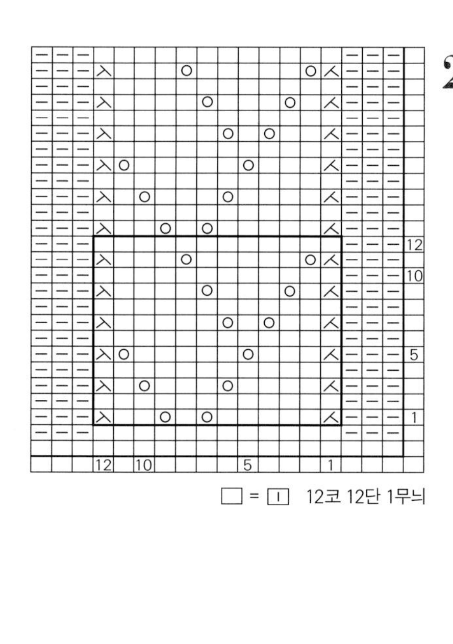

229

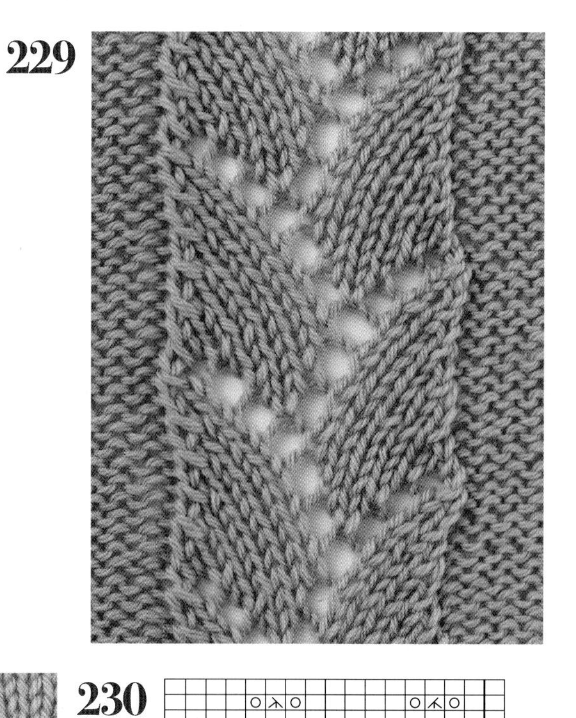

□ = ⊡ 12코 12단 1무늬

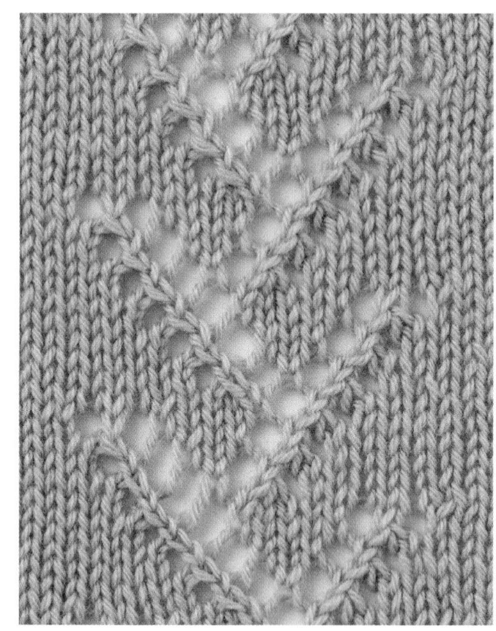

230

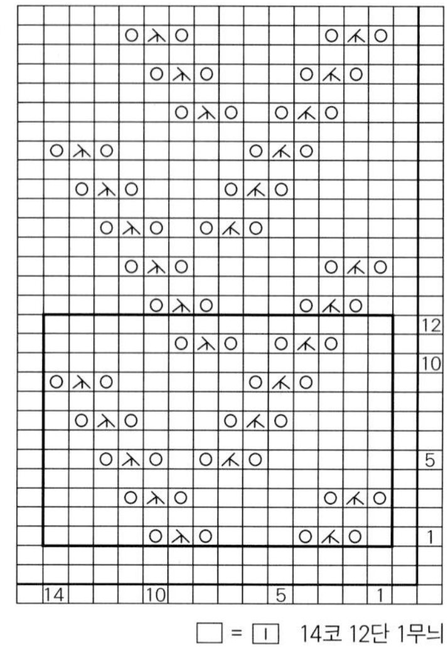

□ = ⊡ 14코 12단 1무늬

231

※ 가장자리는 변칙

□ = ⊡ 20코 18단 1무늬

232

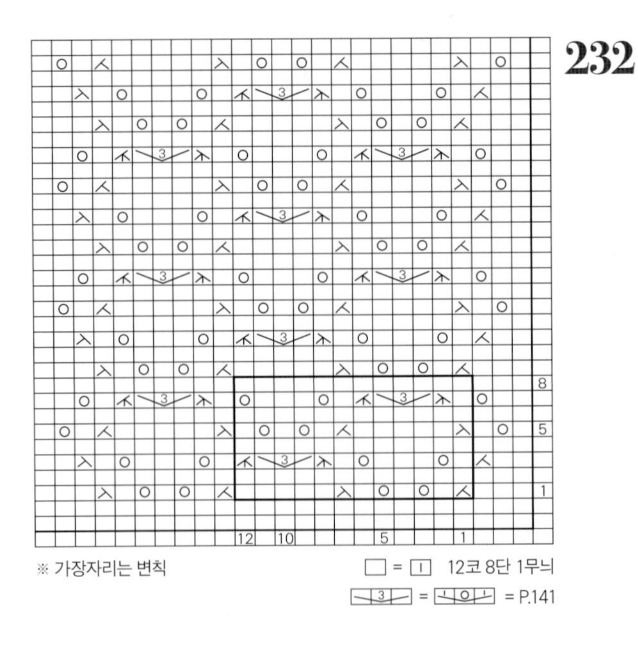

※ 가장자리는 변칙

□ = ㅣ 12코 8단 1무늬

= P.141

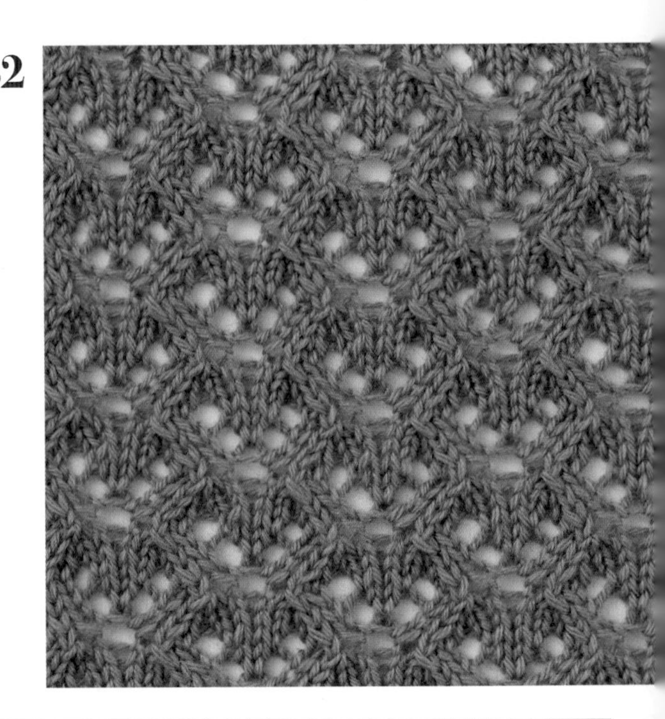

233

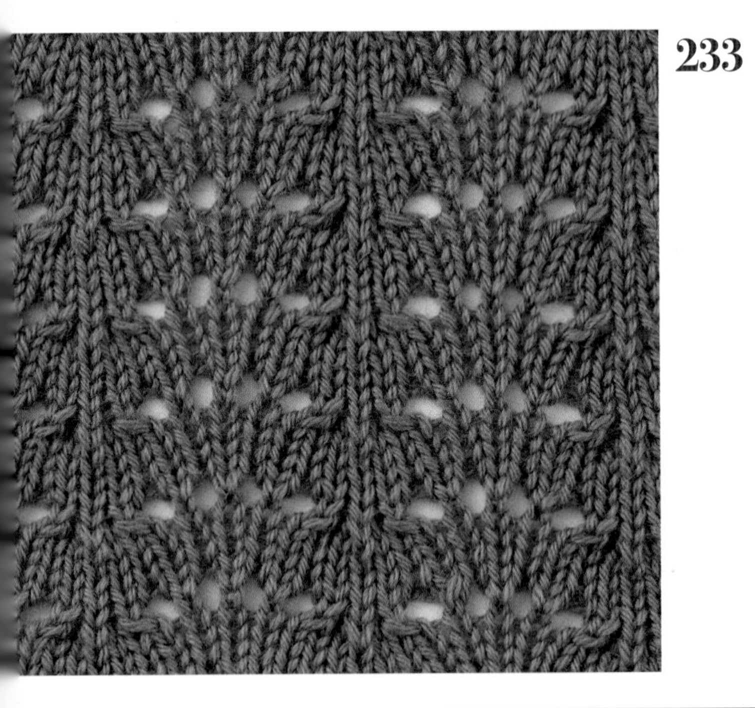

※ 가장자리는 변칙

□ = ㅣ 10코 6단 1무늬

234

□ = ㅣ 17코 4단 1무늬

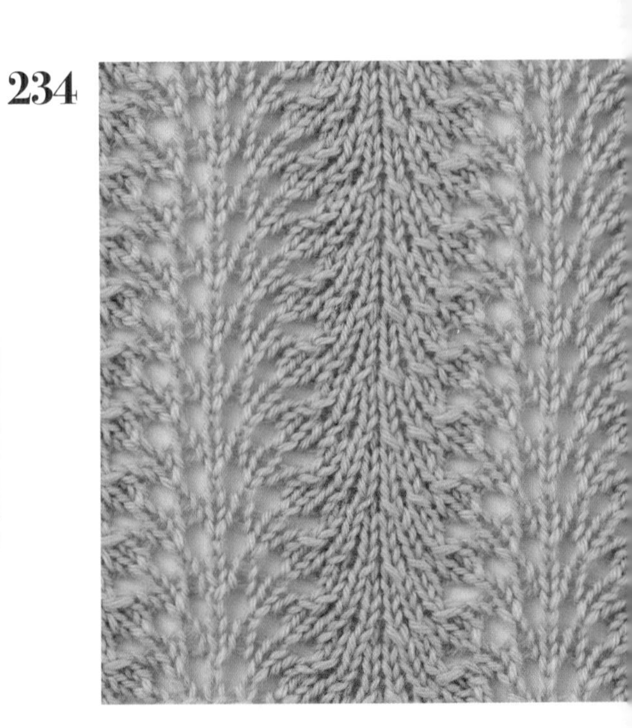

235

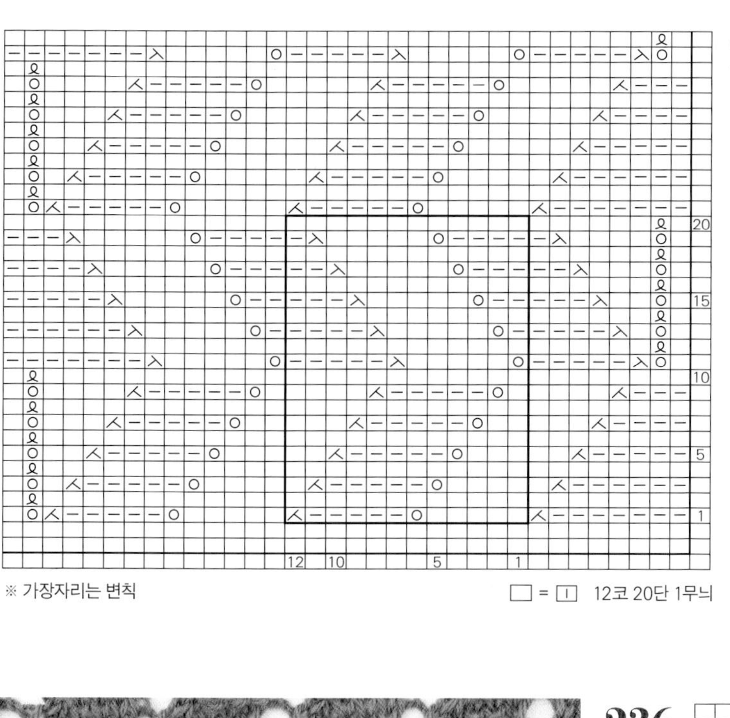

※ 가장자리는 변칙

□ = Ⅰ 12코 20단 1무늬

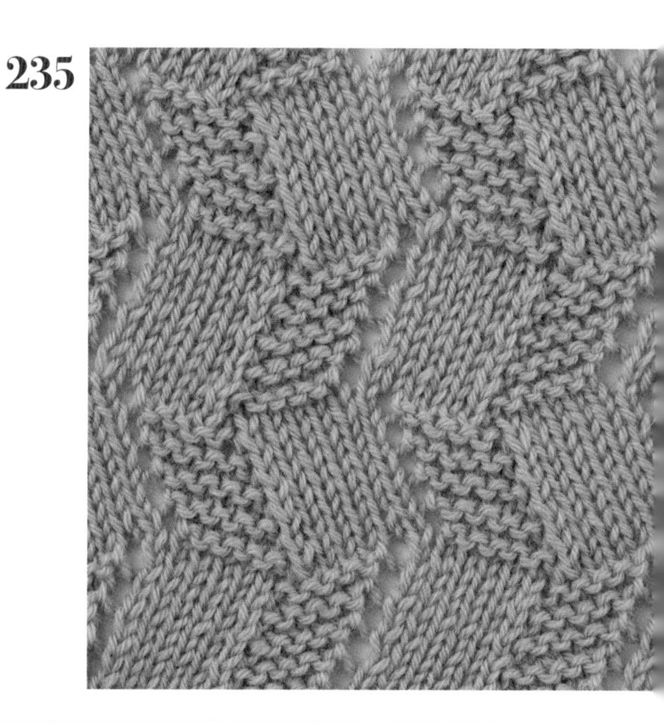

236

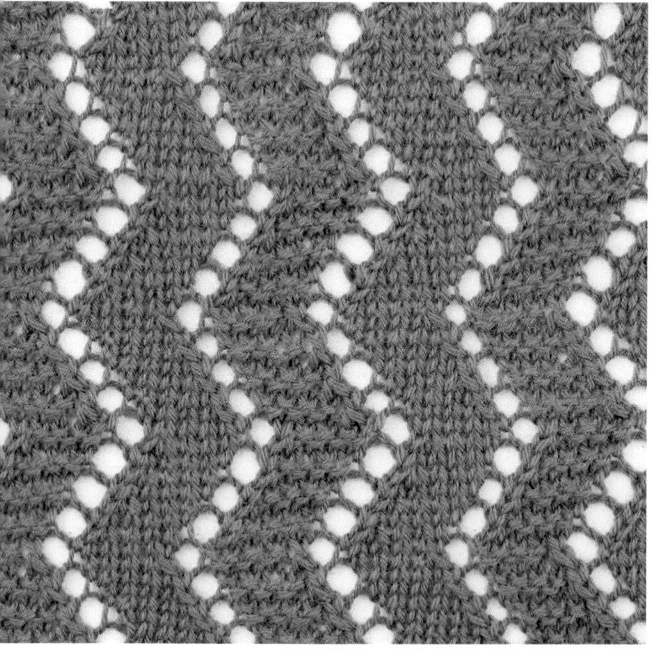

16
15
10
5
1

12 10 5 1

※ 가장자리는 변칙

□ = Ⅰ 12코 16단 1무늬

237

16
15
10
5
1

11 10 5 1

= P.140

□ = Ⅰ 11코 16단 1무늬

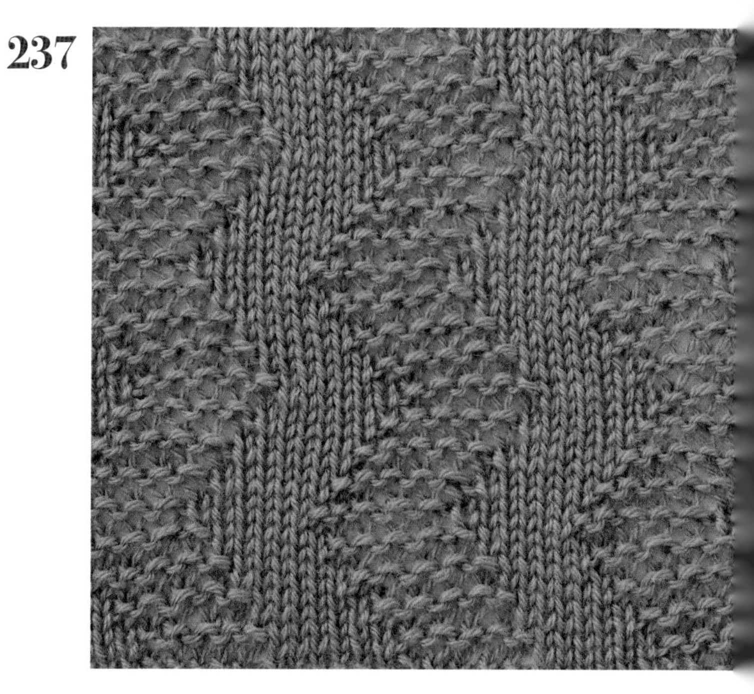

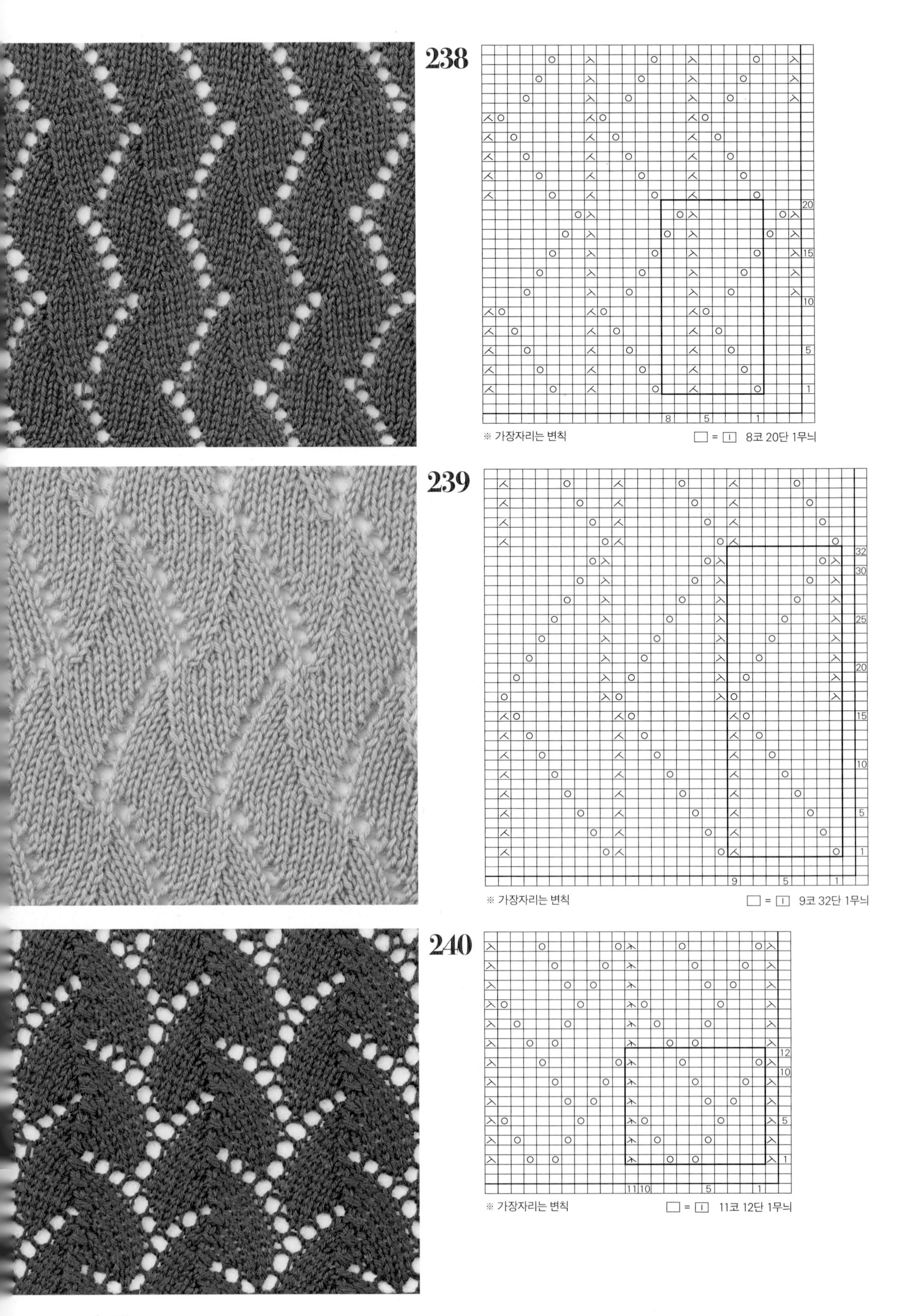
238
※ 가장자리는 변칙
□ = ⊡ 8코 20단 1무늬
239
※ 가장자리는 변칙
□ = ⊡ 9코 32단 1무늬
240
※ 가장자리는 변칙
□ = ⊡ 11코 12단 1무늬

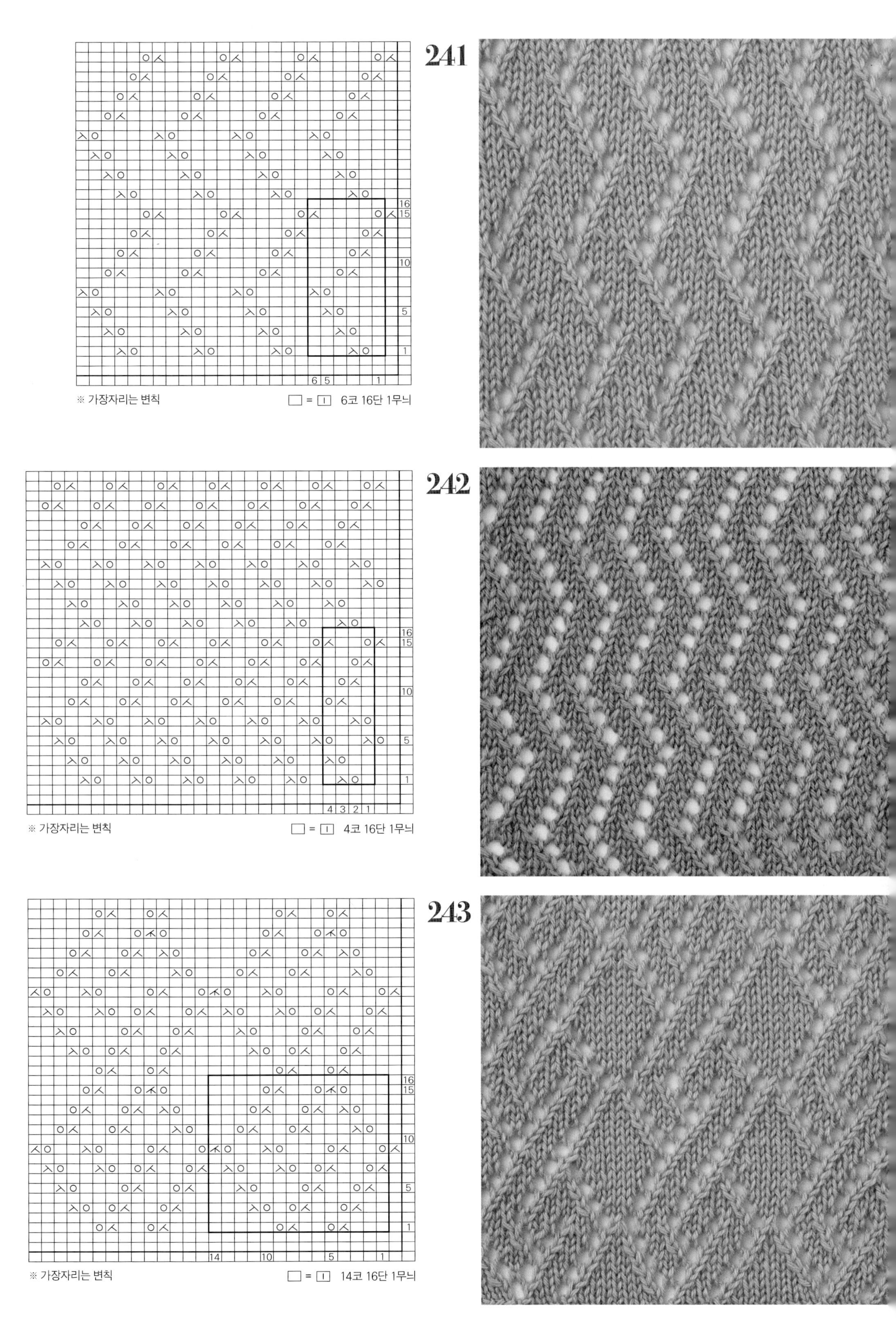
241
16
15
10
5
1
6 5
1
※ 가장자리는 변칙
□ = ⊡ 6코 16단 1무늬
242
16
15
10
5
1
4 3 2 1
※ 가장자리는 변칙
□ = ⊡ 4코 16단 1무늬
243
16
15
10
5
1
14
10
5
1
※ 가장자리는 변칙
□ = ⊡ 14코 16단 1무늬

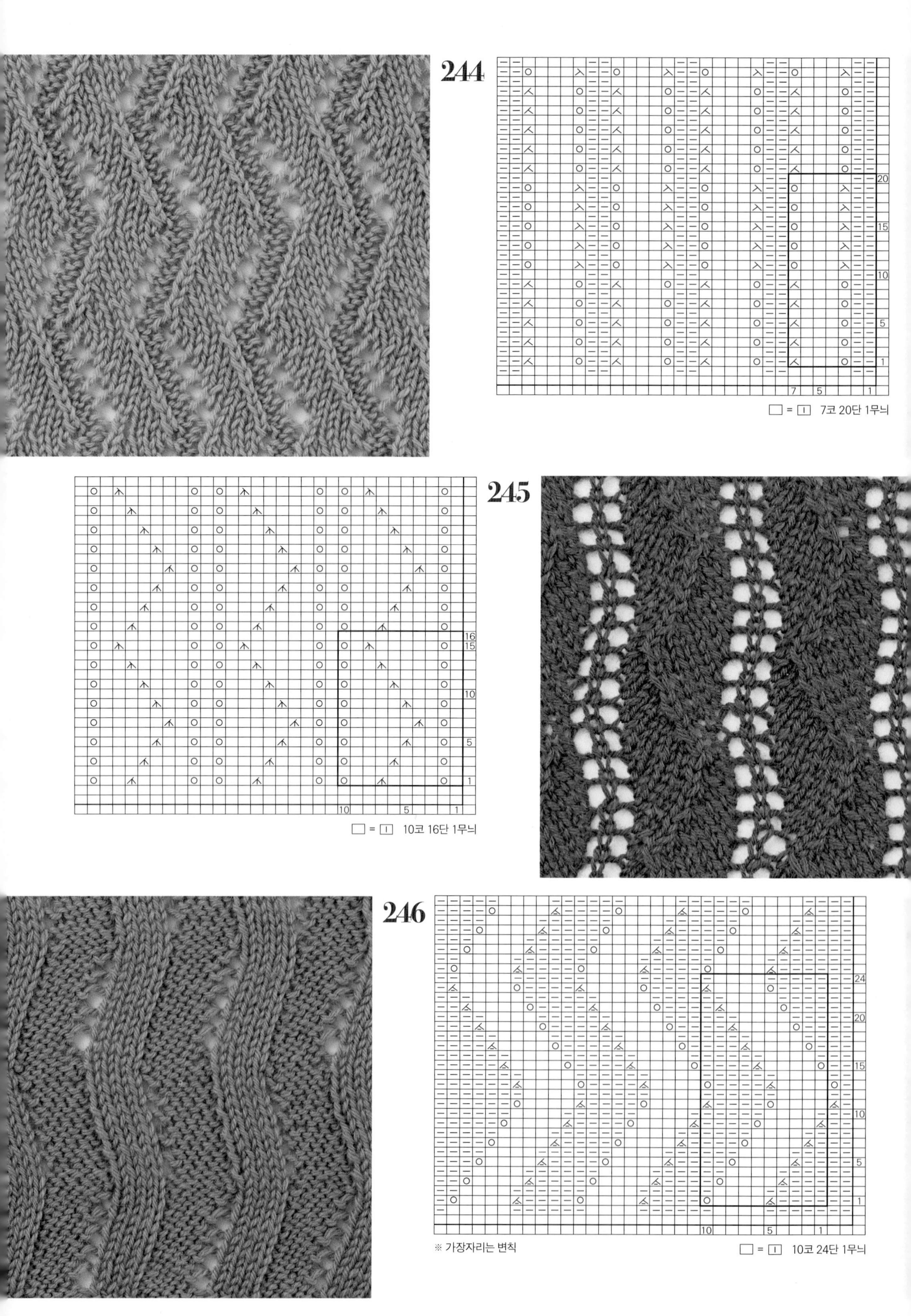
244
7코 20단 1무늬
245
10코 16단 1무늬
246
※ 가장자리는 변칙
10코 24단 1무늬

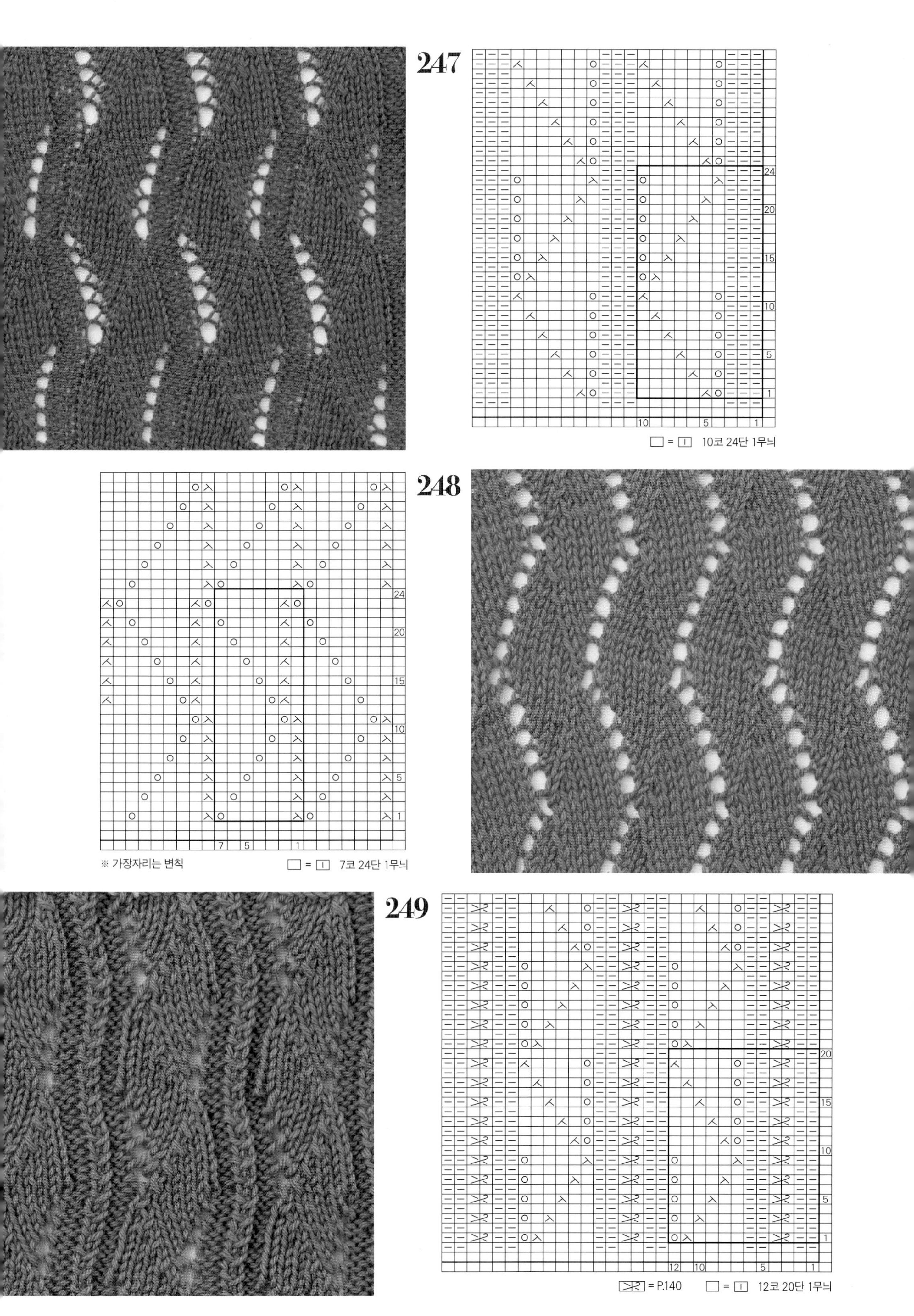
247
10코 24단 1무늬
248
※ 가장자리는 변칙
7코 24단 1무늬
249
= P.140
12코 20단 1무늬

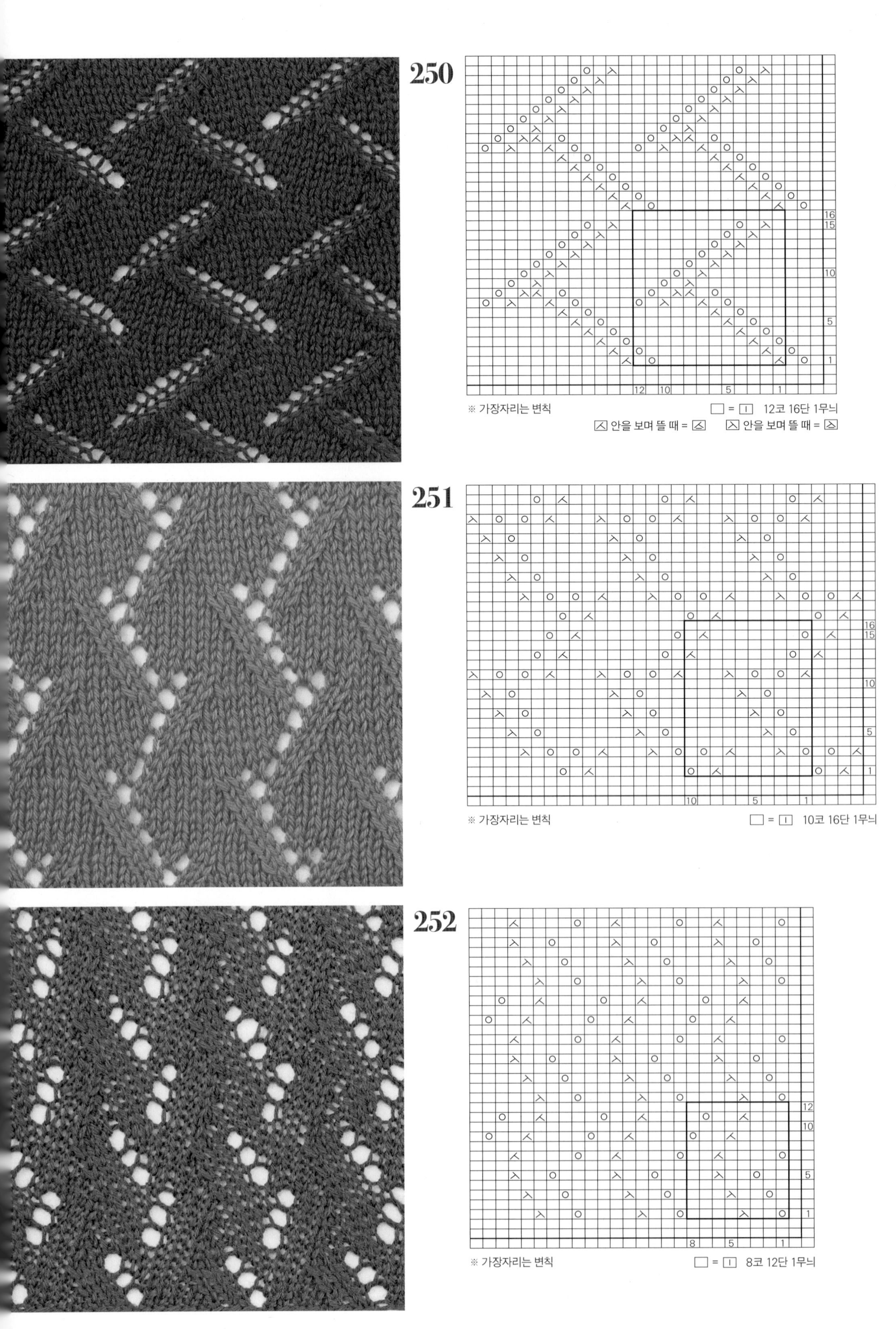
250
16
15
10
5
1
12
10
5
1
※ 가장자리는 변칙
□ = ⊡ 12코 16단 1무늬
안을 보며 뜰 때 =
안을 보며 뜰 때 =
251
16
15
10
5
1
10
5
1
※ 가장자리는 변칙
□ = ⊡ 10코 16단 1무늬
252
12
10
5
1
8
5
1
※ 가장자리는 변칙
□ = ⊡ 8코 12단 1무늬

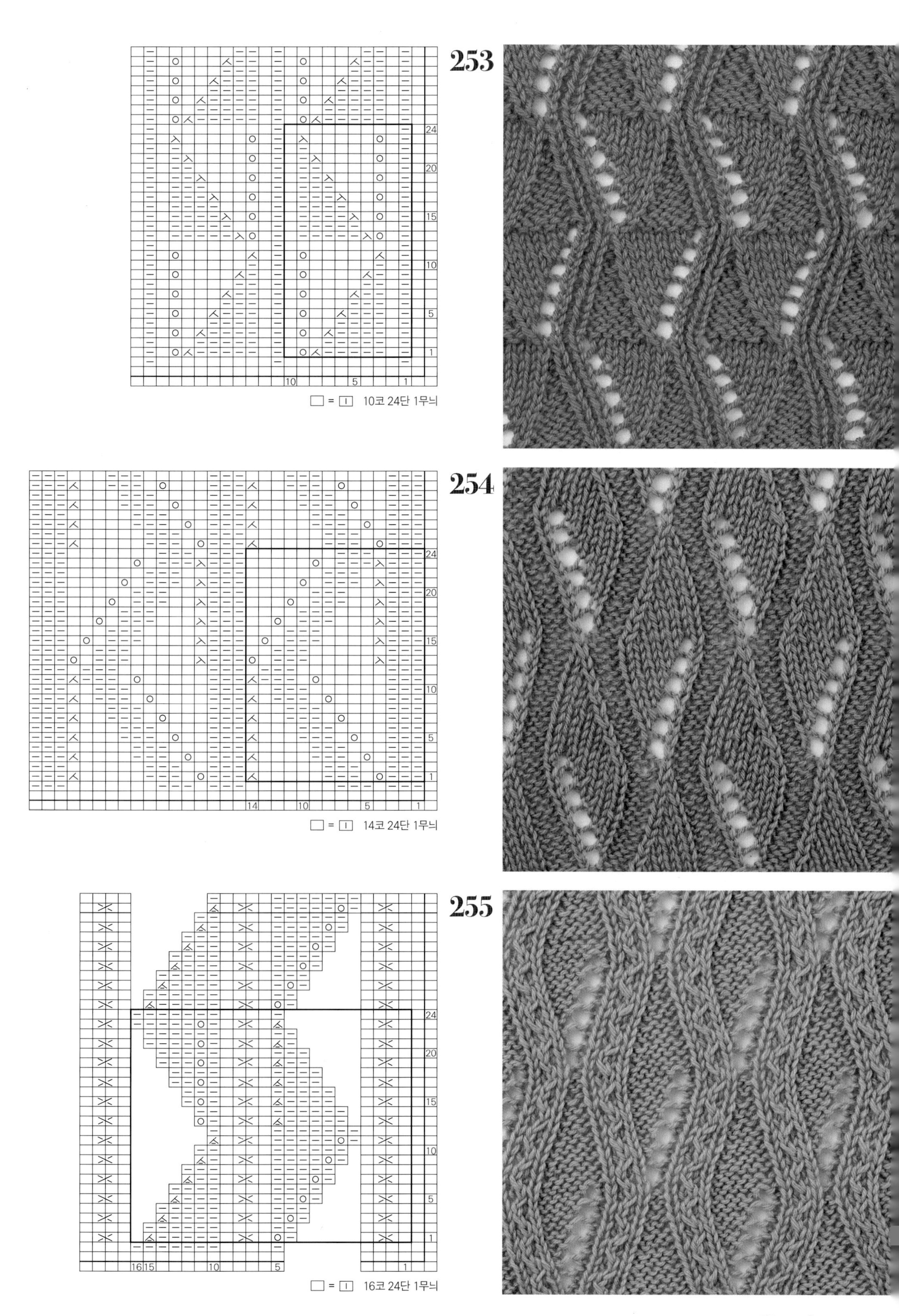
253
□ = ⊡ 10코 24단 1무늬
254
□ = ⊡ 14코 24단 1무늬
255
□ = ⊡ 16코 24단 1무늬

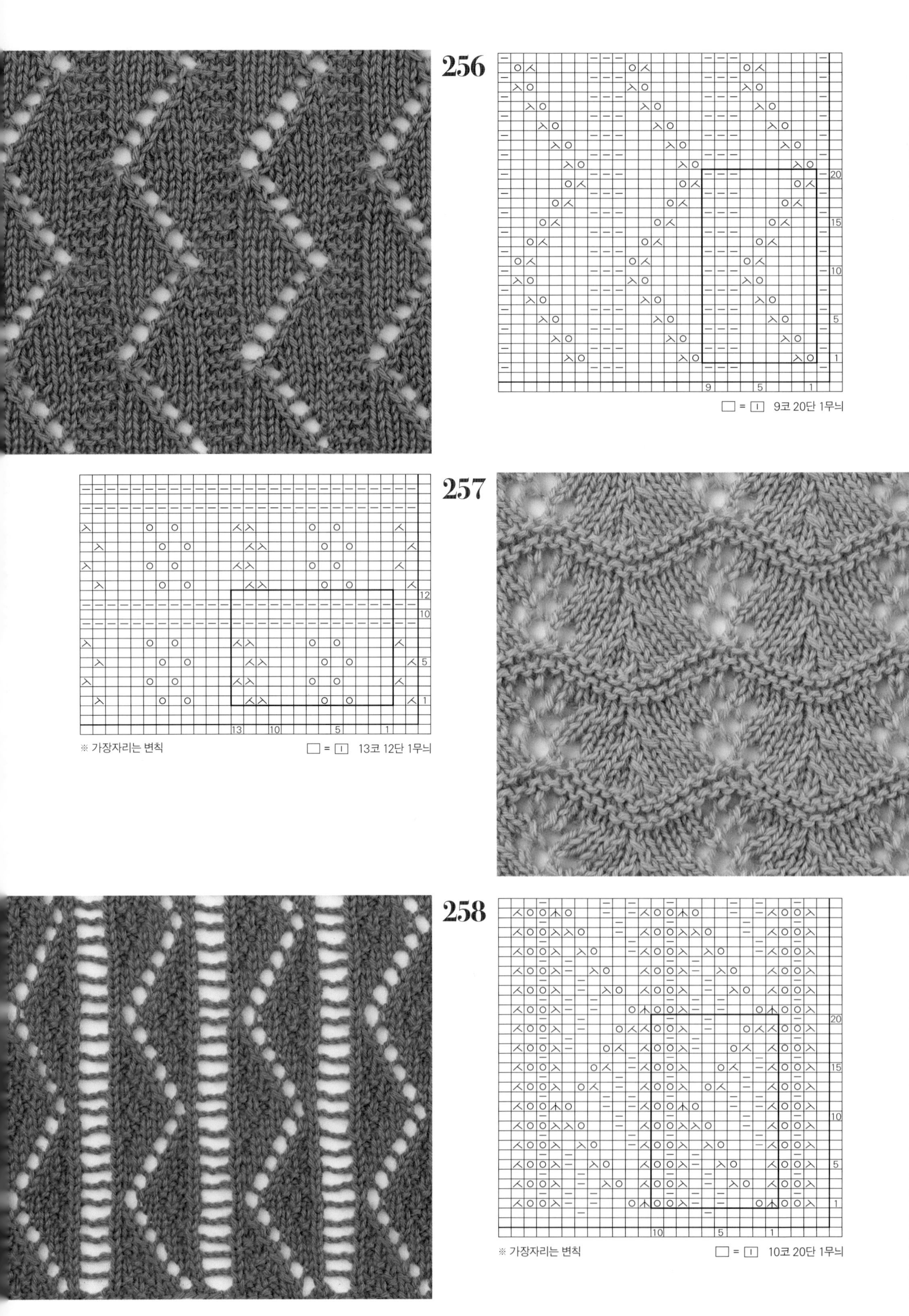
256
9코 20단 1무늬
257
※ 가장자리는 변칙
13코 12단 1무늬
258
※ 가장자리는 변칙
10코 20단 1무늬

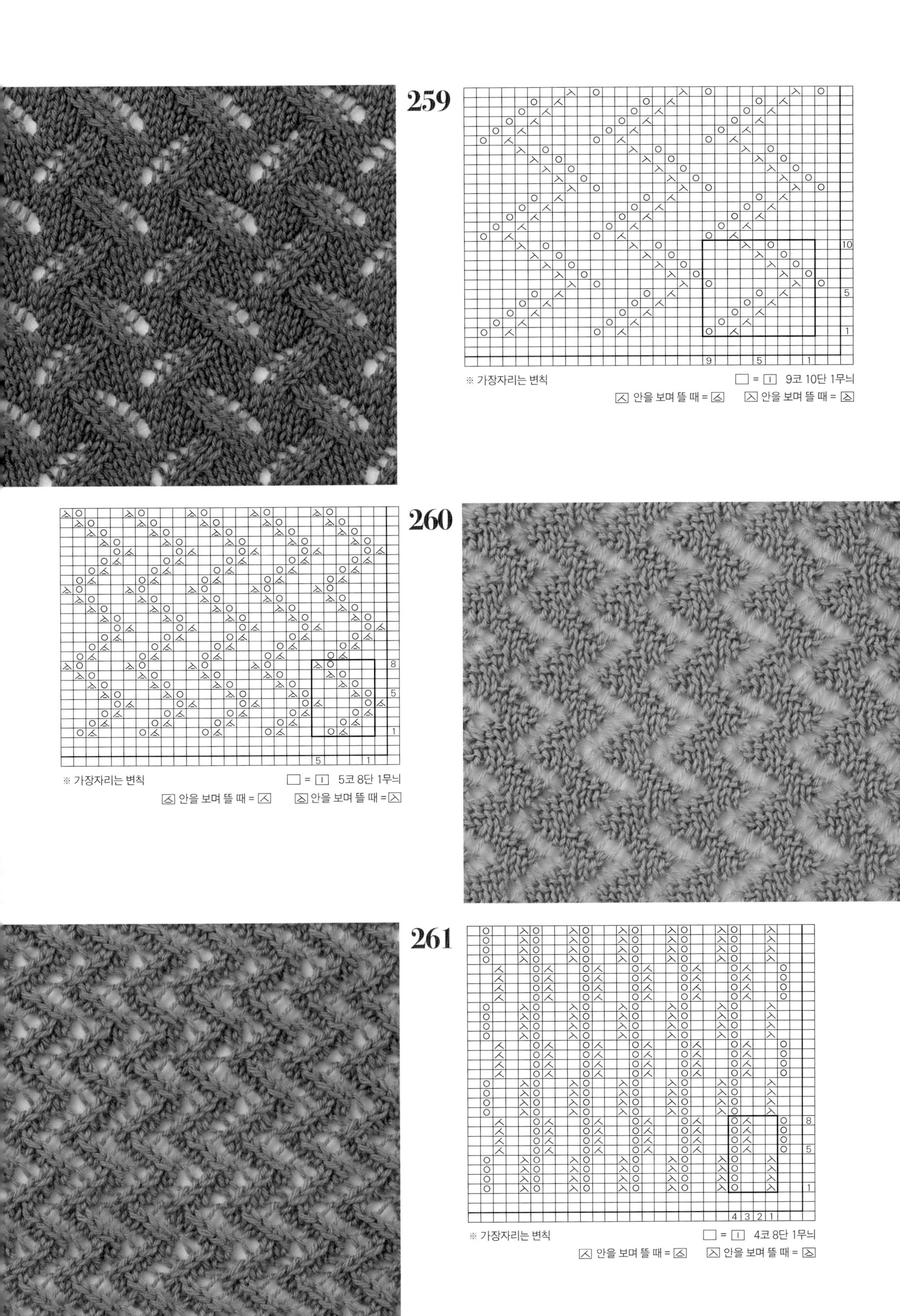
259
※ 가장자리는 변칙
□ = ⌷ 9코 10단 1무늬
안을 보며 뜰 때 =
안을 보며 뜰 때 =
260
※ 가장자리는 변칙
□ = ⌷ 5코 8단 1무늬
안을 보며 뜰 때 =
안을 보며 뜰 때 =
261
※ 가장자리는 변칙
□ = ⌷ 4코 8단 1무늬
안을 보며 뜰 때 =
안을 보며 뜰 때 =

262

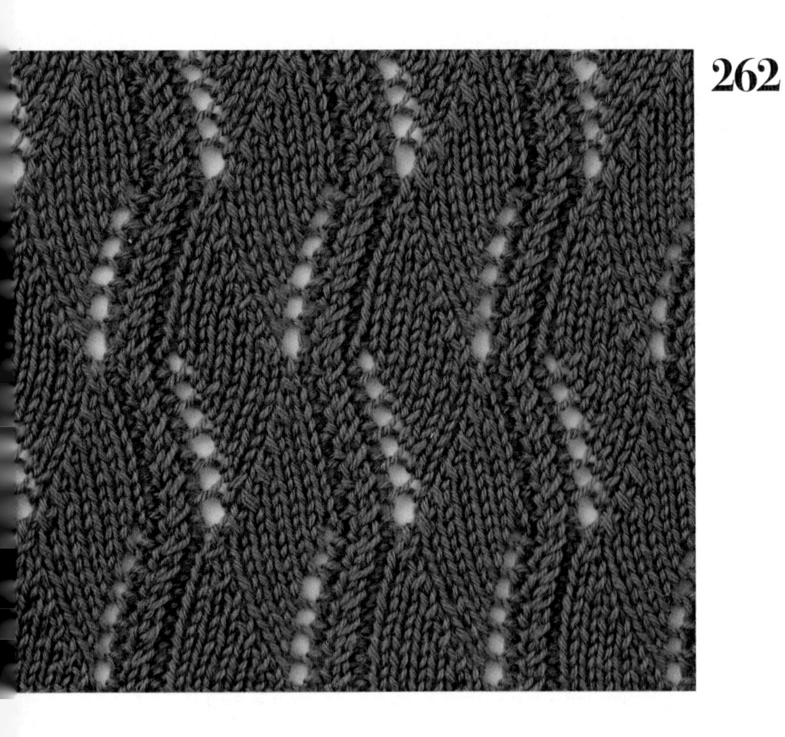

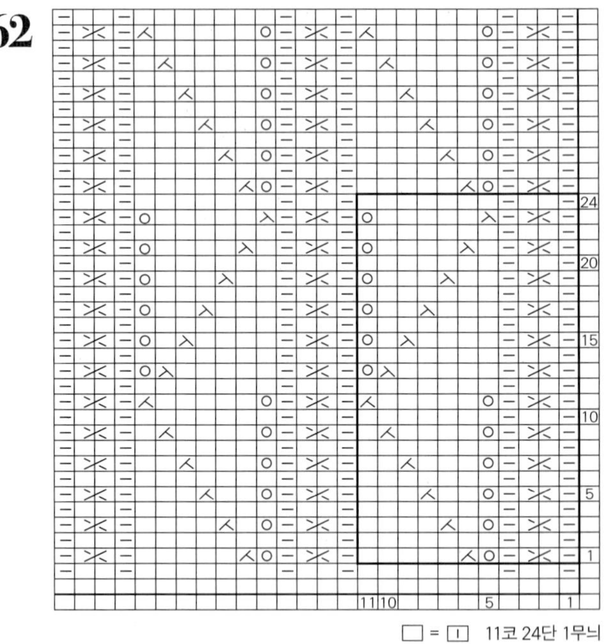

□ = ⊡ 11코 24단 1무늬

263

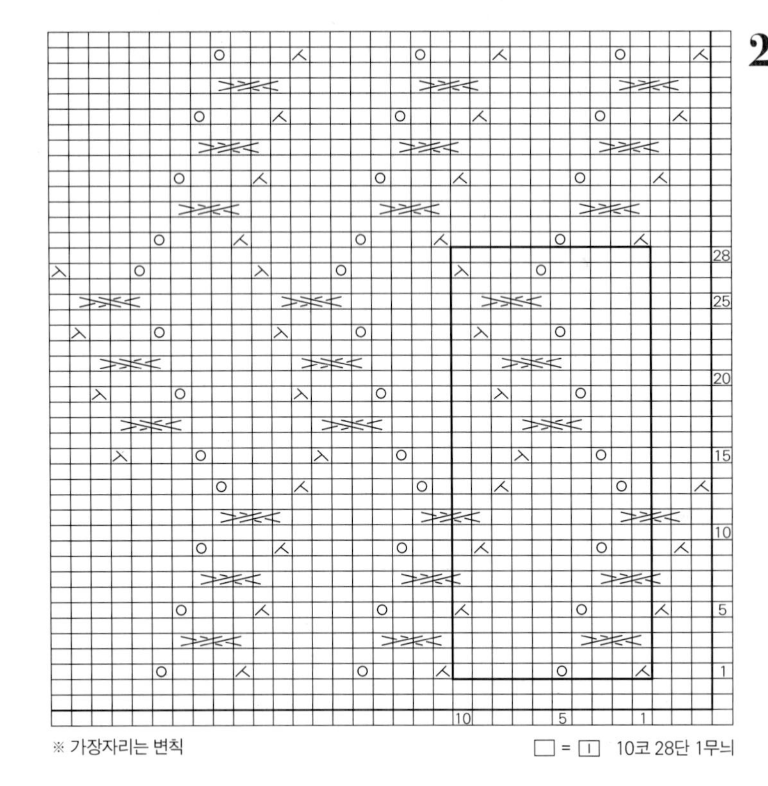

※ 가장자리는 변칙

□ = ⊡ 10코 28단 1무늬

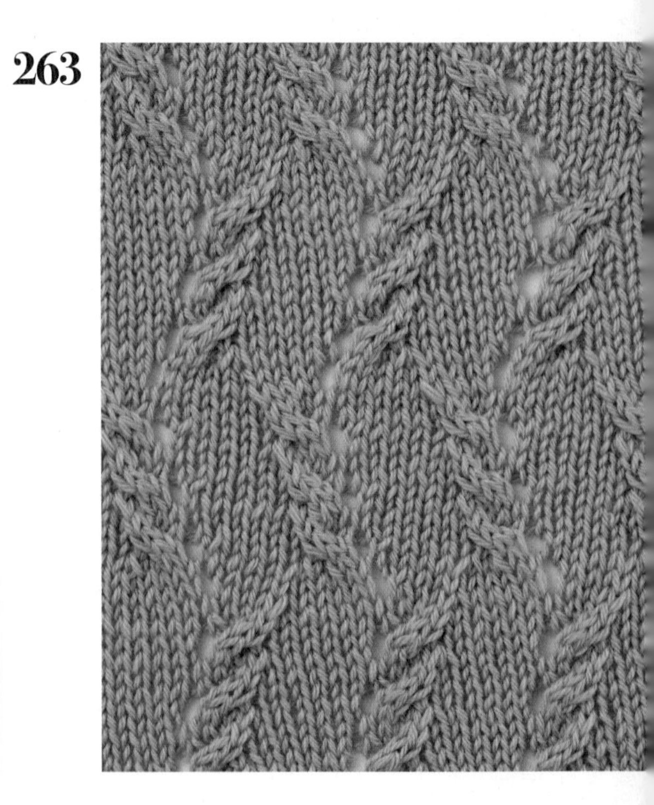

조합 Combination

교차무늬와 비침무늬를 균형 있게 배치한 무늬입니다. 다양한 무늬를 조합하여 나만의 무늬를 만들 수 있습니다.

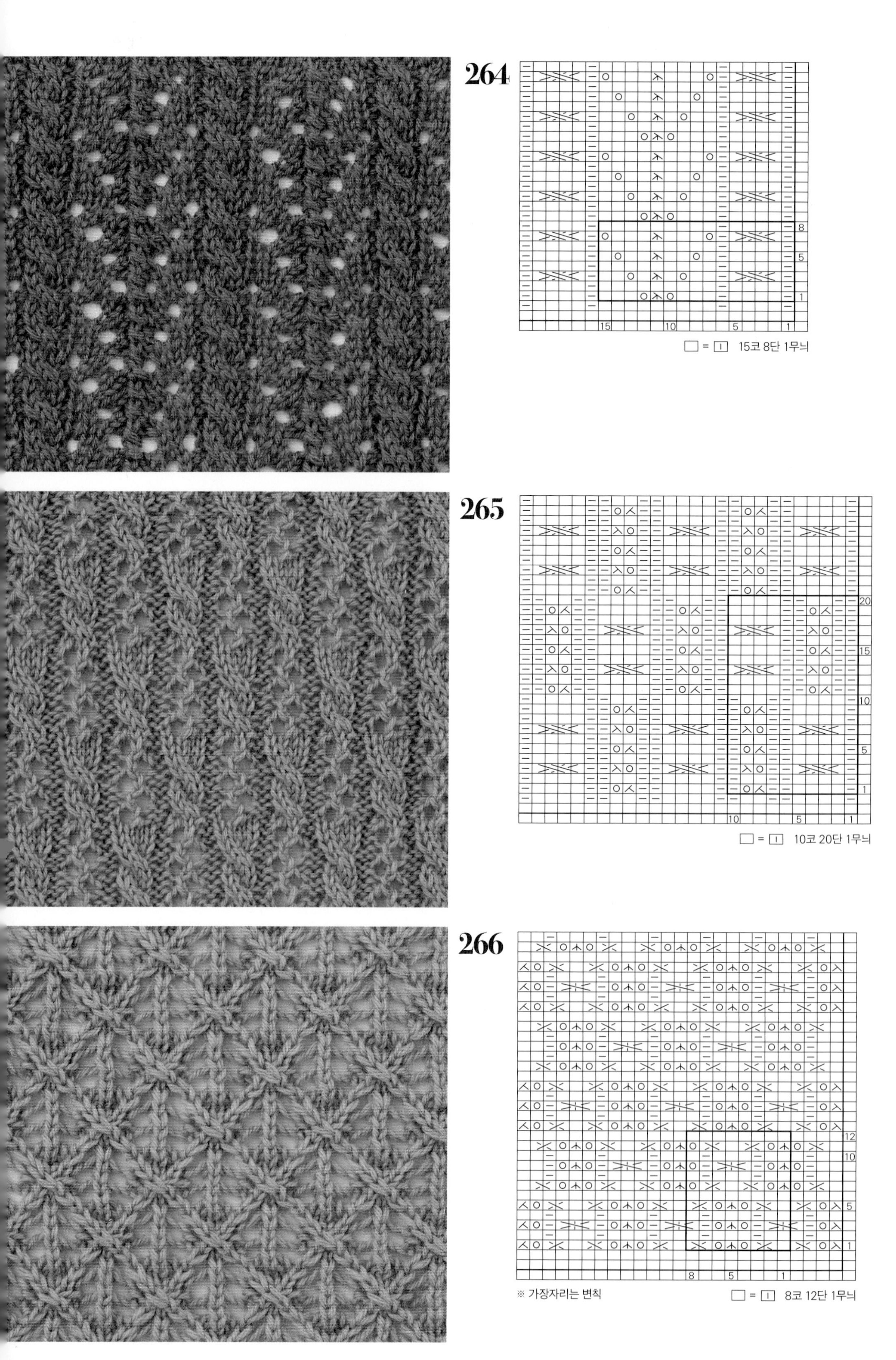
264
□ = ⊡ 15코 8단 1무늬
265
□ = ⊡ 10코 20단 1무늬
266
※ 가장자리는 변칙
□ = ⊡ 8코 12단 1무늬

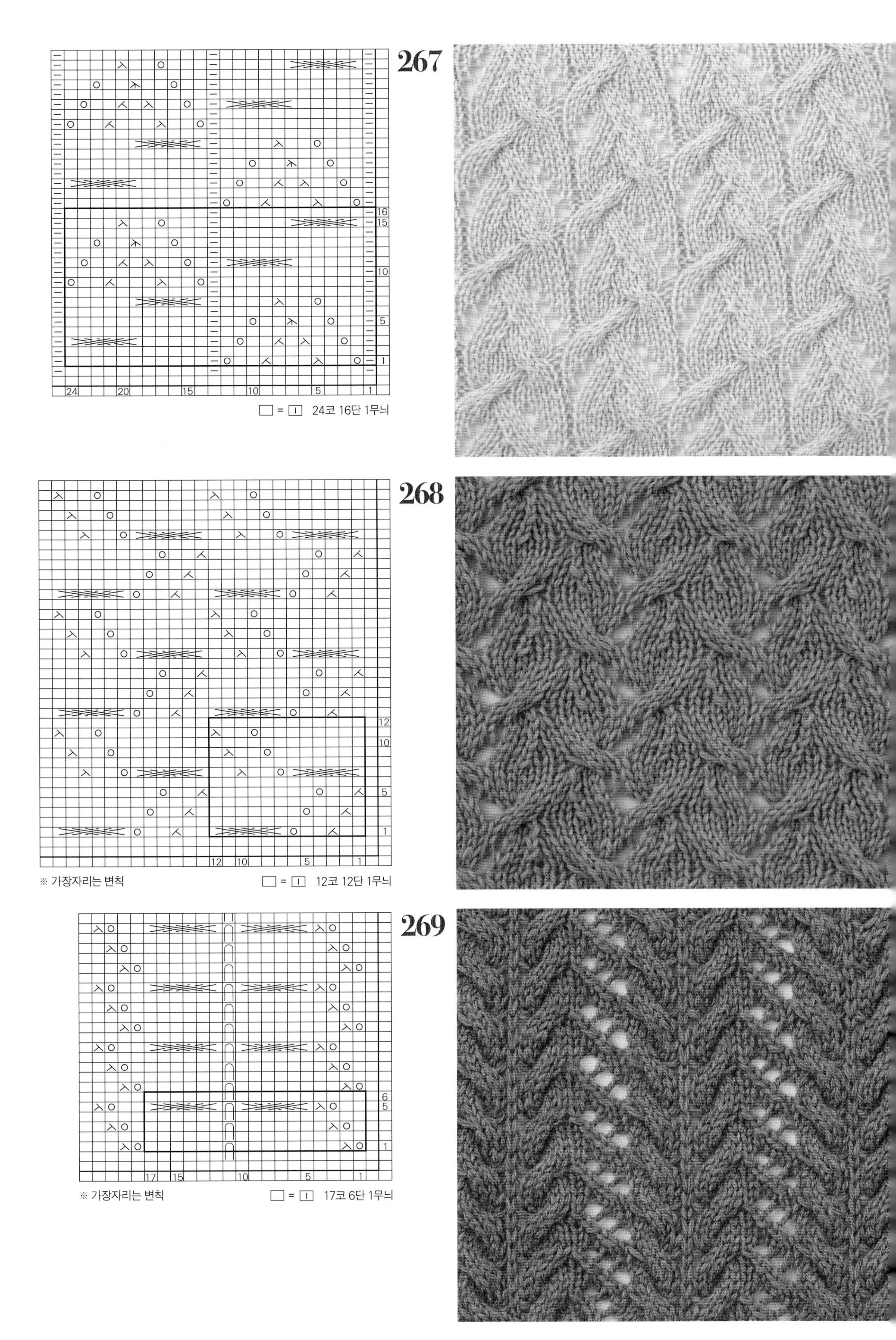
267
□ = Ⅰ 24코 16단 1무늬
268
※ 가장자리는 변칙
□ = Ⅰ 12코 12단 1무늬
269
※ 가장자리는 변칙
□ = Ⅰ 17코 6단 1무늬

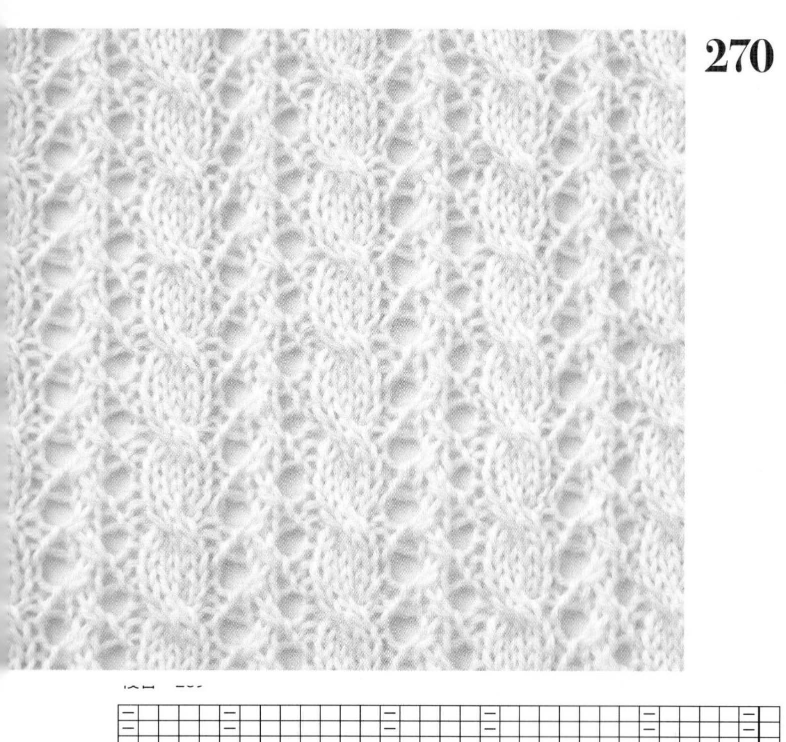

270

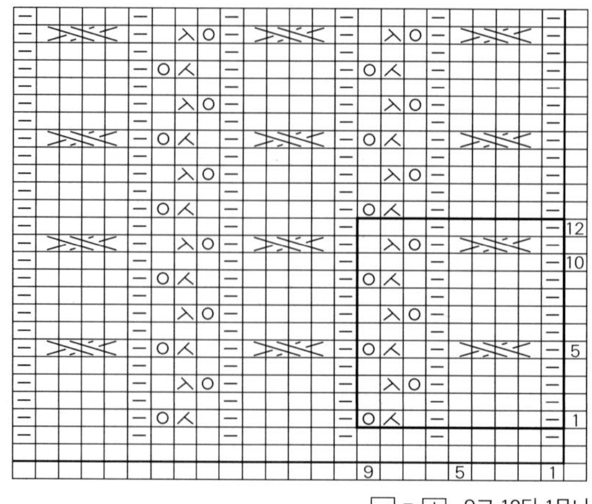

□ = Ⅰ 9코 12단 1무늬

271

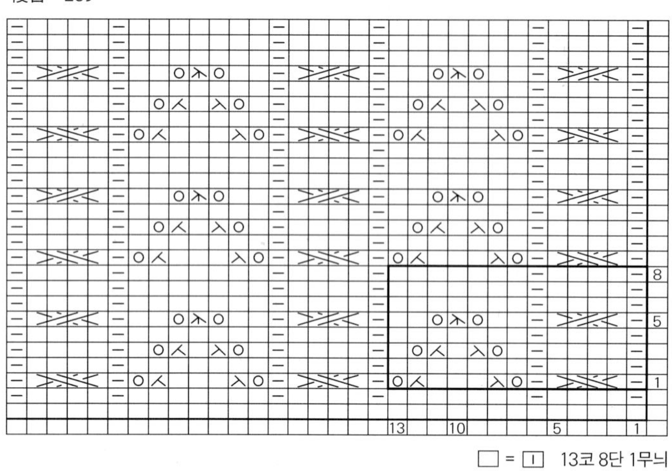

□ = Ⅰ 13코 8단 1무늬

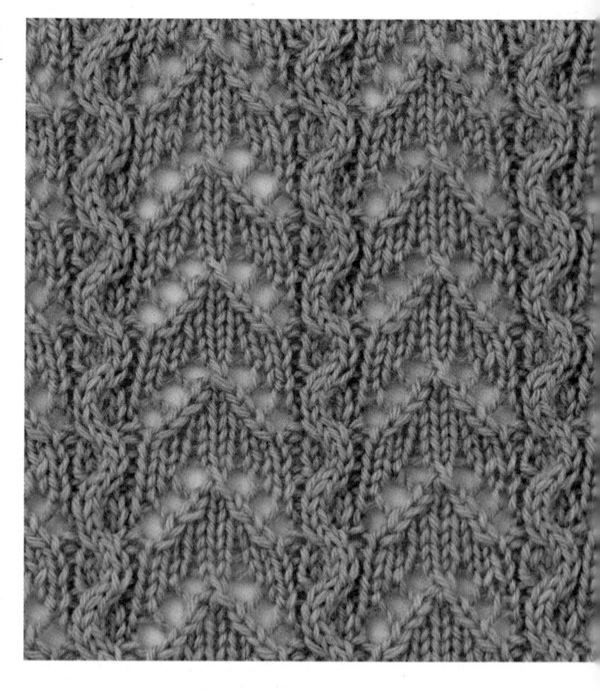

272

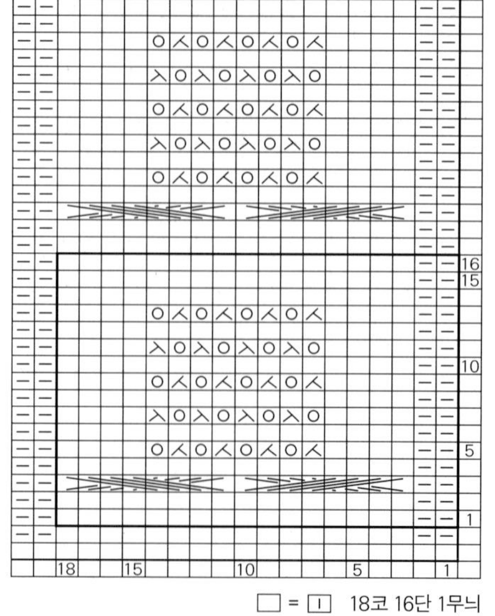

□ = Ⅰ 18코 16단 1무늬

273

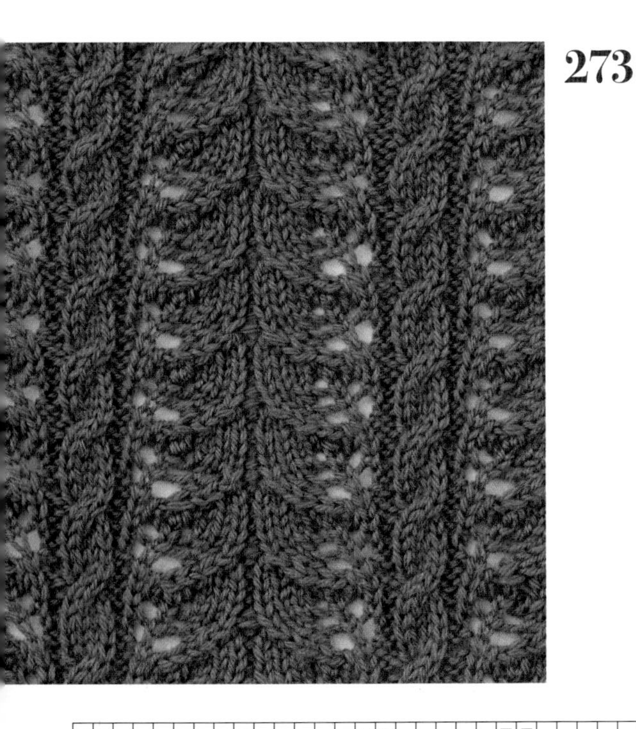

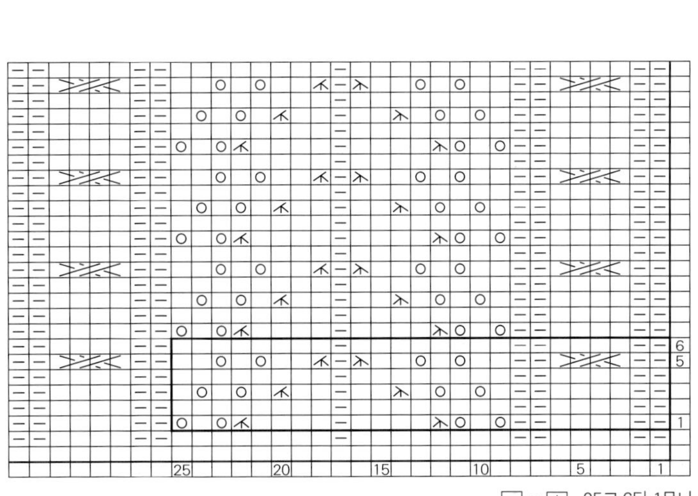

□ = ⊡ 25코 6단 1무늬

274

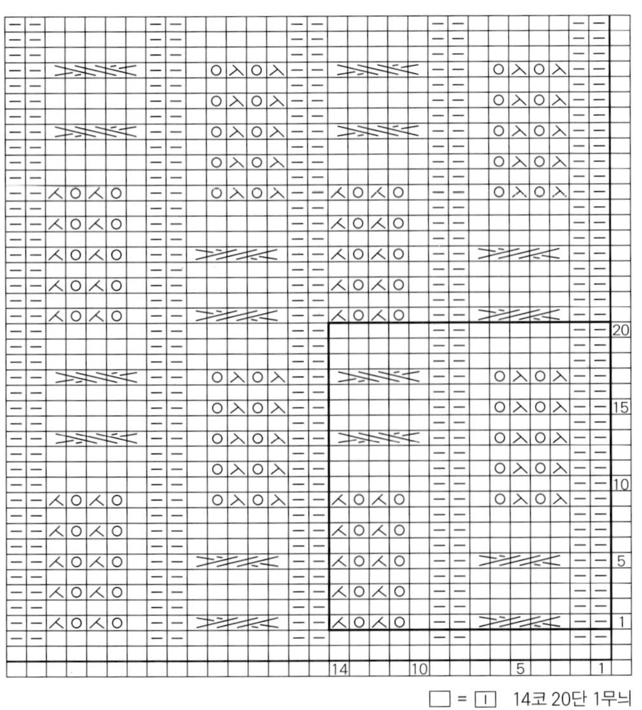

□ = ⊡ 14코 20단 1무늬

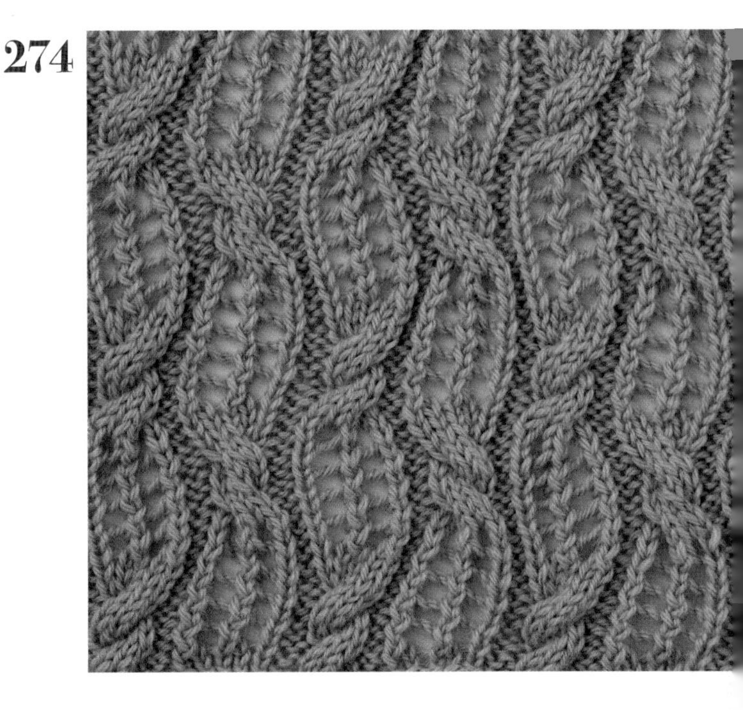

275

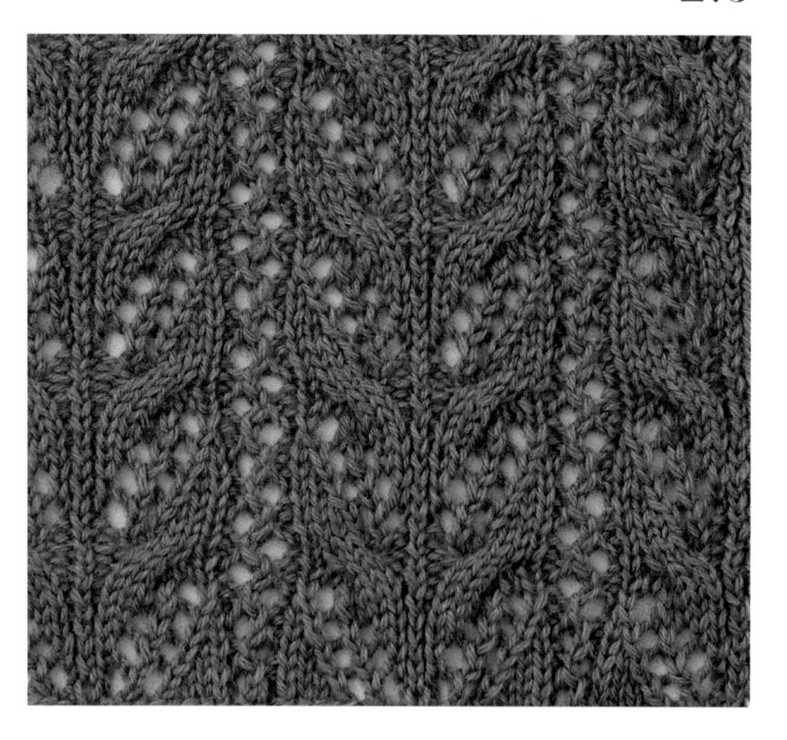

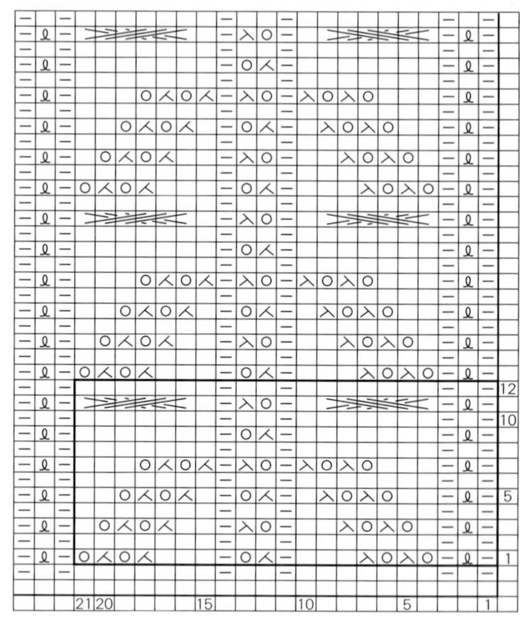

□ = [I] 21코 12단 1무늬

276

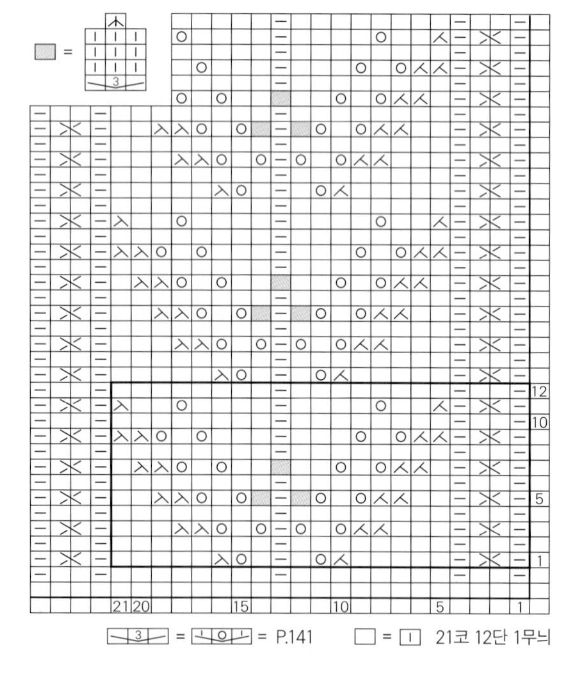

[3] = [I O I] = P.141 □ = [I] 21코 12단 1무늬

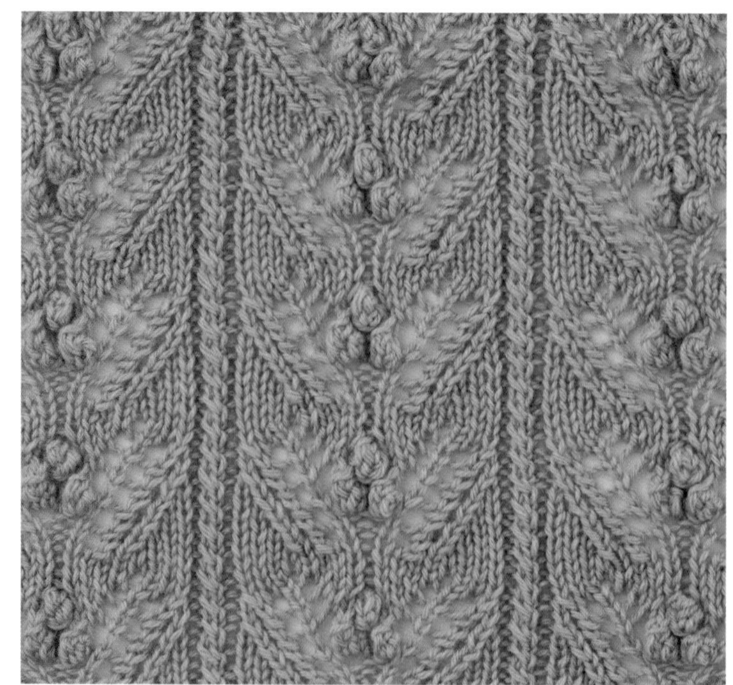

277

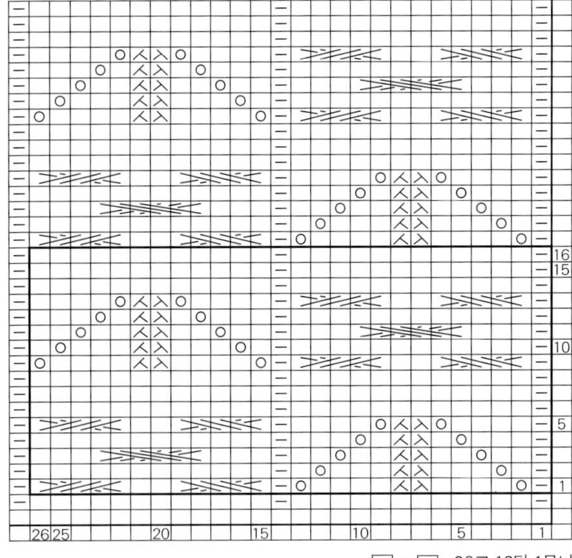

□ = ⊡ 26코 16단 1무늬

⊼ 안을 보며 뜰 때 = ⊼ ⊼ 안을 보며 뜰 때 = ⊼

278

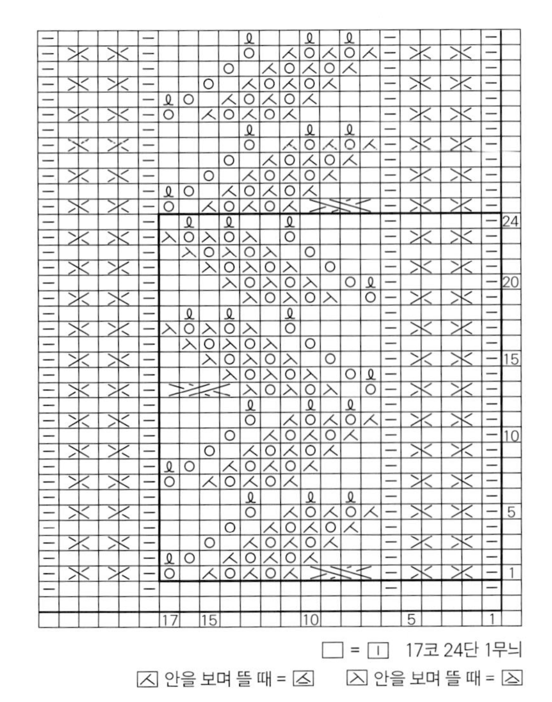

□ = ⊡ 17코 24단 1무늬

⊼ 안을 보며 뜰 때 = ⊼ ⊼ 안을 보며 뜰 때 = ⊼

279

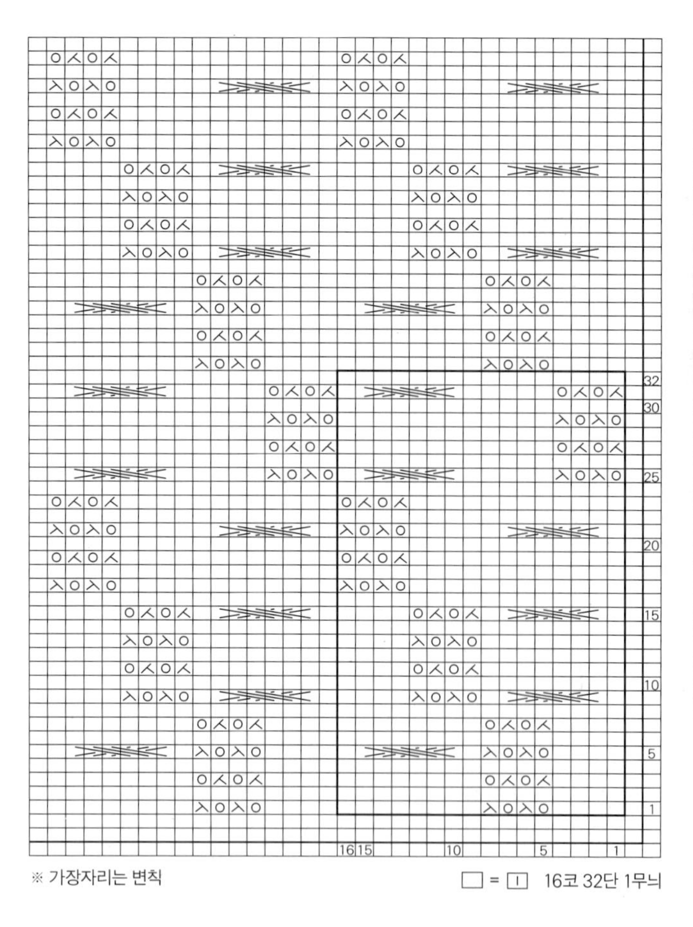

※ 가장자리는 변칙

□ = ⊡ 16코 32단 1무늬

280

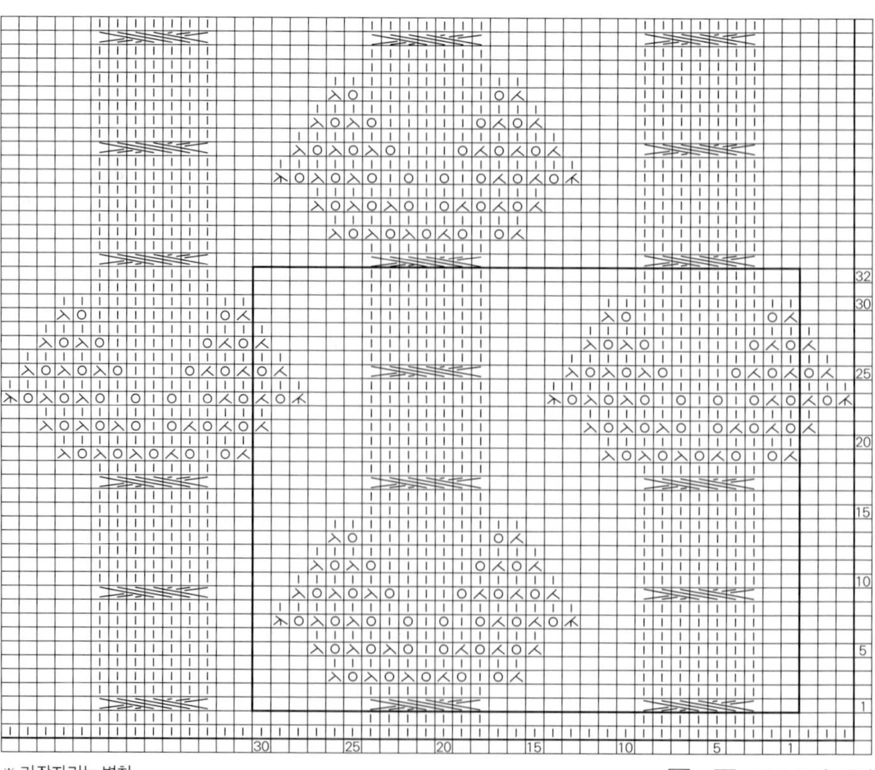

※ 가장자리는 변칙

□ = ⊟ 30코 32단 1무늬

How to make

p04 ❋ 나뭇잎 무늬 사각 숄

재료

퍼피 프린세스 애니 진회색 (518) 265g

도구

대바늘 6호, 대바늘 4호

완성 치수

너비 40㎝ × 길이 137㎝

게이지

가로세로 10㎝ 무늬뜨기 25.5코 × 30단

POINT

- 75번 무늬(→P.42)를 사용한다.
- 손가락에 걸어 만드는 기초코로 코를 잡는다. 가터뜨기를 6단 한 뒤에 양 가장자리에 4코씩 가터뜨기를 배치하고 무늬뜨기로 402단을 뜬다. 가터뜨기를 6단 하고 끝낼 때는 안뜨기의 덮어씌우기로 코막음한다.

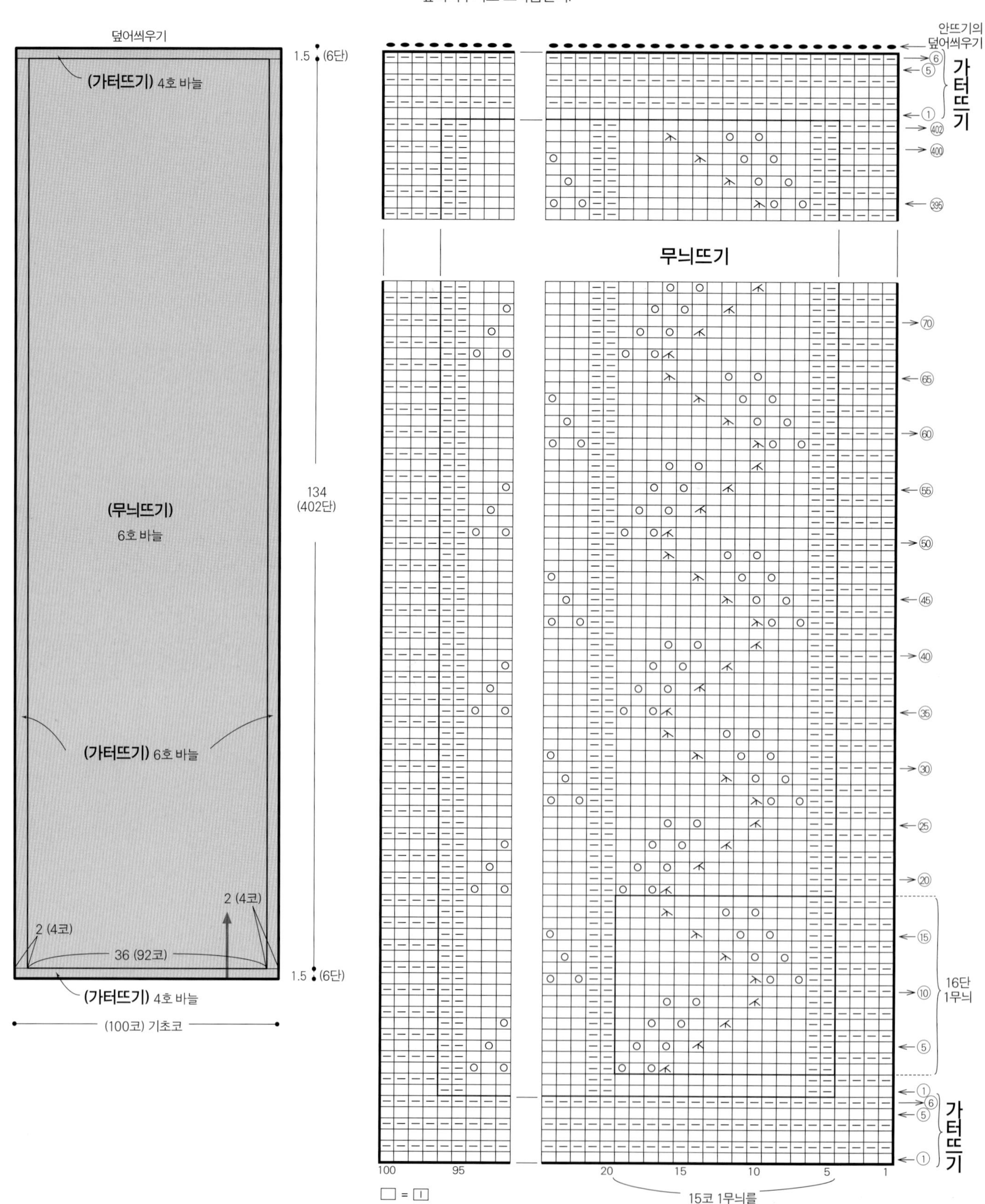

p05 ❊ 물결무늬 롱 스누드

재료
퍼피 알바 황회색 (1087) 175g

도구
대바늘 5호

완성 치수
너비 30㎝ × 길이 116㎝

게이지
가로세로 10㎝ 무늬뜨기 22코 × 33단

POINT
- 192번 무늬(→P.86)를 사용한다.
- 손가락에 걸어 만드는 기초코로 코를 잡아서 원형뜨기로 무늬뜨기를 100단 한다. 끝낼 때는 덮어씌우기로 코막음한다.

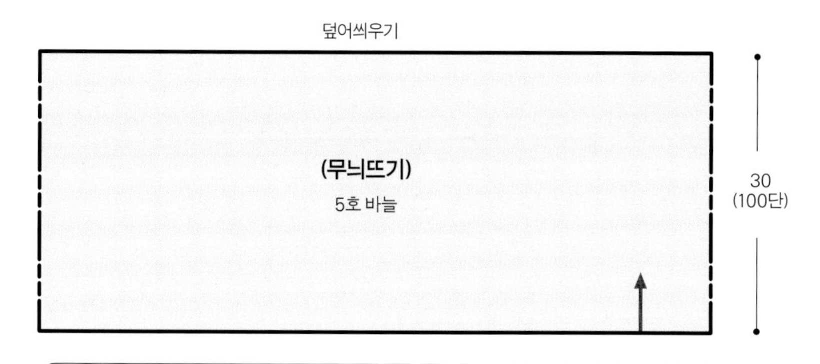

무늬뜨기

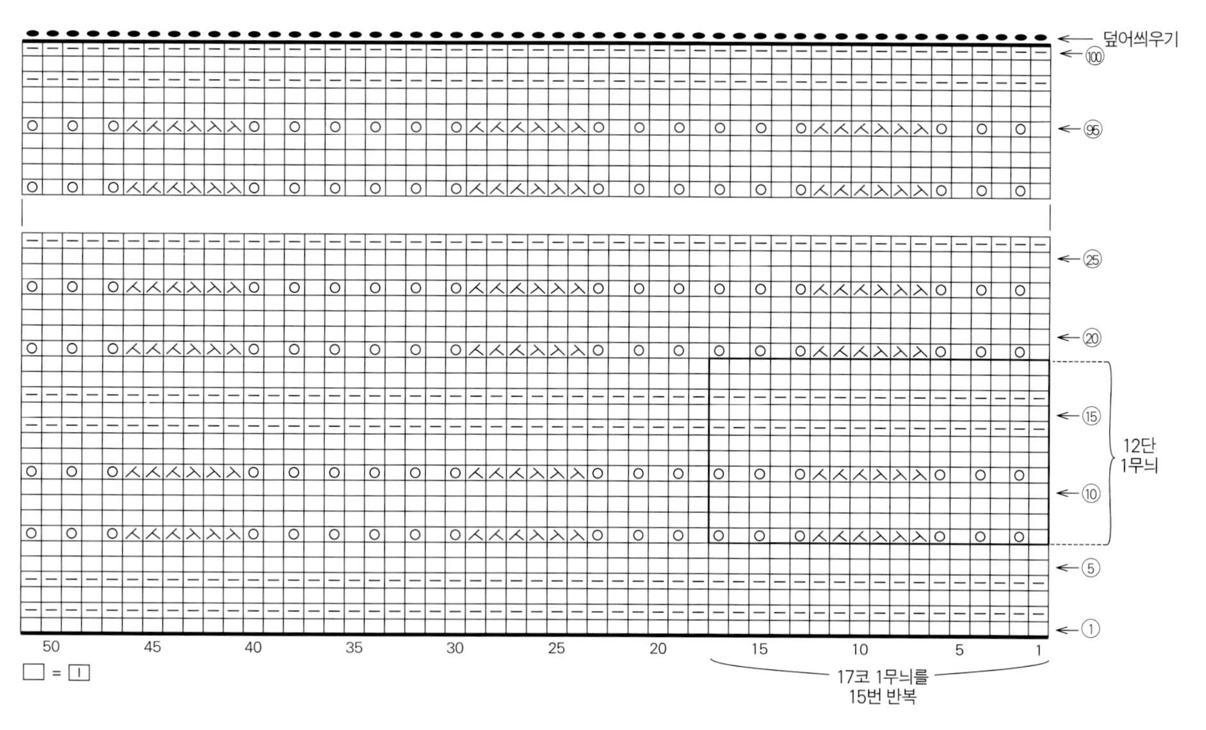

p10 ❊ 헤어밴드

재료
하마나카 익시드 울 FL '합태' 로즈핑크 (239) 30g

도구
대바늘 5호

완성 치수
머리둘레 48㎝ × 너비 10㎝

게이지
가로세로 10㎝ 무늬뜨기 20.5코 × 42단

POINT
- 144번 무늬(→P.68)를 사용한다.
- 공사슬로 만드는 기초코로 코를 잡아서, 양 가장자리에 가터뜨기를 배치하고 왕복뜨기로 무늬뜨기를 42단 한다. 끝낼 때는 덮어씌우기로 코막음한다. 원통 모양이 되도록 뜨개 바탕 양 끝을 맞대고 돗바늘로 떠서 꿰맨다.

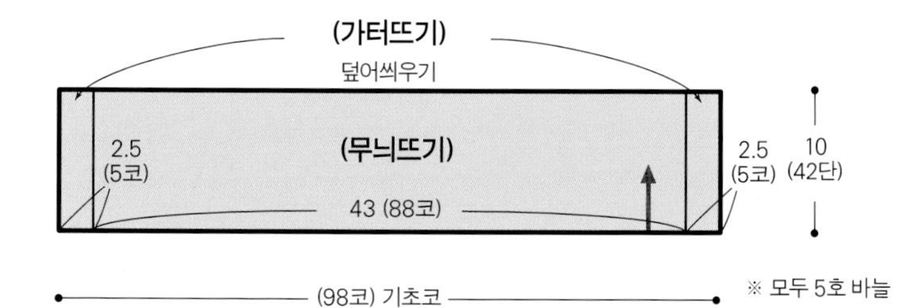

※ 모두 5호 바늘

기호도 → P.122

p06 ❊ 줄무늬 삼각 숄

재료
퍼피 아라비스 남색 (6630) 70g, 청보라 (1704) 40g, 연한 파랑 (1009) 35g

도구
대바늘 3호, 코바늘 4/0호

완성 치수
너비 120㎝ × 길이 60.5㎝

게이지
가로세로 10㎝ 무늬뜨기 17.5코 × 25단

POINT
- 210번 무늬(→P.92)를 사용한다.
- 손가락에 걸어 만드는 기초코로 2코를 잡는다. 가터뜨기를 6단 하고 그대로 2코, 단 부분에서 3코, 기초코 위치에서 2코를 줍고, 그림을 참조하여 코를 늘리면서 세로 무늬뜨기로 150단 뜬다. 끝낼 때는 덮어씌우기를 느슨하게 하여 코막음한다. 단 부분은 테두리뜨기를 하여 마무리한다.

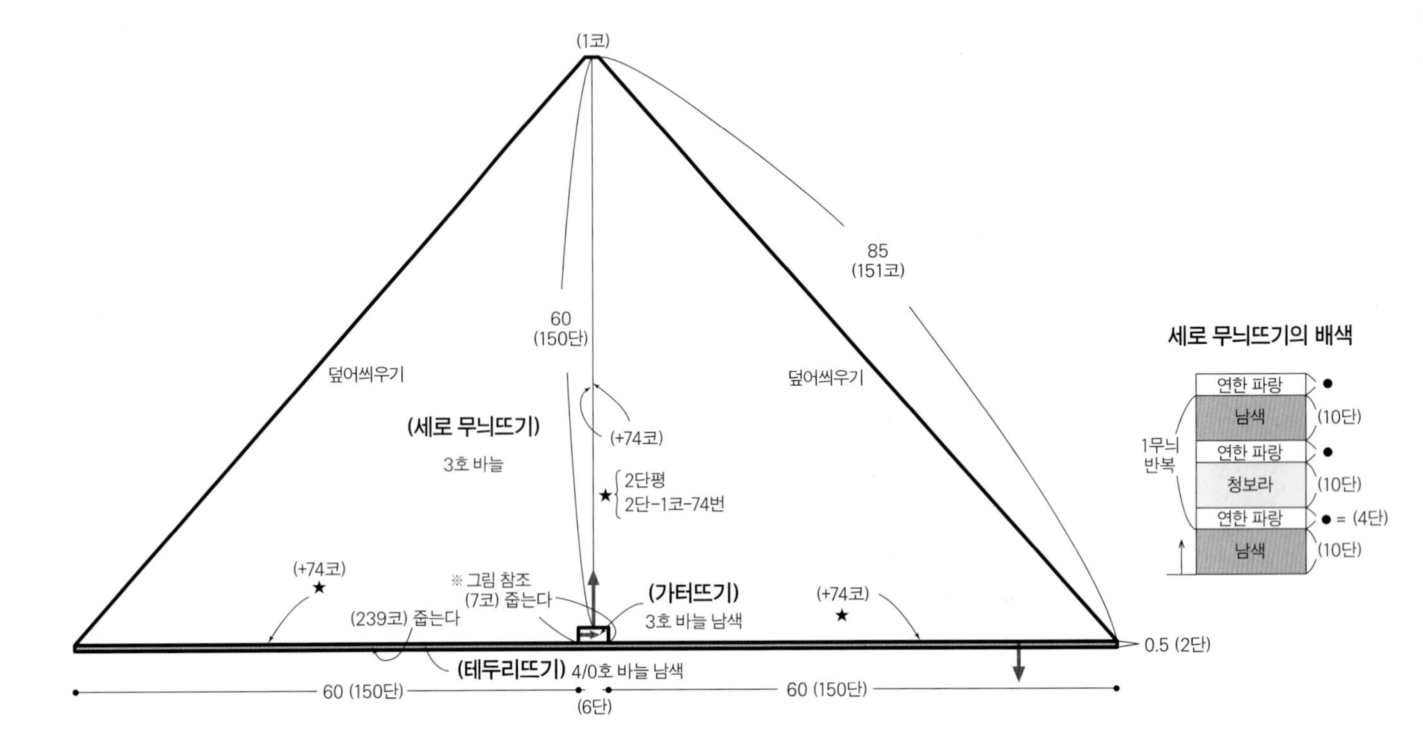

p10 ❊ 헤어밴드

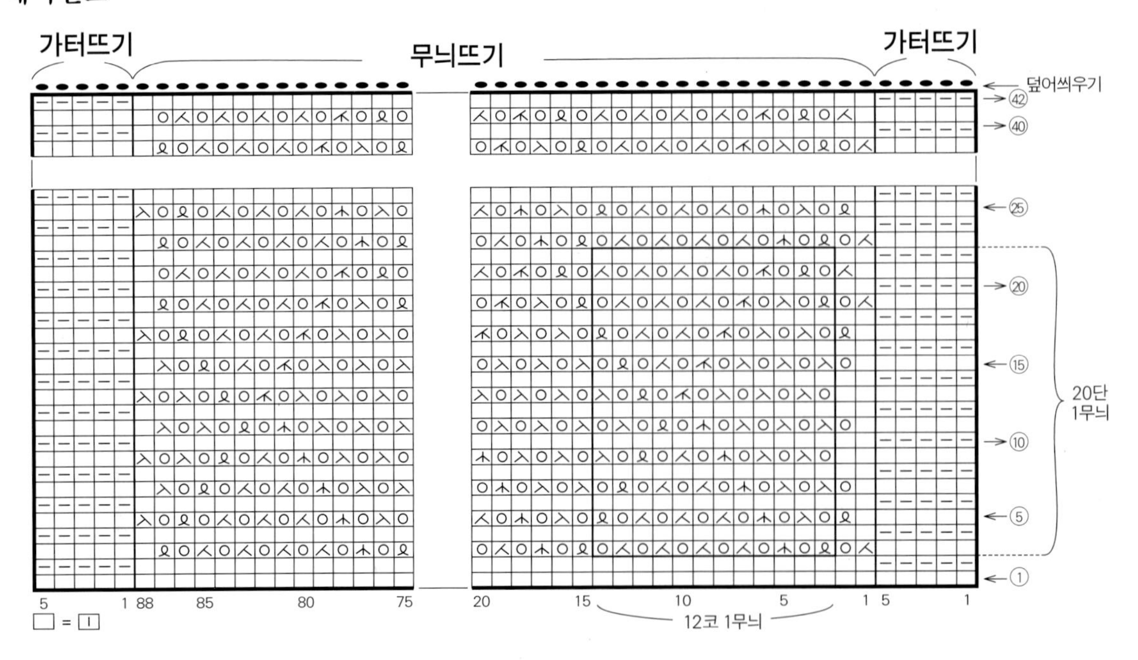

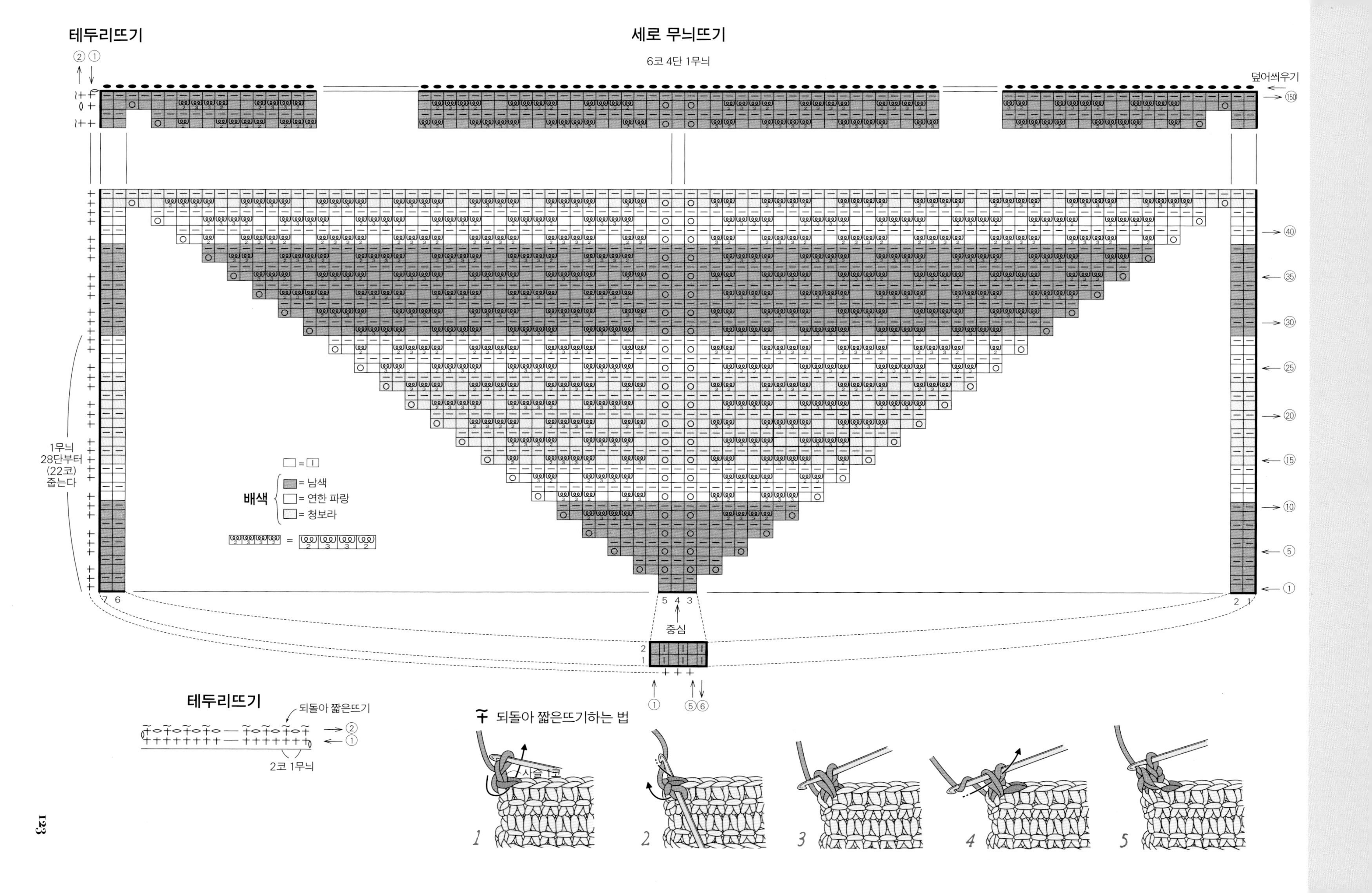
테두리뜨기
세로 무늬뜨기
6코 4단 1무늬
덮어씌우기
⑮⓪
④⓪
③⑤
③⓪
②⑤
②⓪
⑮
⑩
⑤
①
1무늬
28단부터
(22코)
줍는다
배색
= 남색
= 연한 파랑
= 청보라
중심
테두리뜨기
되돌아 짧은뜨기
2코 1무늬
되돌아 짧은뜨기하는 법
사슬 1코
1
2
3
4
5

p07 ❊ 사선무늬 숄

재료
리치모어 캐시미어 연회색 (106) 165g

도구
대바늘 5호

완성 치수
너비 46㎝ × 길이 155㎝

게이지
가로세로 10㎝ 무늬뜨기 21.5코 × 31.5단

POINT
- 169번 무늬(→P.78)를 사용한다.
- 손가락에 걸어 만드는 기초코로 코를 잡아서 가터뜨기를 6단 하고, 양 가장자리에서 1코씩 걸러뜨기를 하면서 무늬뜨기를 410단 한다. 무늬뜨기는 원래 있어야 하는 오른쪽 가장자리의 2코 모아뜨기와 왼쪽 가장자리의 걸기코를 하지 않고 떠서 뜨개 바탕이 비스듬한 모양이 된다. 가터뜨기를 6단 하고, 끝낼 때는 덮어씌우기로 코막음한다.

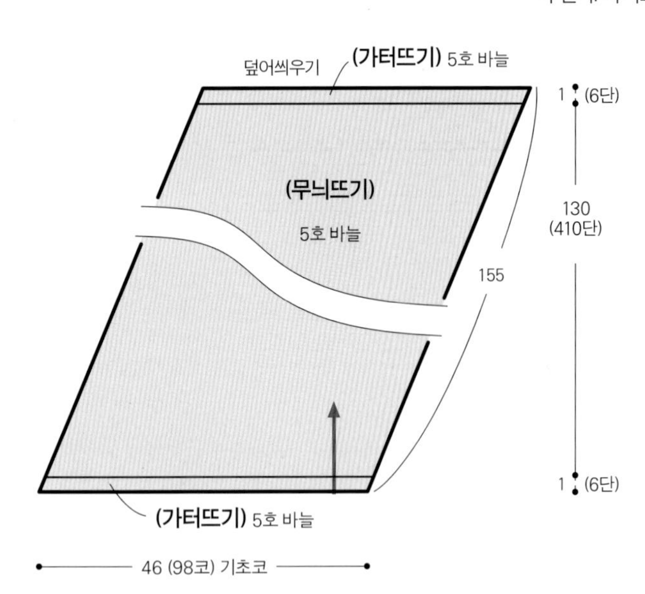

무늬뜨기

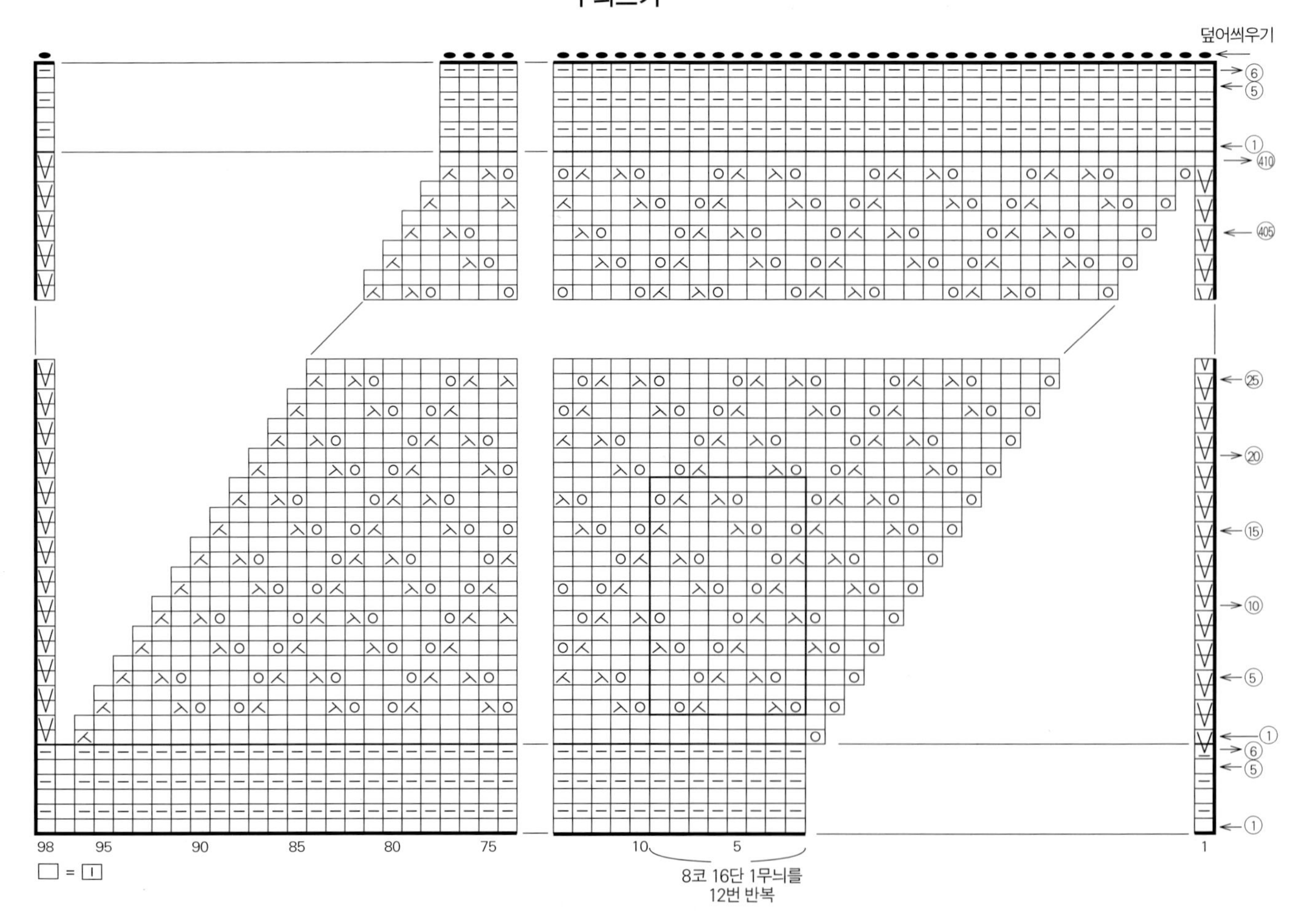

p08 ❊ 둥근무늬 핸드워머

재료
퍼피 브리티시 파인 황토색 (065) 25g

도구
대바늘 4호, 대바늘 2호

완성 치수
손바닥둘레 20㎝ × 길이 18.5㎝

게이지
가로세로 10㎝ 메리야스뜨기 25코 × 34단, 무늬뜨기 13코로 5㎝, 10㎝가 30단

POINT
- 108번 무늬(→P.55)를 사용한다.
- 손가락에 걸어 만드는 기초코로 코를 잡아서 원형뜨기로 2코 고무뜨기를 한다. 바늘을 바꿔서 메리야스뜨기, 무늬뜨기를 한다. 엄지손가락 위치에는 다른 실을 넣어서 떠 둔다. 바늘을 바꿔 가터뜨기를 한다. 끝낼 때는 안뜨기의 덮어씌우기로 코막음한다. 엄지손가락은 미리 넣어서 뜬 다른 실을 풀고 코를 주워서 원형뜨기로 메리야스뜨기를 한다. 끝낼 때는 덮어씌우기로 코막음한다.

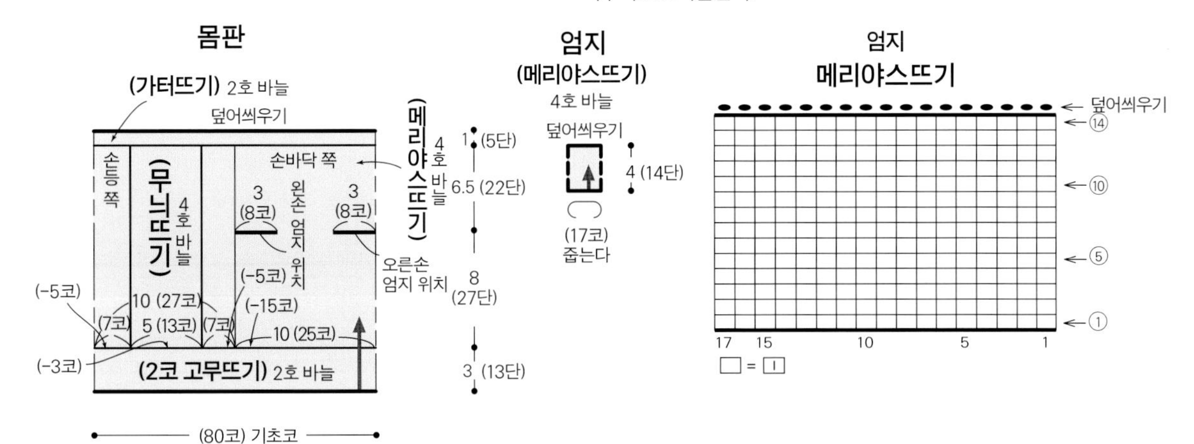

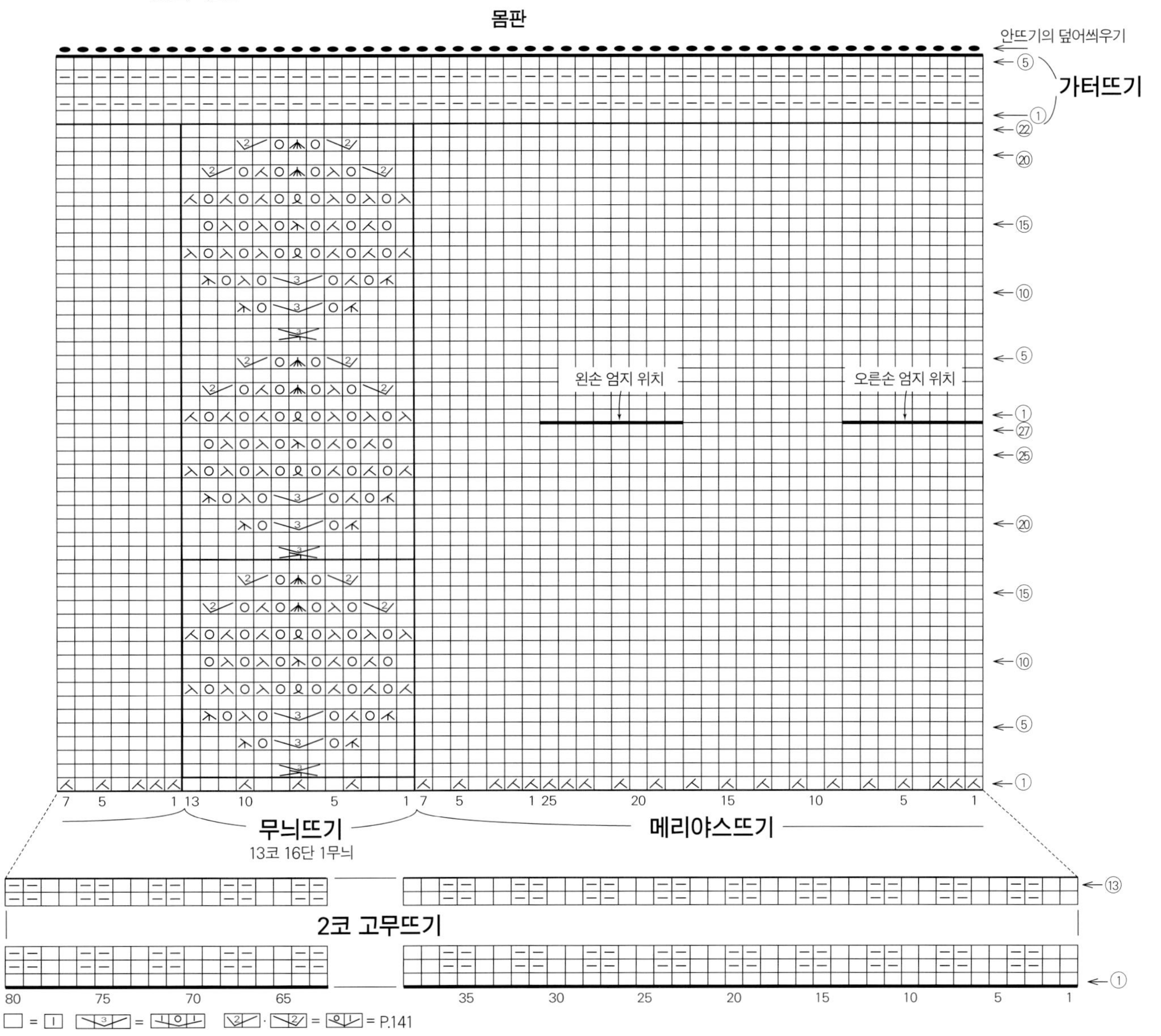

p09 ❊ 쇼트 스누드

재료
리치모어 카우니스 짙은 황적색 그러데이션 (11) 40g

도구
대바늘 11호

완성 치수
목둘레 55㎝ × 길이 15㎝

게이지
가로세로 10㎝ 무늬뜨기 15코 × 27단

POINT
- 236번 무늬(→P.101)를 사용한다.
- 공사슬로 만드는 기초코로 코를 잡아서 원형뜨기로 무늬뜨기를 한다. 끝낼 때는 덮어씌우기로 코막음한다.

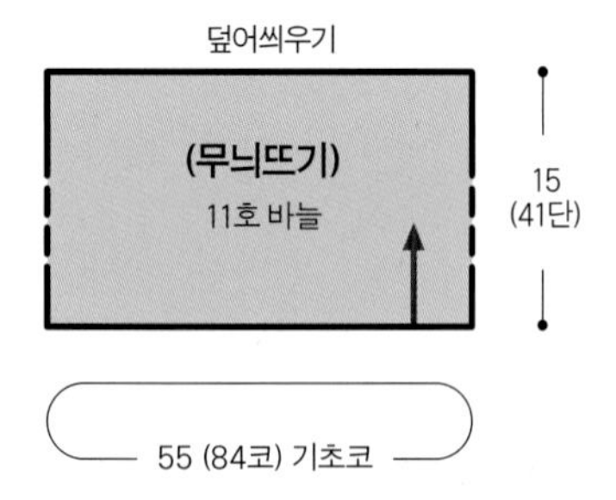

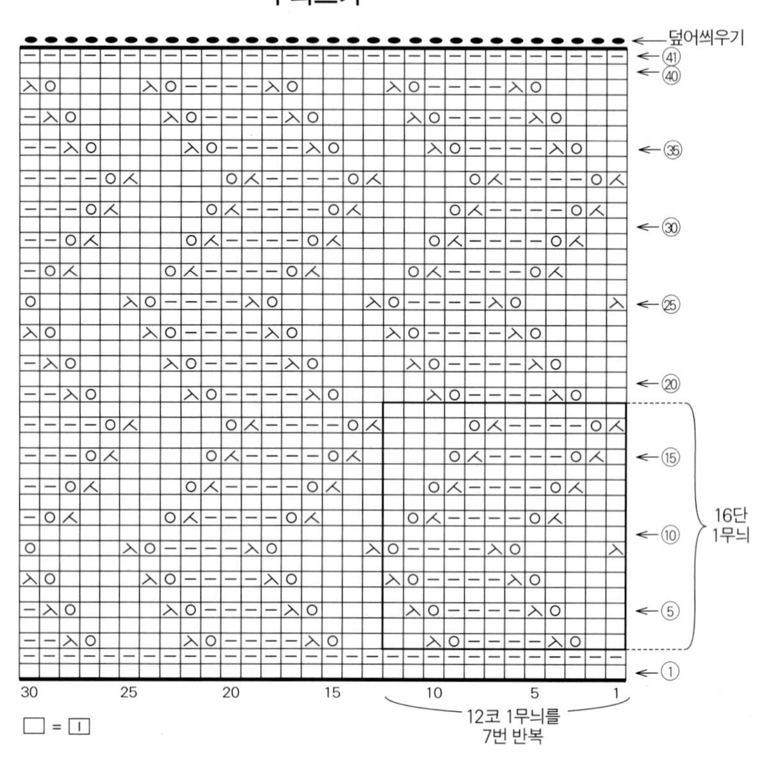

p13 ❊ 모헤어 삼각 숄

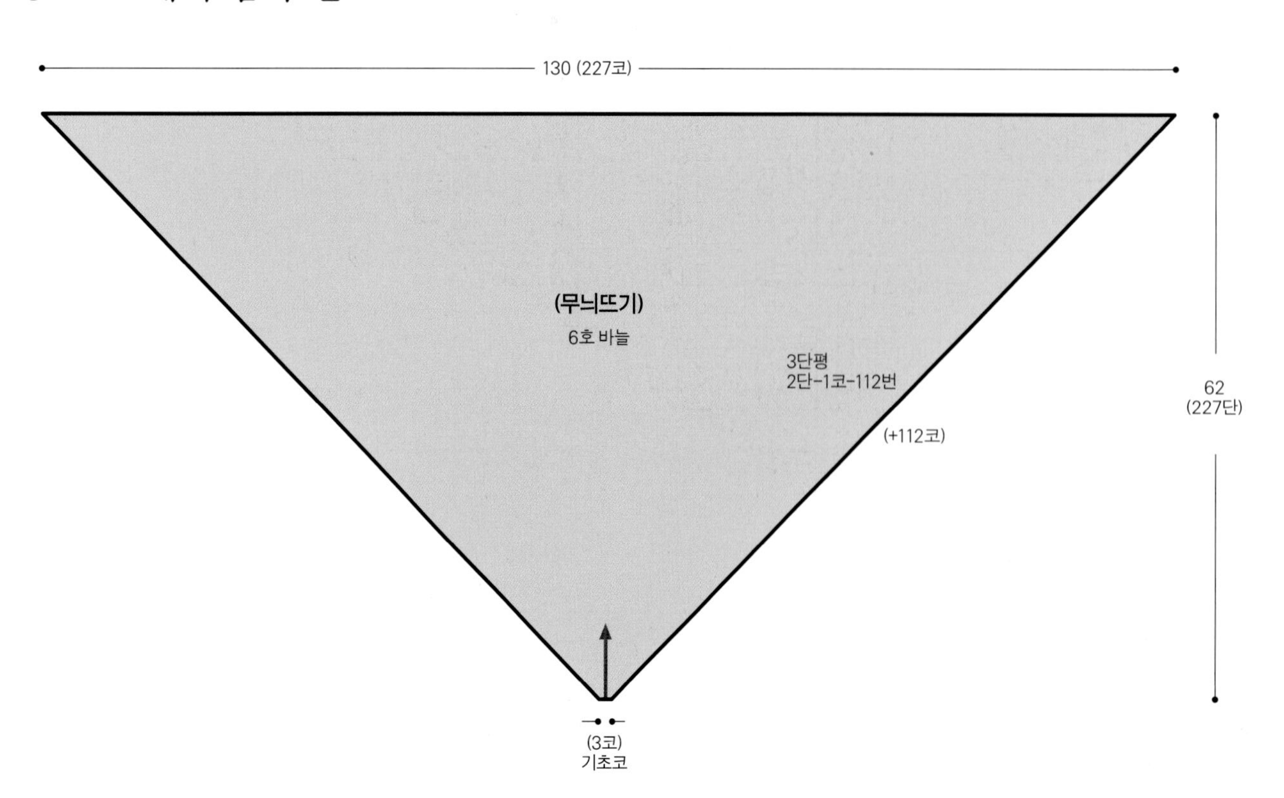

p13 ❊ 모헤어 삼각 숄

재료
하마나카 알파카 모헤어 파인 연보라 (23) 100g

도구
대바늘 6호

완성 치수
너비 130㎝ × 길이 62㎝

게이지
가로세로 10㎝ 무늬뜨기 17.5코 × 36.5단

POINT

- 51번 무늬(→P.34)를 사용한다.
- 손가락에 걸어 만드는 기초코로 코를 잡아서 무늬뜨기를 한다. 기호도를 참조하여 오른쪽 가장자리, 왼쪽 가장자리 모두 처음에 걸기코로 코 늘리기를 하면서 뜬다. 마지막에는 변칙이 되므로 주의한다. 끝낼 때는 안뜨기의 덮어씌우기로 코막음한다.

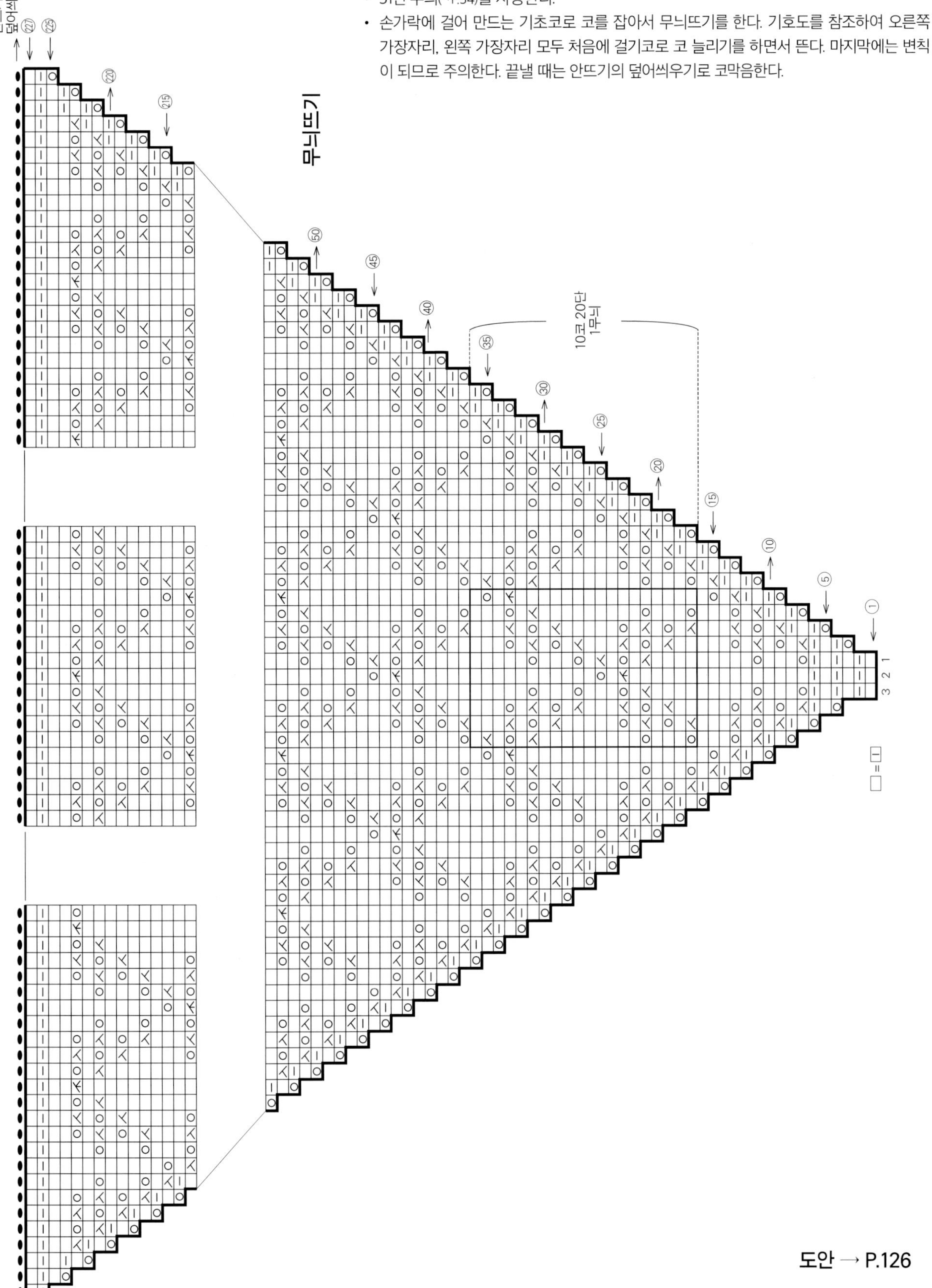

도안 → P.126

p10 ❊ 모자

재료
퍼피 브리티시 에로이카 연한 파랑 계열 믹스 (188) 75g

도구
대바늘 10호, 대바늘 8호

완성 치수
머리둘레 50㎝ × 깊이 25㎝

게이지
가로세로 10㎝ 무늬뜨기 17.5코 × 24단

point

- 174번 무늬(→P.79)를 사용한다.
- 손가락에 걸어 만드는 기초코로 코를 잡아서 원형뜨기로 1코 고무뜨기를 5단 한다. 바늘을 바꿔서 무늬뜨기한다. 모자 꼭대기의 분산 코 줄이기는 그림을 참조한다. 끝낼 때는 마지막 단의 코에 실을 2번 통과시켜서 조인다.

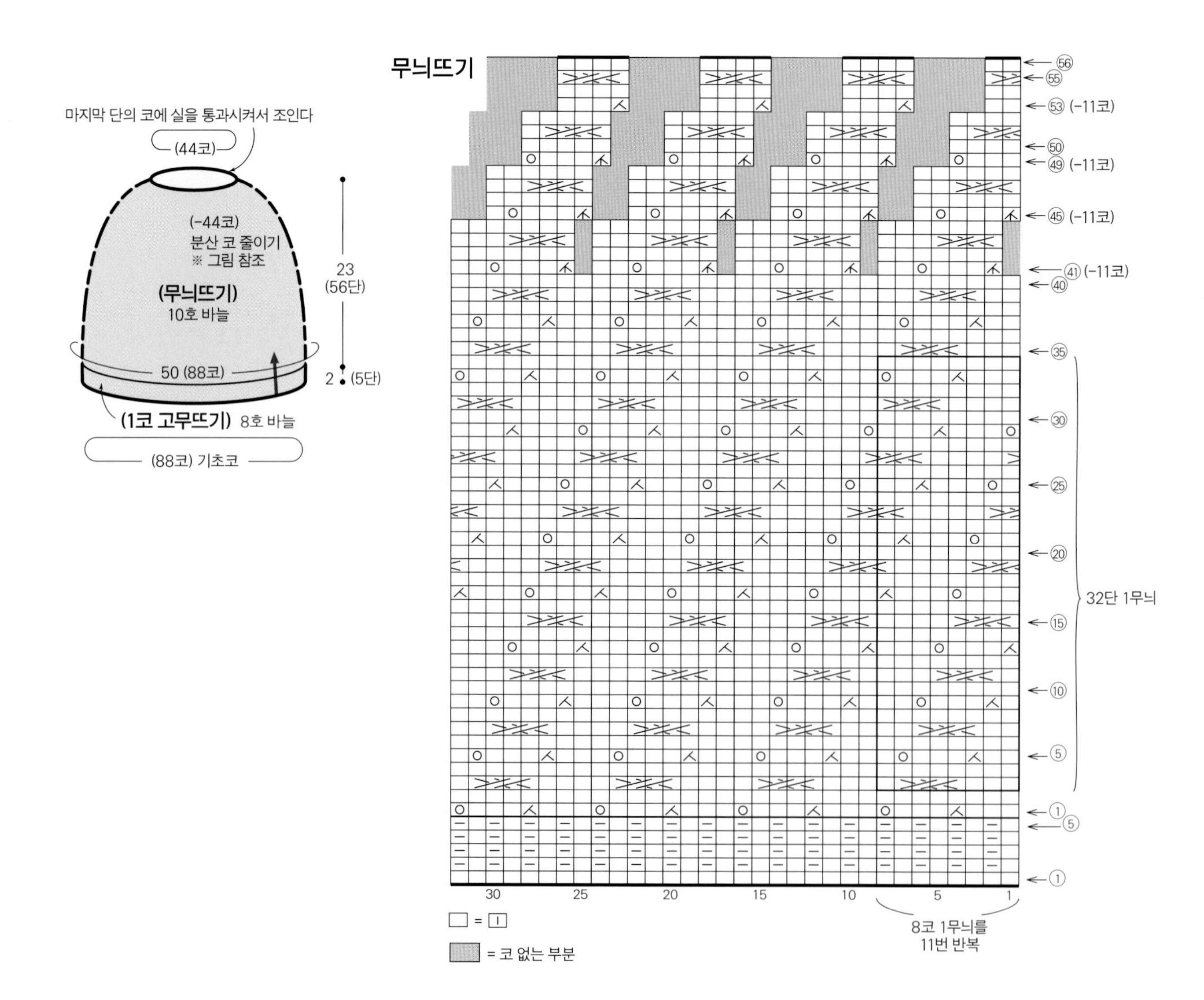

p11 ❊ 실크 코튼 암커버

재료
리치모어 실크 코튼 '파인' 검정 (12) 60g

도구
대바늘 5호

완성 치수
손바닥둘레 20㎝ × 길이 38㎝

게이지
가로세로 10㎝ 무늬뜨기 22.5코 × 34단

point

- 186번 무늬(→P.83)를 사용한다.
- 공사슬로 만드는 기초코로 코를 잡아서 원형뜨기로 무늬뜨기를 한다. 105단을 뜨고 나서 엄지손가락 구멍을 만든다. 정해진 위치의 코를 덮어씌우기하고, 다음 단에서 미리 떠둔 공사슬의 코를 주워 뜬다. 마무리 시 겉뜨기는 겉뜨기의 덮어씌우기로, 안뜨기는 안뜨기의 덮어씌우기로 코막음한다.

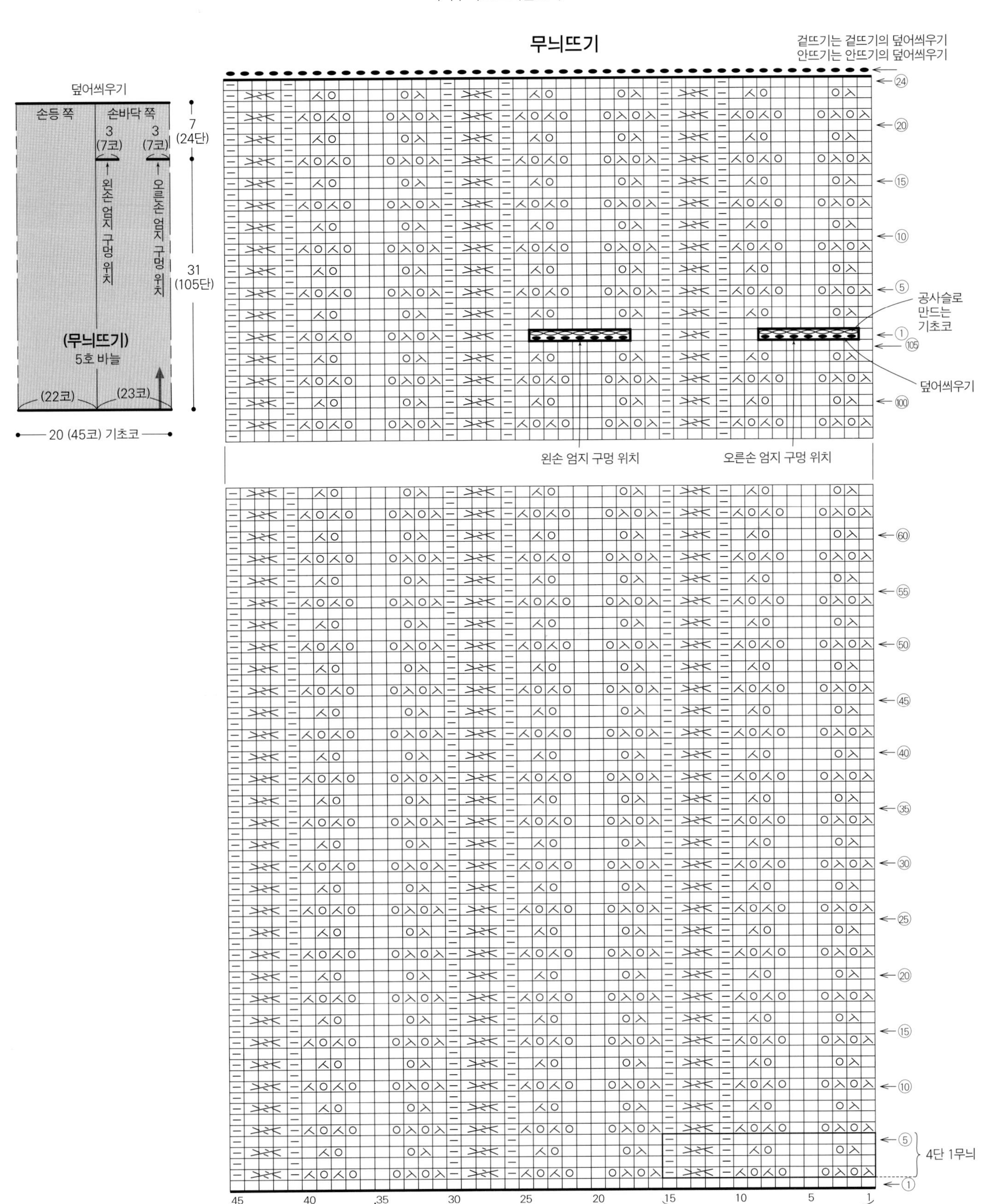

p12 ❊ 줄무늬 숄

재료
매들린토시 토시 메리노 라이트 녹청색 (246 Nassau Blue) 200g

도구
대바늘 4호

완성 치수
너비 40㎝ × 길이 142㎝

게이지
가로세로 10㎝ 무늬뜨기 25코 × 31.5단

POINT
- 182번 무늬(→P.82)를 사용한다.
- 공사슬로 만드는 기초코로 코를 잡아서 가터뜨기를 4단 한다. 이어서 양 가장자리에 가터뜨기를 배치하고 무늬뜨기를 한다. 무늬뜨기는 겉을 보고 뜨는 단과 안을 보고 뜨는 단을 똑같은 방법으로 뜬다. 끝낼 때는 가터뜨기를 5단 하고 안뜨기의 덮어씌우기로 코막음한다.

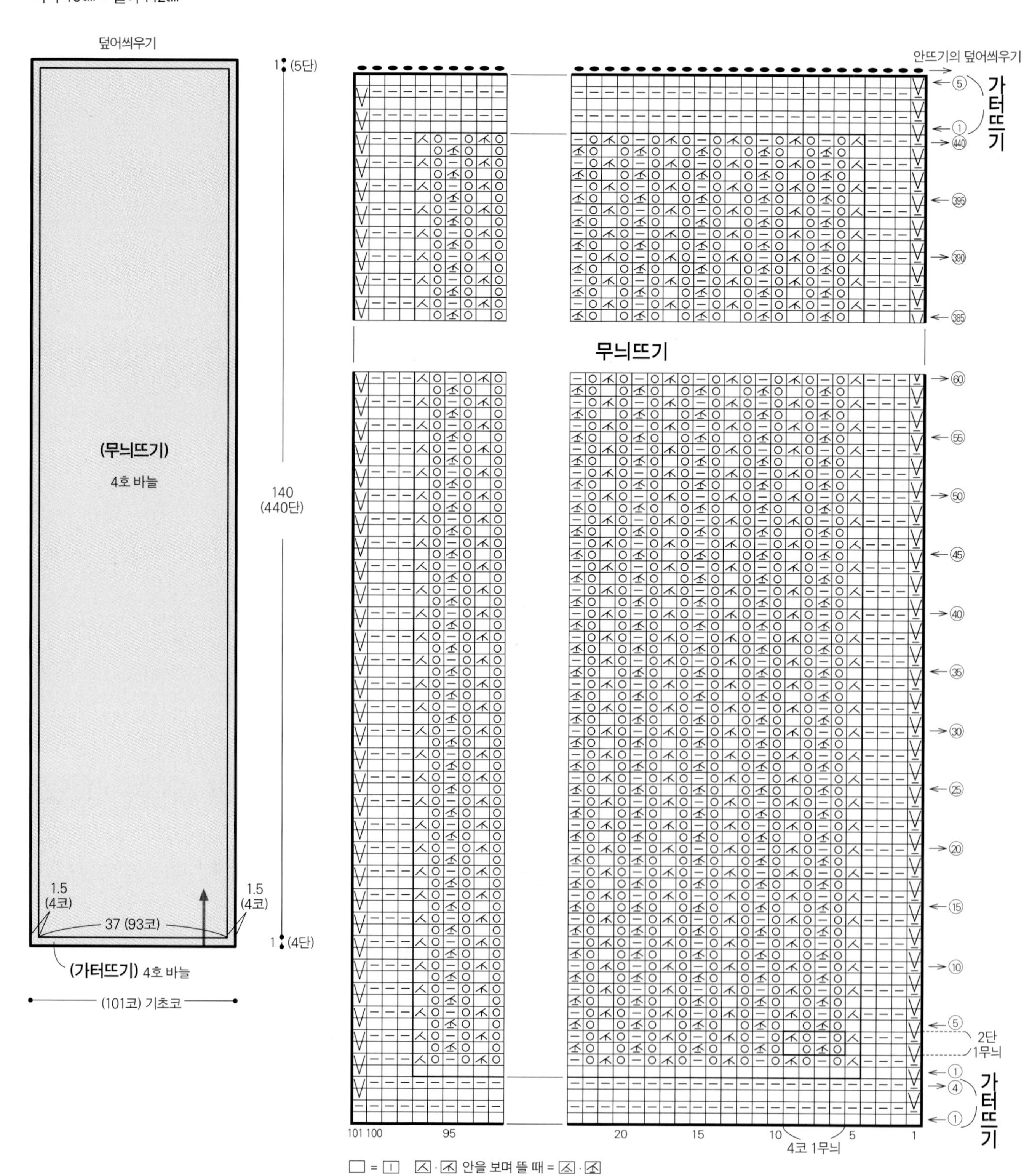

뜨개 기호와 뜨는 방법

이 책에서 사용한 무늬 뜨는 법을 설명합니다.
실제 무늬와 콧수나 단수가 다른 것도 있지만
응용할 수 있는 것으로 소개했습니다.

a 34번 무늬(→P.27) 극세 타입 스판덱스 혼방 모사 + 중세 타입 라메 섞인 모사 (2겹)
b 95번 무늬(→P.50) 합세 타입 라메 섞인 실크사
c 139번 무늬(→P.67) 합태 타입 모사
d 159번 무늬(→P.74) 병태 타입 면사
e 30번 무늬(→P.25) 병태 타입 리넨사
f 68번 무늬(→P.40) 극태 타입 모사
g 96번 무늬(→P.51) 합태 타입 모사
h 193번 무늬(→P.87) 합태 타입 모사 + 극세 타입 모헤어 (2겹)
i 260번 무늬(→P.109) 극세 타입 모헤어 (2겹)

겉뜨기

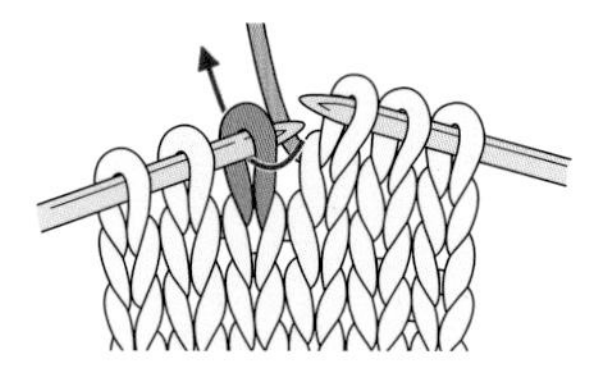

1 실을 뒤쪽에 두고, 오른쪽 바늘을 앞쪽에서 넣는다.

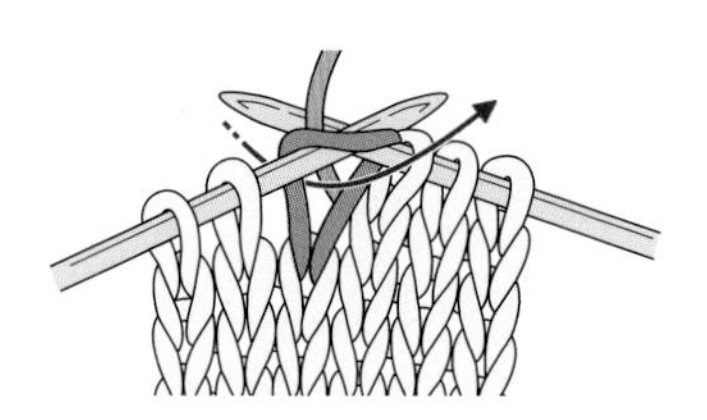

2 실을 걸고 화살표처럼 앞으로 끌어낸다.

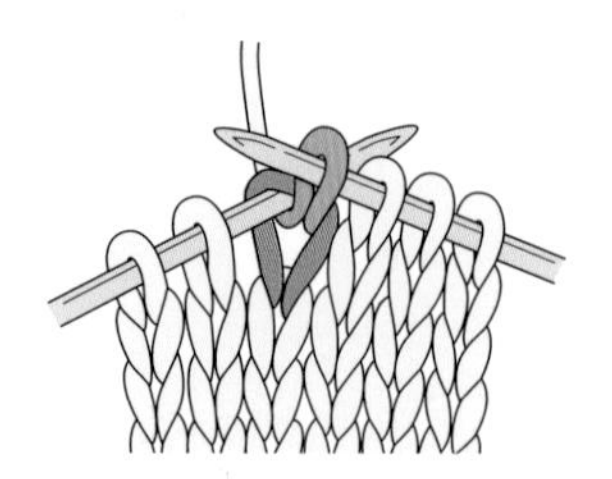

3 왼쪽 바늘에서 코를 뺀다.

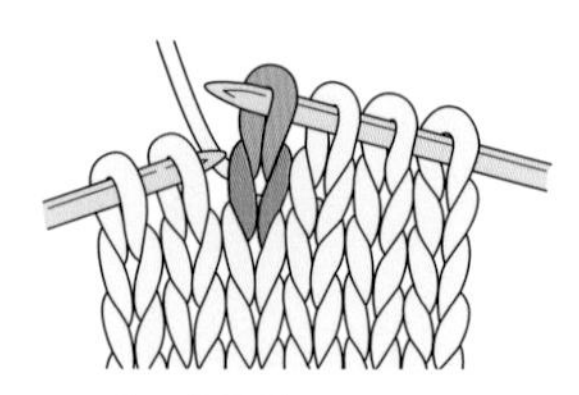

4 겉뜨기 완성.

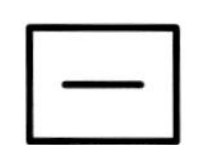

안뜨기

1 실을 앞쪽에 두고, 화살표처럼 오른쪽 바늘을 뒤쪽에서 넣는다.

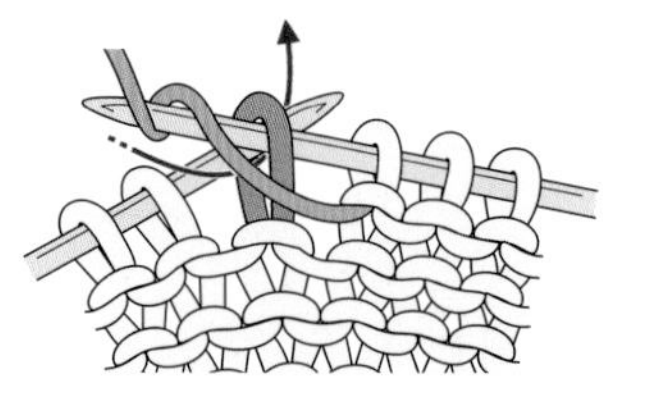

2 실을 앞쪽에서 뒤쪽으로 걸고 화살표처럼 끌어낸다.

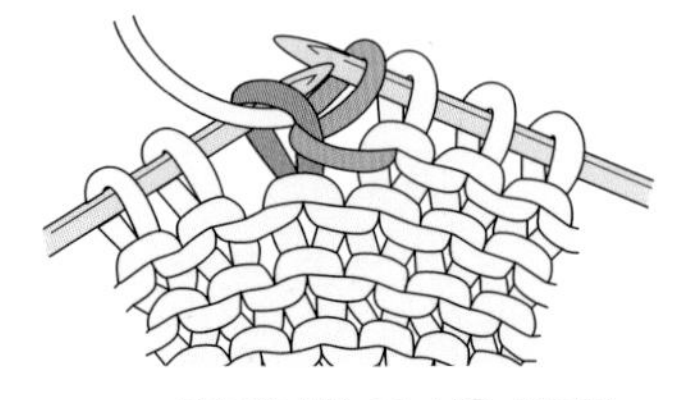

3 오른쪽 바늘로 실을 끌어낸 뒤에 왼쪽 바늘에서 코를 뺀다.

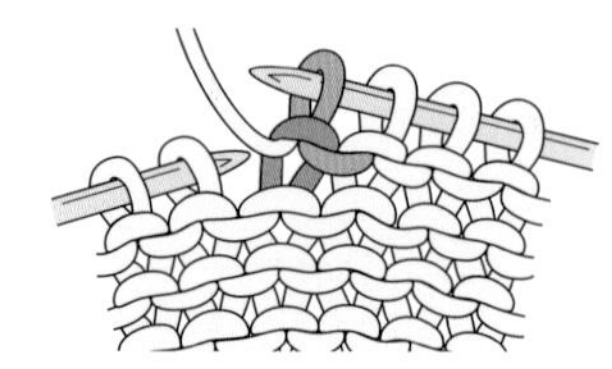

4 안뜨기 완성.

걸기코

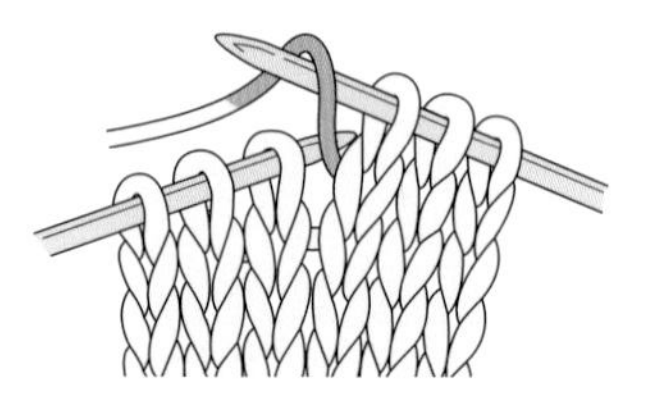

1 오른쪽 바늘에 실을 앞쪽에서 뒤쪽으로 건다. 이것이 걸기코이다.

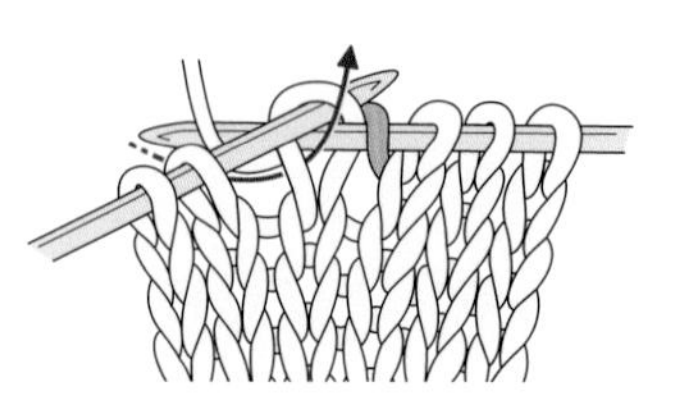

2 다음 코를 뜬다.

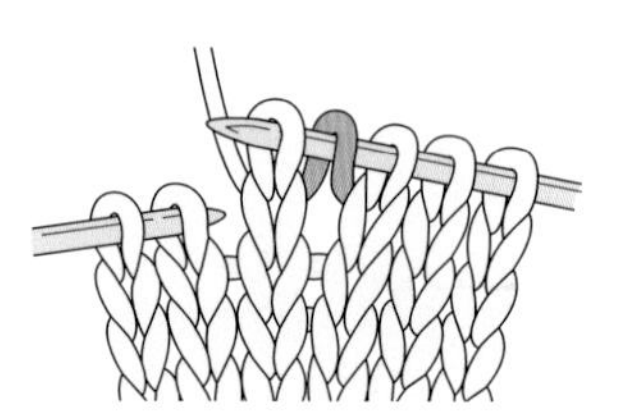

3 코와 코 사이에 걸기코가 1코 생긴다.

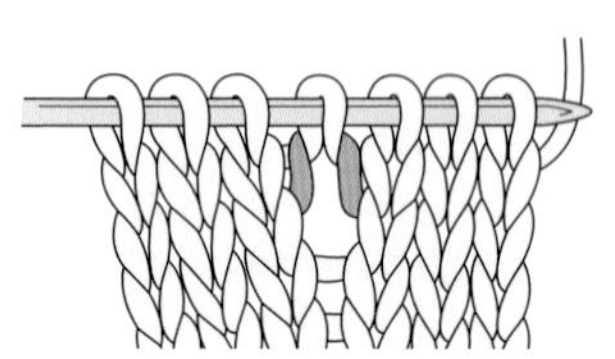

4 다음 단을 뜨고 겉에서 본 모습.

돌려뜨기

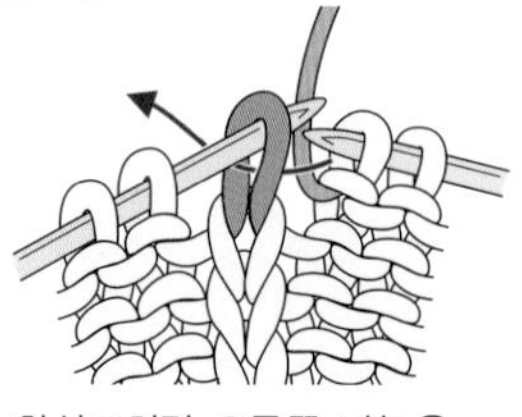

1 화살표처럼 오른쪽 바늘을 뒤쪽에서 넣고 겉뜨기를 한다.

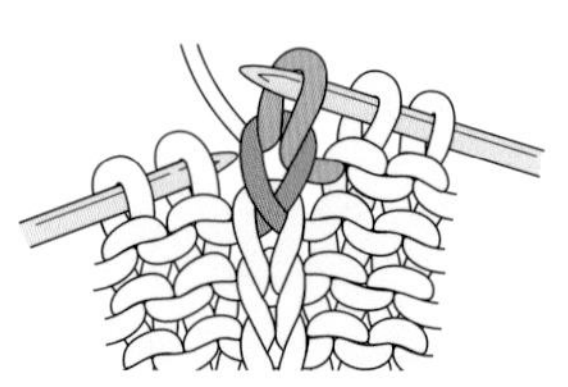

2 돌려뜨기 완성. 아래 코가 돌아가 있다.

돌려 안뜨기

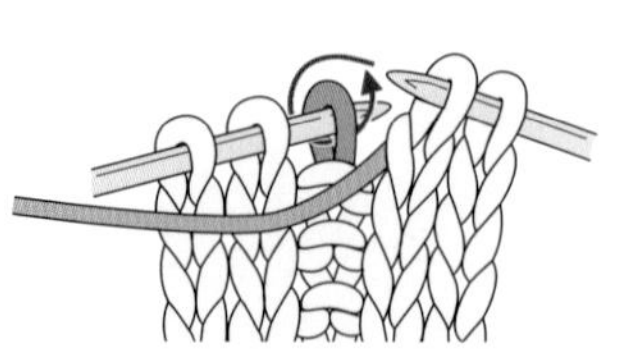

1 실을 앞쪽에 두고, 화살표처럼 바늘을 뒤쪽에서 넣고 안뜨기를 한다.

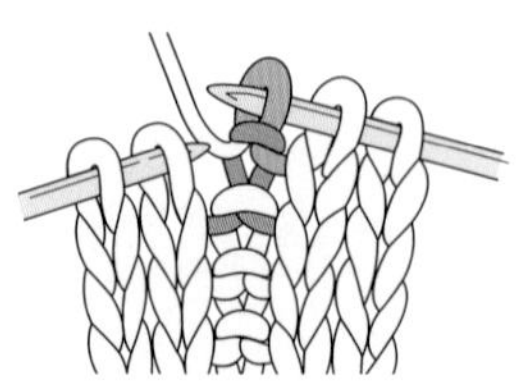

2 돌려 안뜨기 완성. 아래 코가 돌아가 있다.

돌려뜨기로 코 늘리기

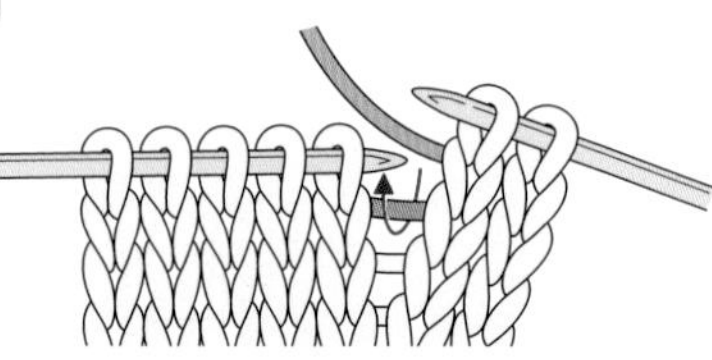

1 코와 코 사이의 걸치는 실에 오른쪽 바늘을 화살표처럼 넣는다.

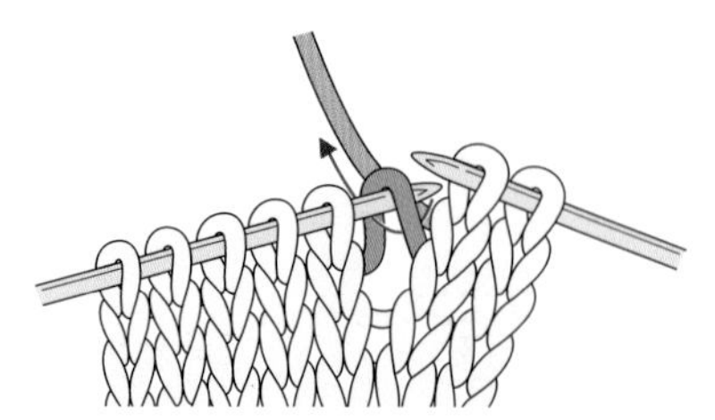

2 *1*의 코를 끌어올려서 왼쪽 바늘로 옮기고, 화살표처럼 오른쪽 바늘을 넣어서 겉뜨기한다.

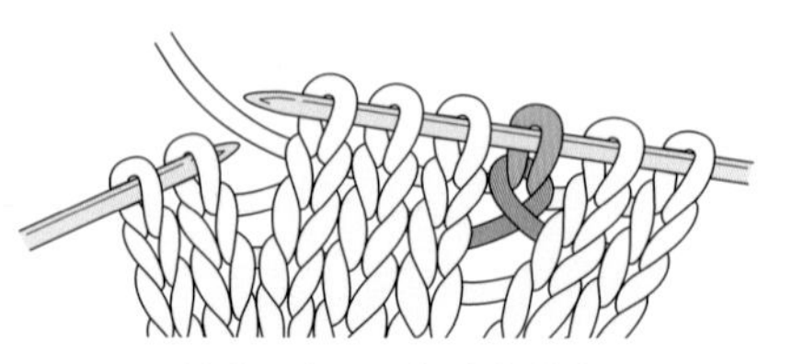

3 돌려뜨기로 코 늘리기 완성. 코와 코 사이의 걸치는 실이 돌아가 있다.

오른코 겹쳐 2코 모아뜨기

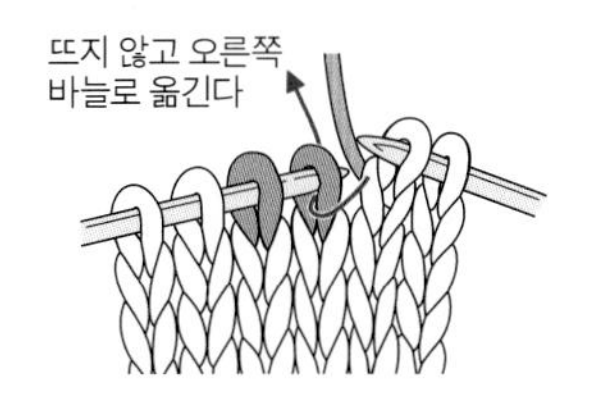

1 화살표처럼 앞쪽에서 오른쪽 바늘을 넣어서 뜨지 않고 코를 옮긴다.

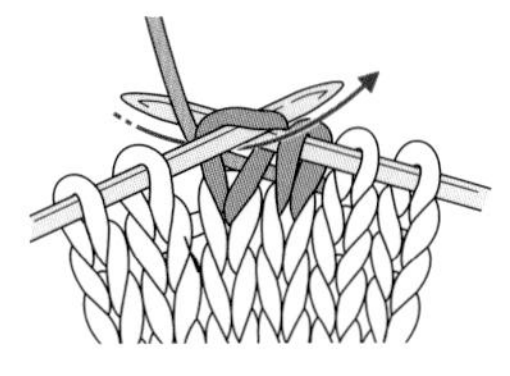

2 다음 코를 겉뜨기한다.

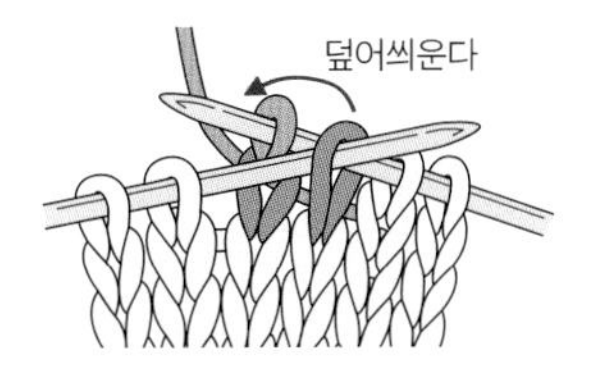

3 옮긴 코에 왼쪽 바늘을 넣어서 방금 뜬 코에 덮어씌운다.

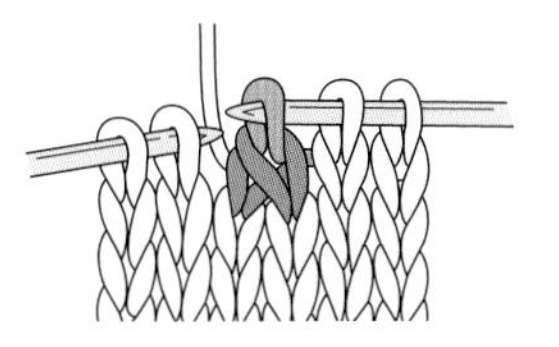

4 오른코 겹쳐 2코 모아뜨기 완성.

오른코 겹쳐 2코 모아뜨기 (코의 방향을 바꿔서 뜨는 방법)

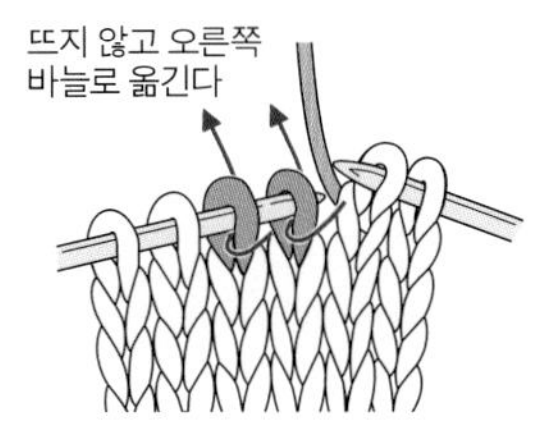

1 2코에 앞쪽에서 오른쪽 바늘을 넣어서 뜨지 않고 코를 옮긴다.

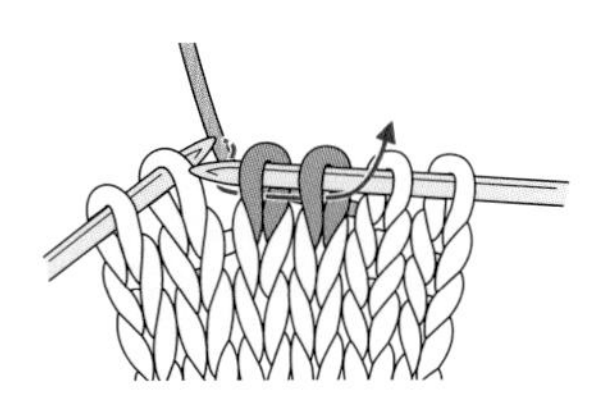

2 옮긴 2코에 화살표처럼 왼쪽 바늘을 넣는다.

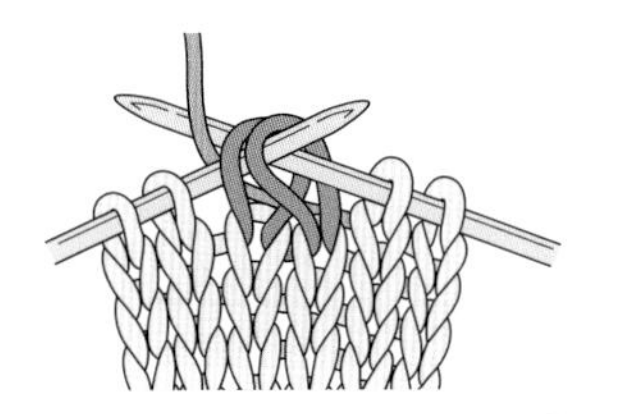

3 그대로 오른쪽 바늘에 실을 걸어서 끌어낸다.

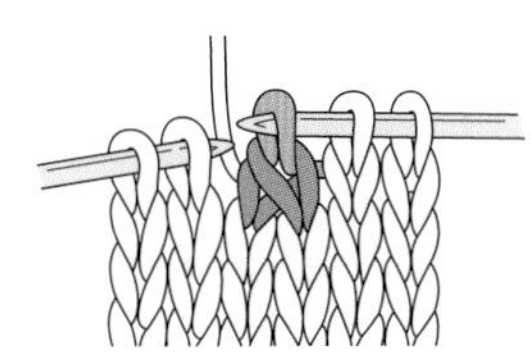

4 오른코 겹쳐 2코 모아뜨기 완성.

왼코 겹쳐 2코 모아뜨기

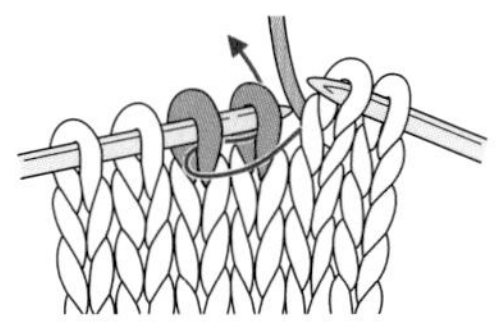

1 2코의 왼쪽에서 화살표처럼 오른쪽 바늘을 넣는다.

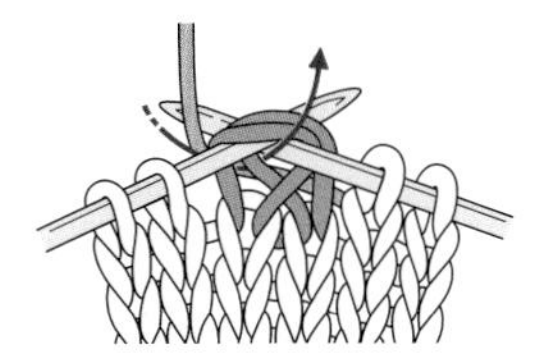

2 바늘에 실을 걸고 끌어내서 겉뜨기한다.

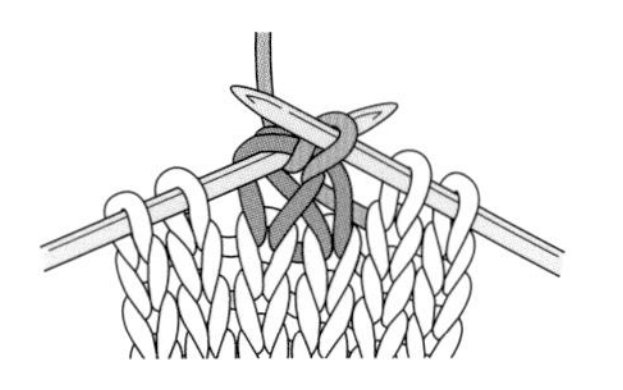

3 오른쪽 바늘로 실을 끌어낸 뒤에 왼쪽 바늘에서 코를 뺀다.

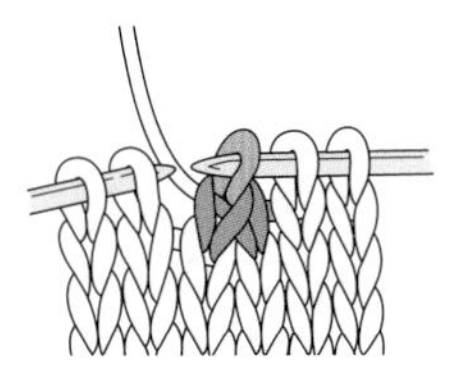

4 왼코 겹쳐 2코 모아뜨기를 완성한 모습.

오른코 겹쳐 2코 모아 안뜨기

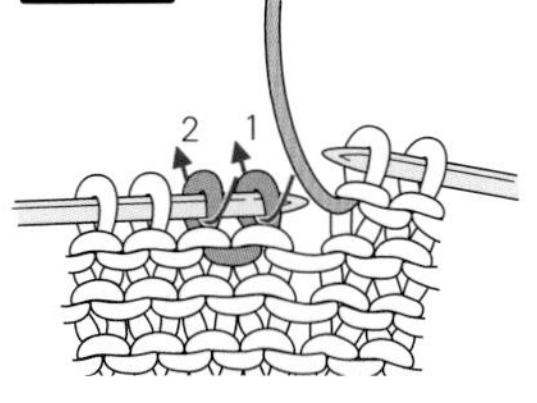

1 화살표처럼 오른쪽 바늘을 넣어서 코를 옮긴다.

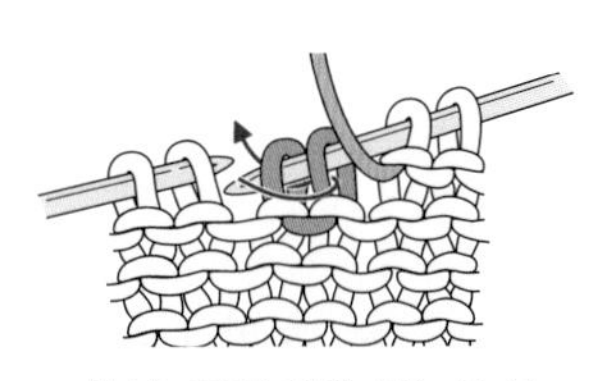

2 화살표처럼 왼쪽 바늘을 넣어서 코를 원래대로 옮긴다.

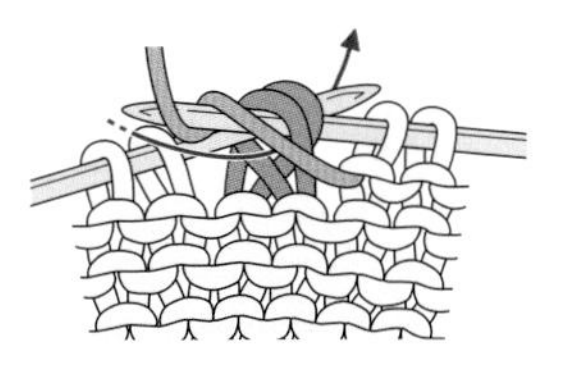

3 2코에 오른쪽 바늘을 넣어서 실을 걸고 안뜨기한다.

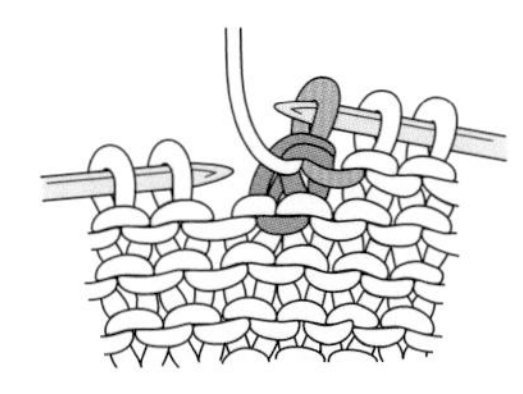

4 오른코 겹쳐 2코 모아 안뜨기 완성.

왼코 겹쳐 2코 모아 안뜨기

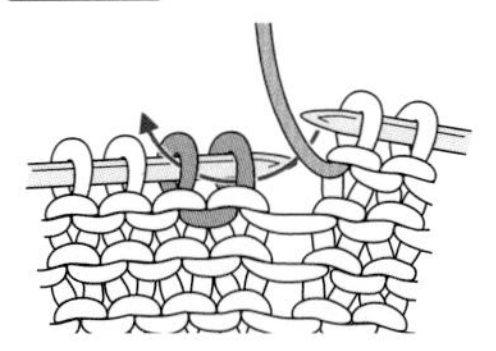

1 2코에 화살표처럼 오른쪽 바늘을 넣는다.

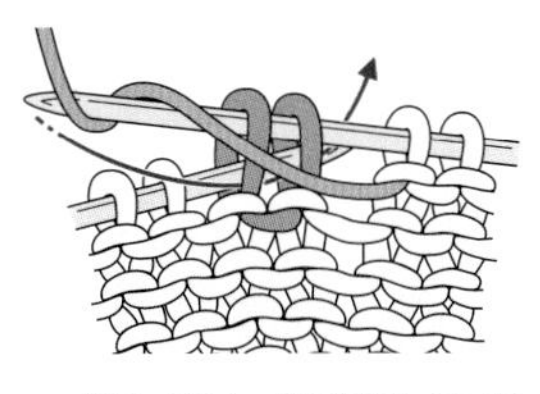

2 실을 걸고 끌어내어 2코를 안뜨기한다.

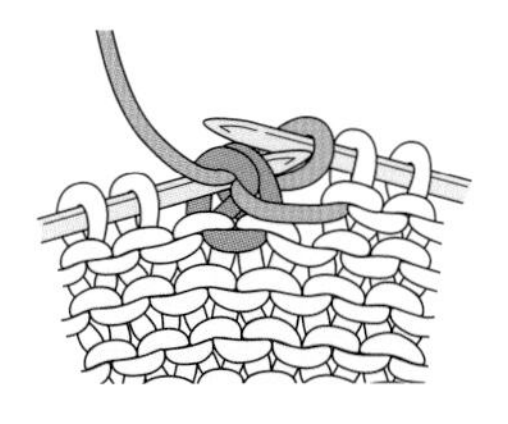

3 실을 끌어낸 뒤 왼쪽 바늘에서 코를 뺀다.

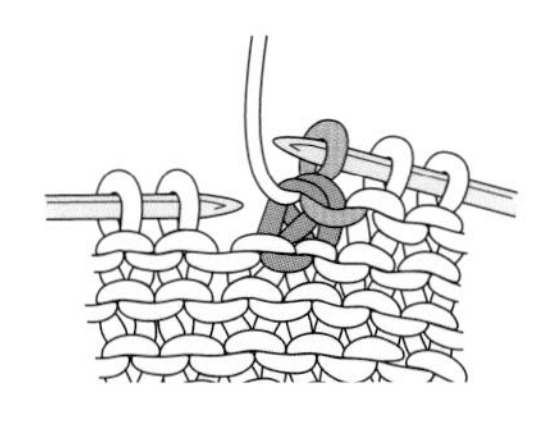

4 왼코 겹쳐 2코 모아 안뜨기 완성.

중심 3코 모아뜨기

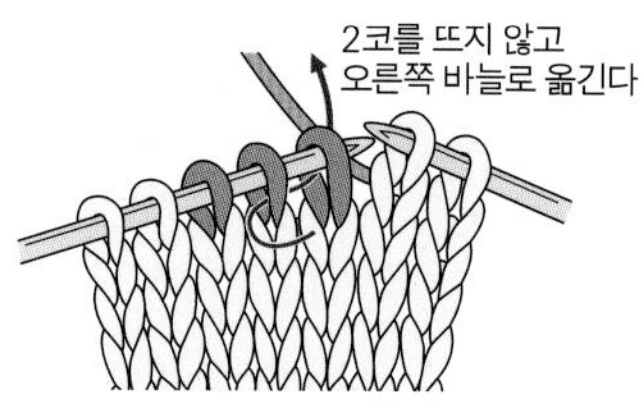

1 화살표처럼 오른쪽 바늘을 2코에 넣어서 뜨지 않고 옮긴다.

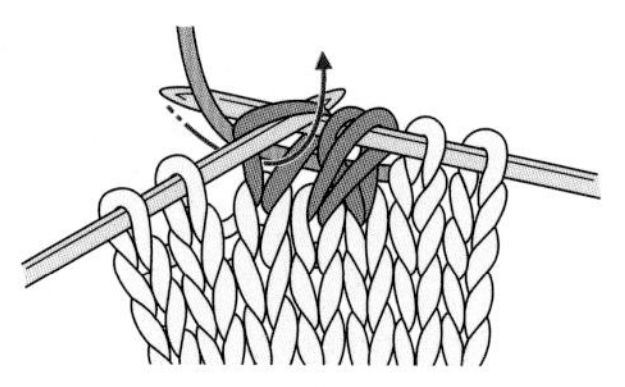

2 셋째 코에 바늘을 넣어서 실을 끌어내 겉뜨기한다.

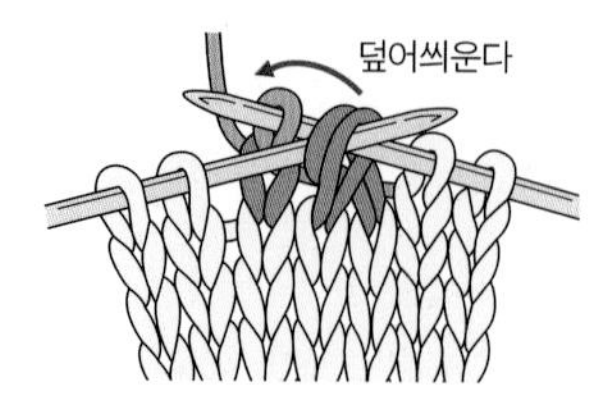

3 1에서 옮긴 2코를 셋째 코에 덮어씌운다.

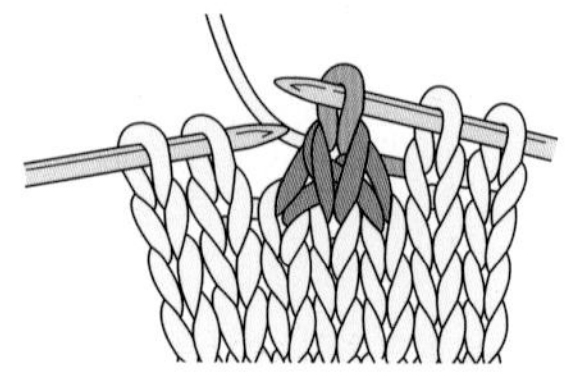

4 중심 3코 모아뜨기 완성.

→ 중심 3코 모아뜨기 (안을 보고 뜰 때)

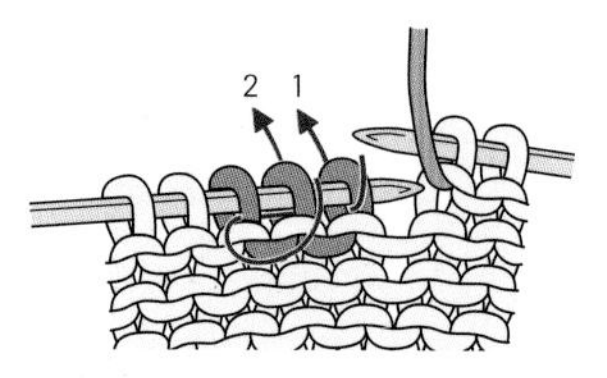

1 1·2순으로 화살표처럼 오른쪽 바늘을 넣어서 뜨지 않고 코를 옮긴다.

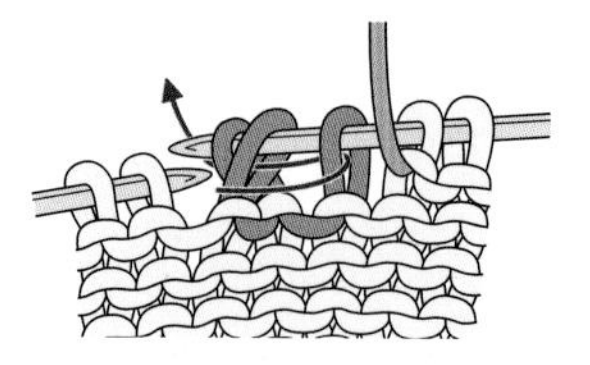

2 화살표처럼 왼쪽 바늘을 넣어서 3코를 원래대로 되돌린다.

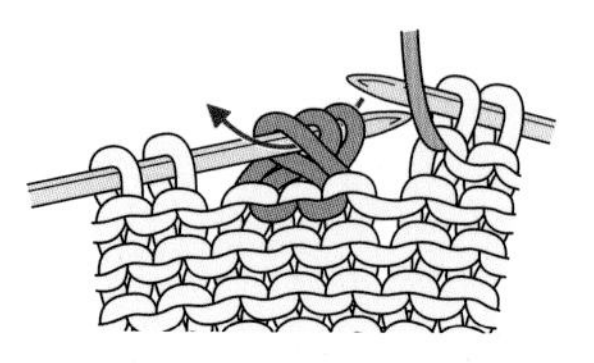

3 화살표처럼 오른쪽 바늘을 3코에 넣어서 안뜨기한다.

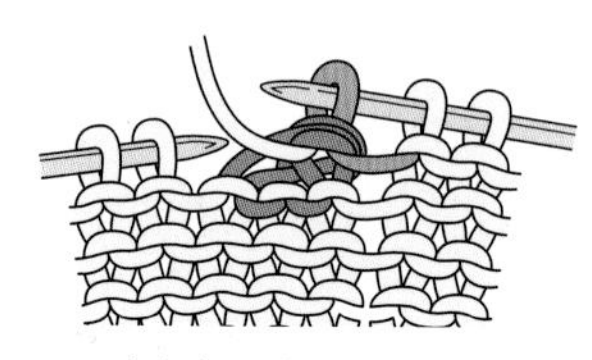

4 겉에서 보면 중심 3코 모아뜨기가 된다.

중심 3코 모아 안뜨기

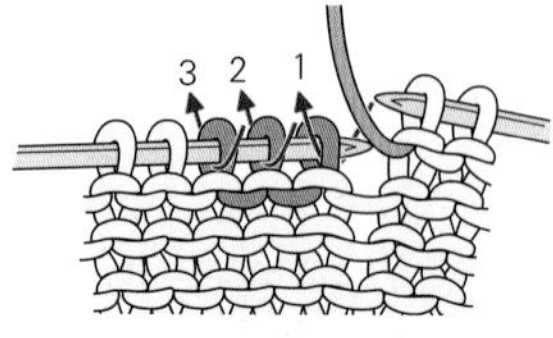

1 1·2·3순으로 화살표처럼 오른쪽 바늘을 넣어서 뜨지 않고 코를 옮긴다. 1의 화살표 방향에 주의.

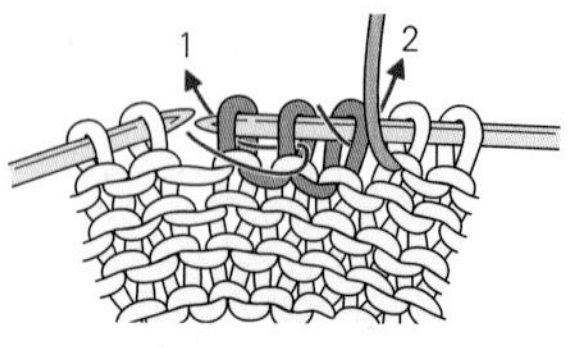

2 1·2순으로 왼쪽 바늘을 넣어서 3코를 원래대로 되돌린다.

3 화살표처럼 오른쪽 바늘을 3코에 넣어서 안뜨기한다.

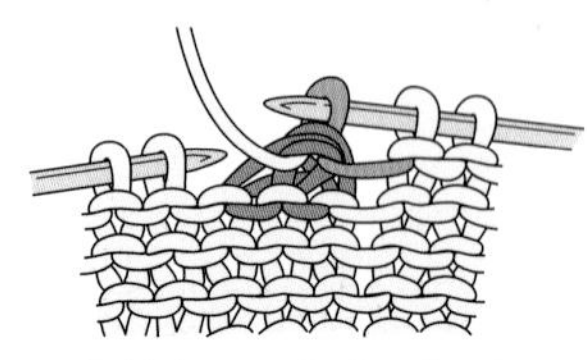

4 중심 3코 모아 안뜨기를 완성한 모습.

오른코 겹쳐 3코 모아뜨기

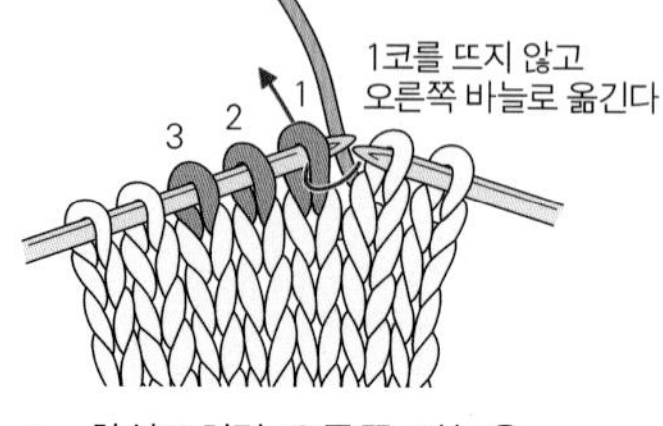

1 화살표처럼 오른쪽 바늘을 첫 코에 넣어서 뜨지 않고 옮긴다.

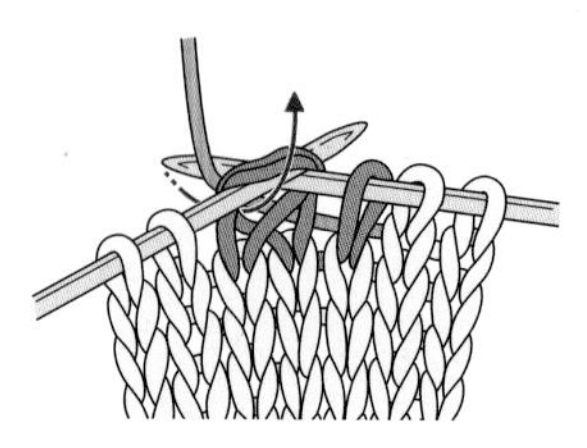

2 2코에 오른쪽 바늘을 넣어서 실을 끌어내 겉뜨기한다.

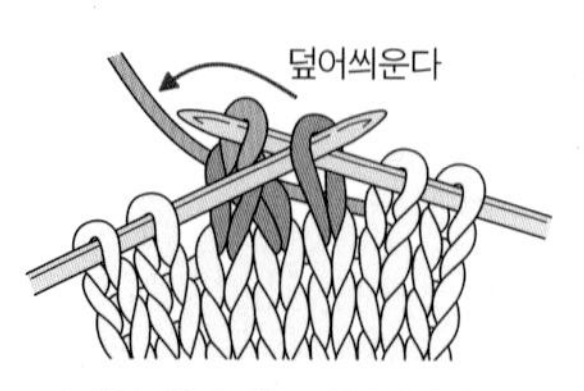

3 1에서 옮긴 첫 코를 방금 뜬 코에 덮어씌운다.

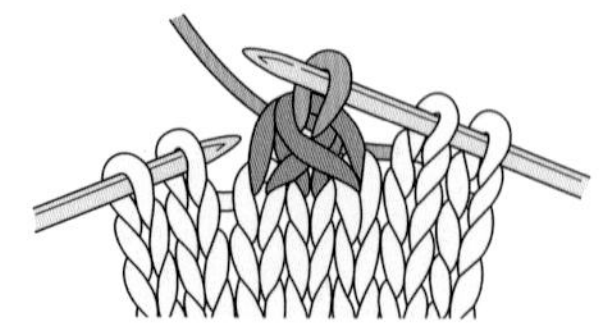

4 오른코 겹쳐 3코 모아뜨기 완성. 앞에서부터 1·3·2순으로 코가 겹쳐져 있다.

오른코 겹쳐 3코 모아뜨기 (코의 방향을 바꿔서 뜨는 방법)

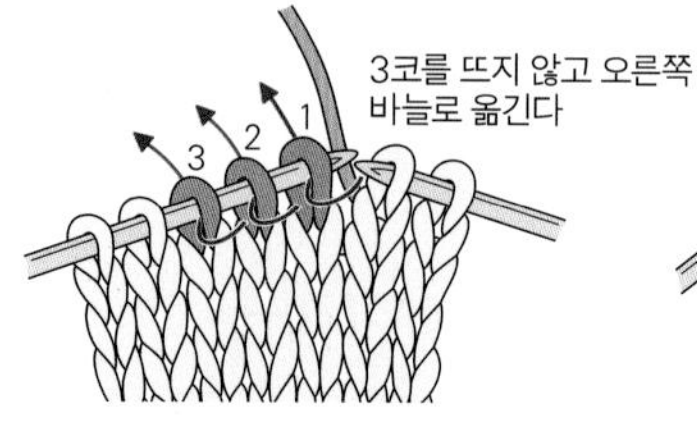

1 3코에 바늘을 앞쪽에서 넣어 뜨지 않고 옮긴다.

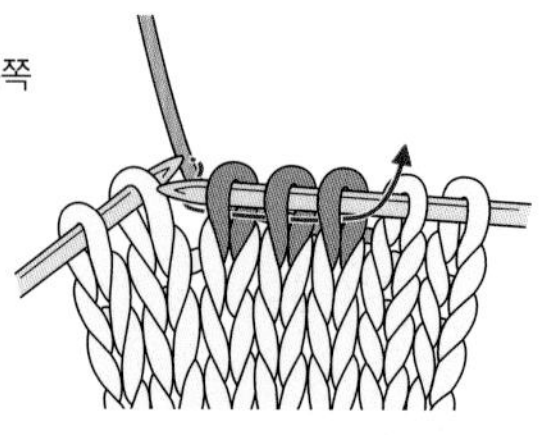

2 옮긴 3코에 화살표처럼 왼쪽 바늘을 넣는다.

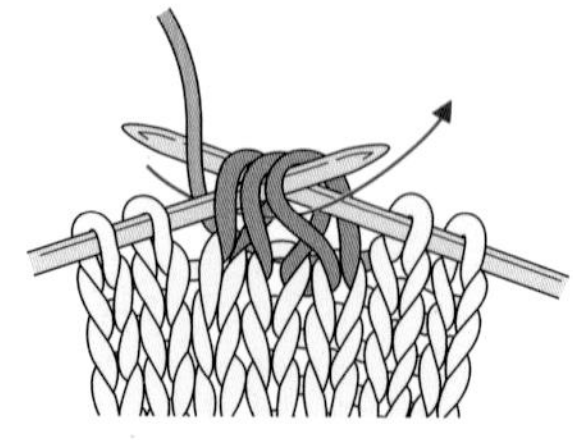

3 그대로 오른쪽 바늘에 실을 걸어서 끌어내 겉뜨기한다.

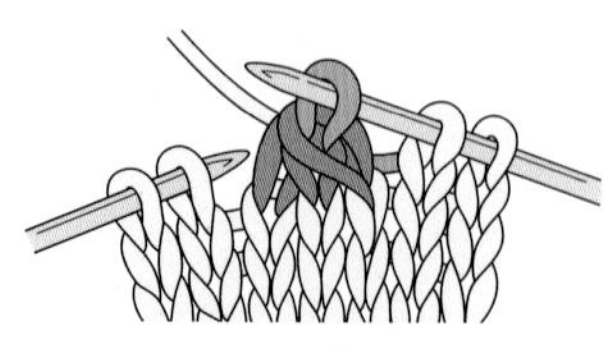

4 오른코 겹쳐 3코 모아뜨기 완성. 앞에서부터 1·2·3순으로 코가 겹쳐져 있다.

왼코 겹쳐 3코 모아뜨기

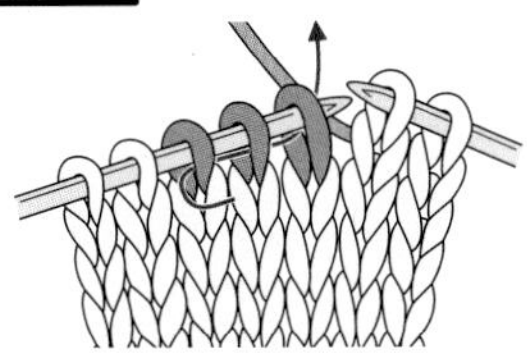

1 화살표처럼 오른쪽 바늘을 3코에 넣는다.

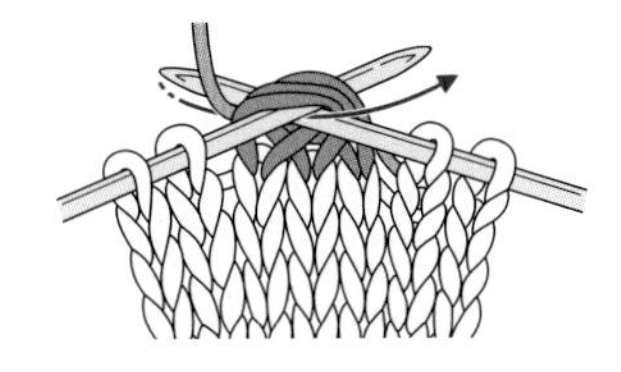

2 오른쪽 바늘에 실을 걸어서 끌어내 겉뜨기한다.

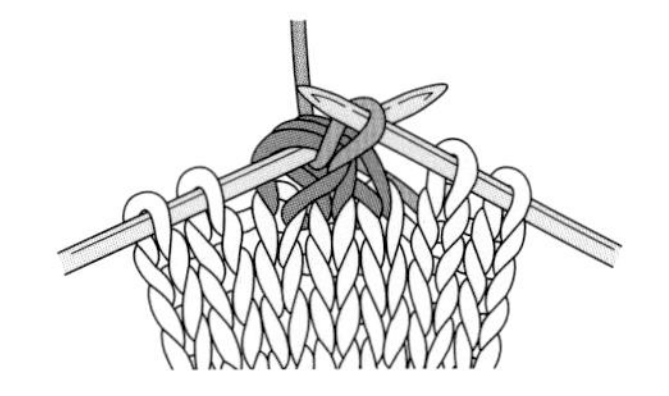

3 실을 끌어낸 뒤 왼쪽 바늘에서 코를 뺀다.

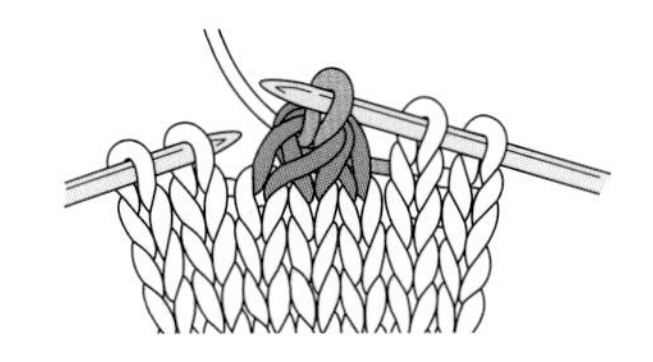

4 왼코 겹쳐 3코 모아뜨기를 완성한 모습.

오른코 겹쳐 3코 모아 안뜨기

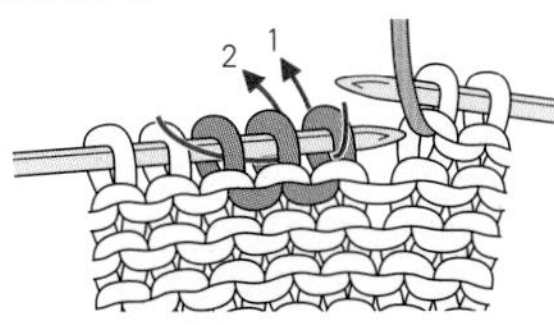

1 1·2순으로 오른쪽 바늘을 넣어서 뜨지 않고 3코를 옮긴다.

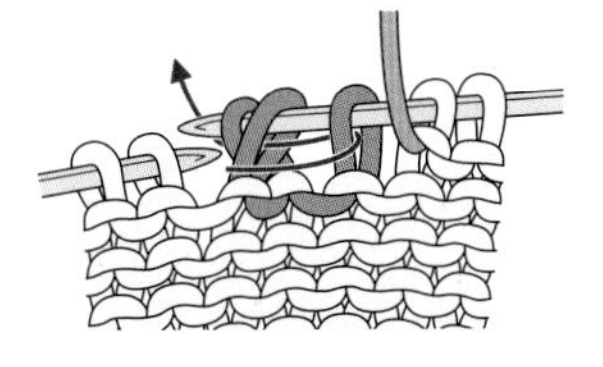

2 옮긴 3코에 화살표처럼 왼쪽 바늘을 넣는다.

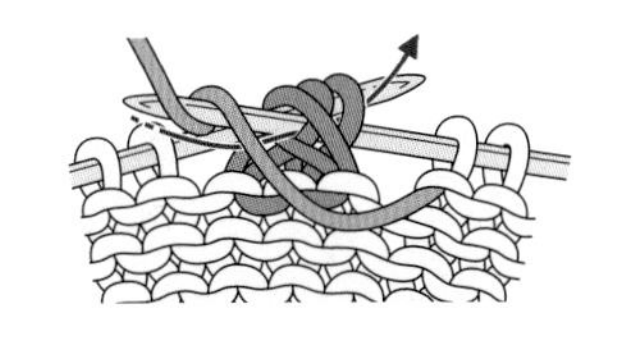

3 그대로 오른쪽 바늘에 실을 걸어서 끌어내 안뜨기한다.

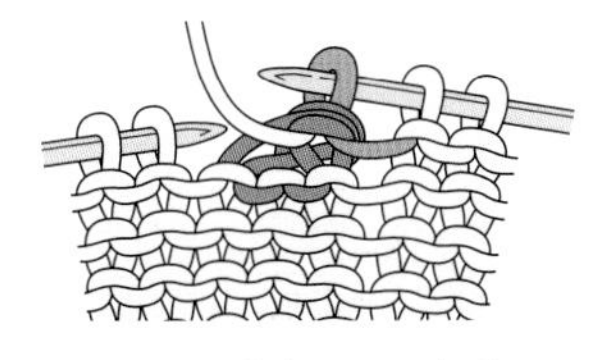

4 오른코 겹쳐 3코 모아 안뜨기 완성.

왼코 겹쳐 3코 모아 안뜨기

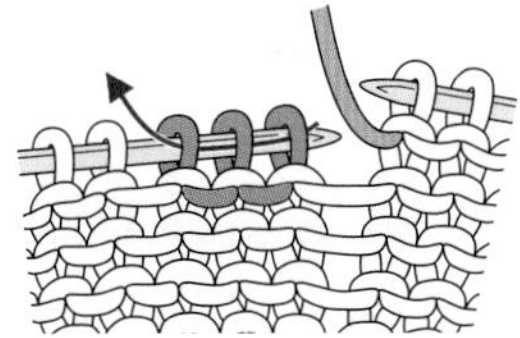

1 실을 앞에 두고, 화살표처럼 오른쪽 바늘을 3코에 넣는다.

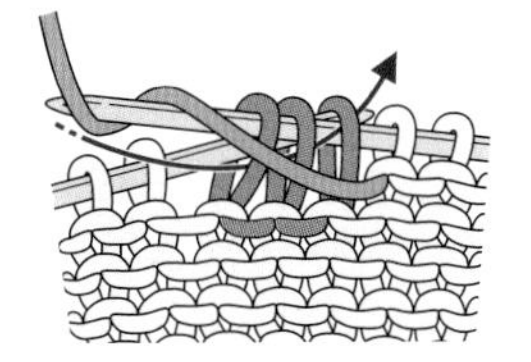

2 그대로 오른쪽 바늘에 실을 걸어서 끌어내 안뜨기한다.

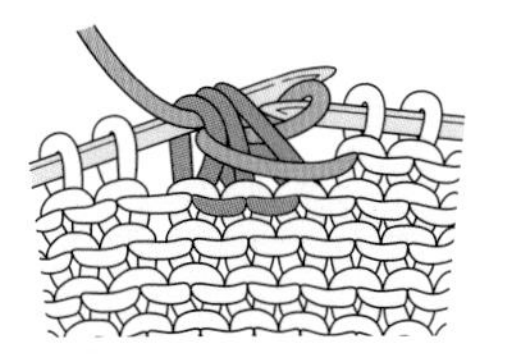

3 실을 끌어낸 뒤 왼쪽 바늘에서 코를 뺀다.

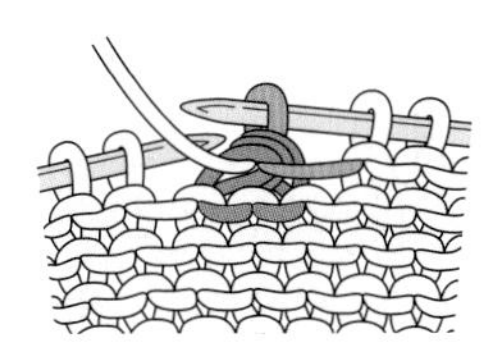

4 왼코 겹쳐 3코 모아 안뜨기 완성.

오른코 겹쳐 4코 모아뜨기

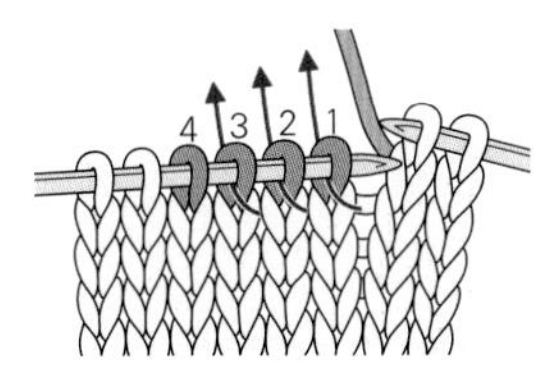

1 1·2·3순으로 1코씩 오른쪽 바늘을 넣어서 뜨지 않고 3코를 옮긴다.

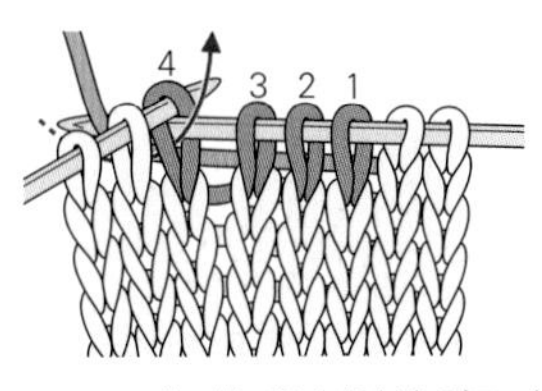

2 코4에 바늘을 넣어서 겉뜨기 한다.

3 오른쪽 바늘에 옮긴 3코를 왼쪽 바늘로 1코씩 덮어씌운다.

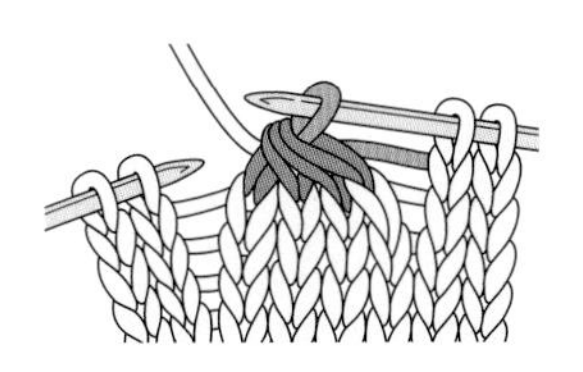

4 오른코 겹쳐 4코 모아뜨기를 완성한 모습.

왼코 겹쳐 4코 모아뜨기

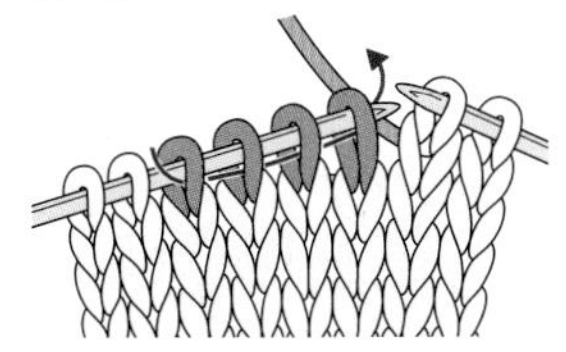

1 화살표처럼 오른쪽 바늘을 4코에 넣는다.

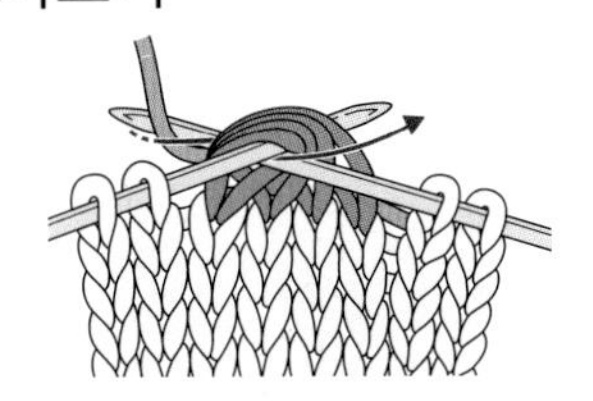

2 오른쪽 바늘에 실을 걸고 끌어내서 겉뜨기한다.

3 실을 끌어낸 뒤 왼쪽 바늘에서 코를 뺀다.

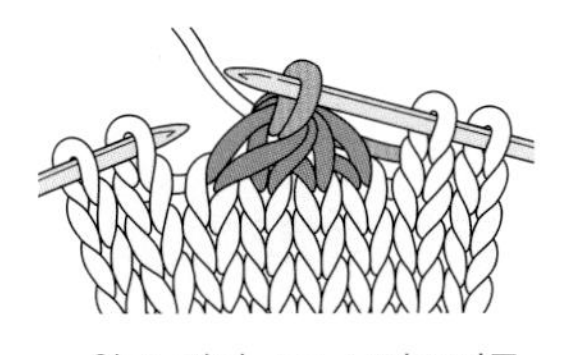

4 왼코 겹쳐 4코 모아뜨기를 완성한 모습.

중심 5코 모아뜨기

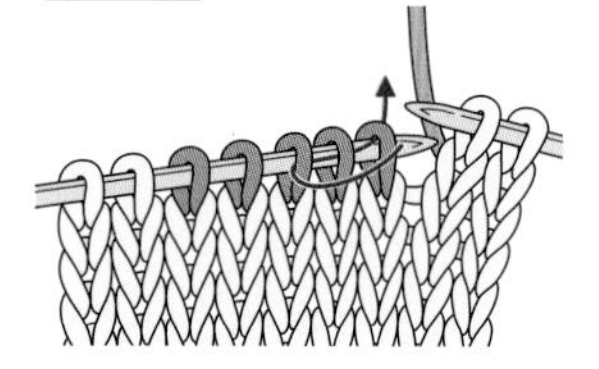

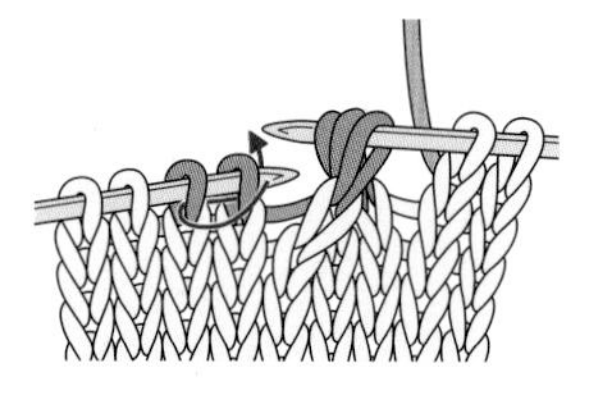

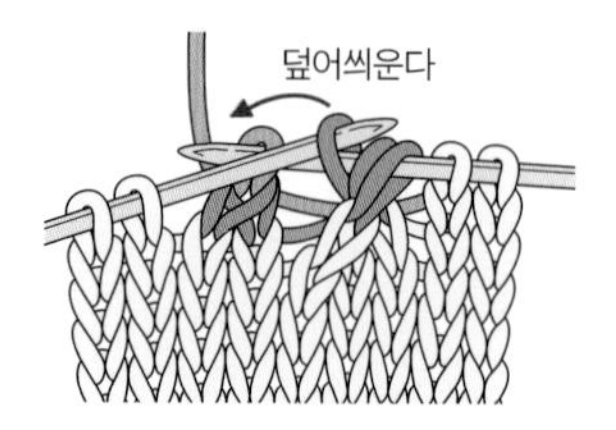

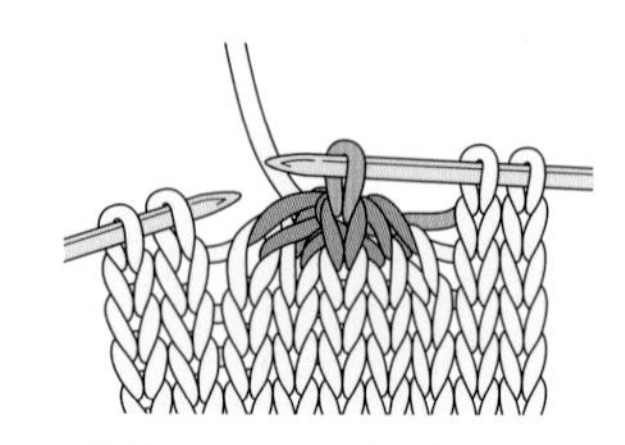

1 화살표처럼 오른쪽 바늘을 3코에 넣어서 뜨지 않고 코를 옮긴다.

2 화살표처럼 오른쪽 바늘을 2코에 넣어서 겉뜨기한다.

3 오른쪽 바늘로 옮긴 3코를 왼쪽 바늘로 2코에 1코씩 덮어씌운다.

4 중심 5코 모아뜨기 완성.

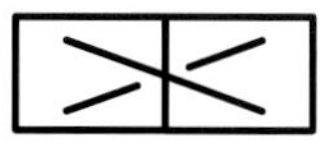

오른코 교차뜨기

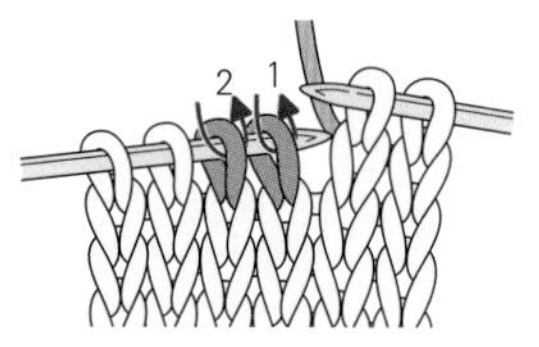

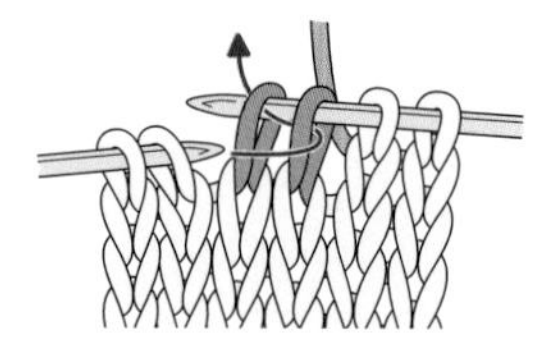

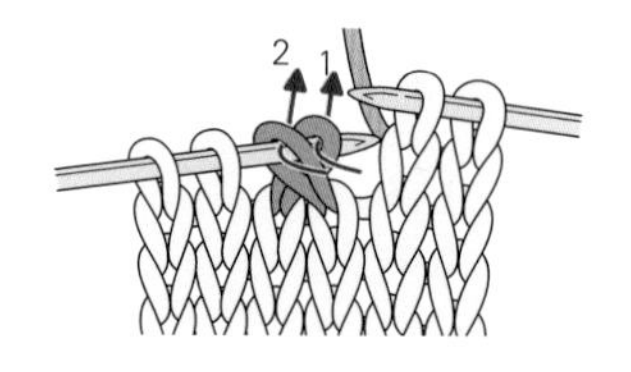

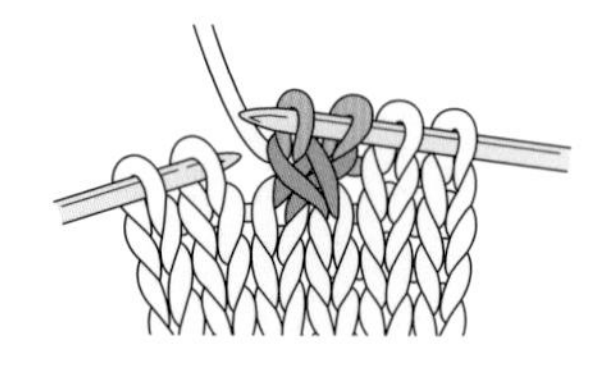

1 1·2순으로 1코씩 오른쪽 바늘을 넣어서 뜨지 않고 2코를 옮긴다.

2 옮긴 2코에 화살표처럼 왼쪽 바늘을 넣어서 원래대로 되돌린다.

3 코1·2의 순서가 바뀌었다. 화살표 순서대로 겉뜨기를 한다.

4 오른코 교차뜨기 완성.

왼코 교차뜨기

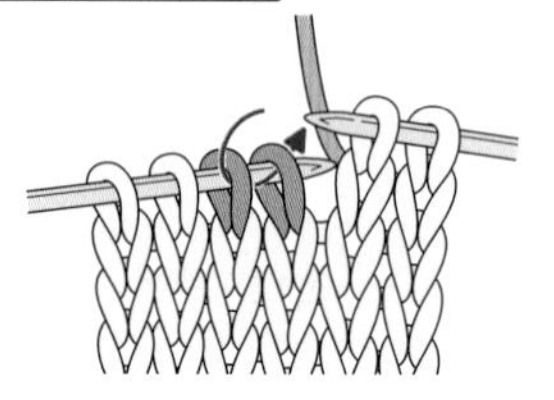

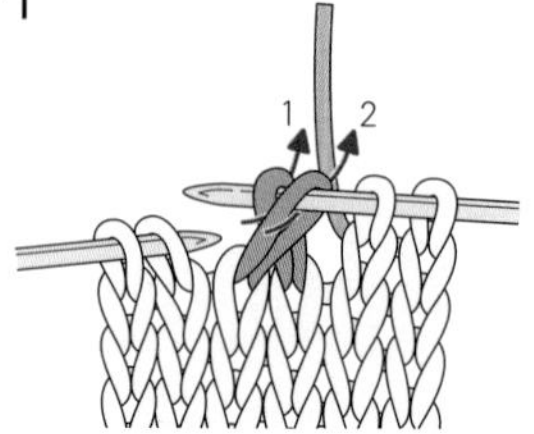

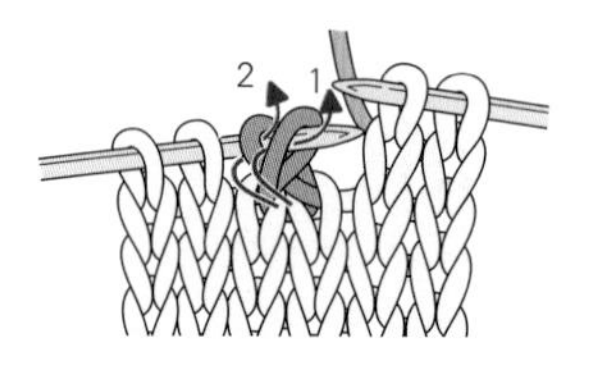

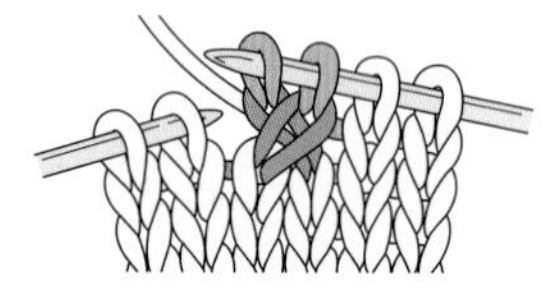

1 2코에 화살표처럼 오른쪽 바늘을 넣어서 코를 옮긴다.

2 1·2순으로 1코씩 왼쪽 바늘을 넣어서 뜨지 않고 2코를 되돌린다.

3 코1·2의 순서가 바뀌었다. 화살표 순서대로 겉뜨기를 한다.

4 왼코 교차뜨기 완성.

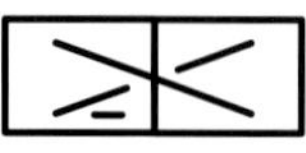

오른코 교차뜨기 (아래쪽 안뜨기)

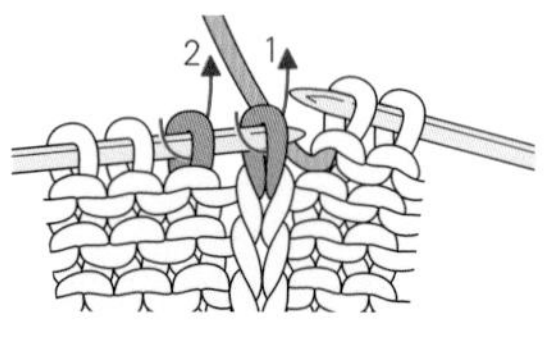

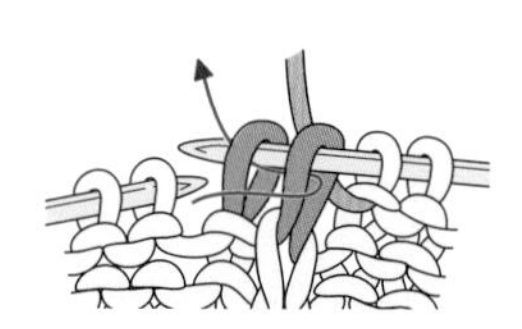

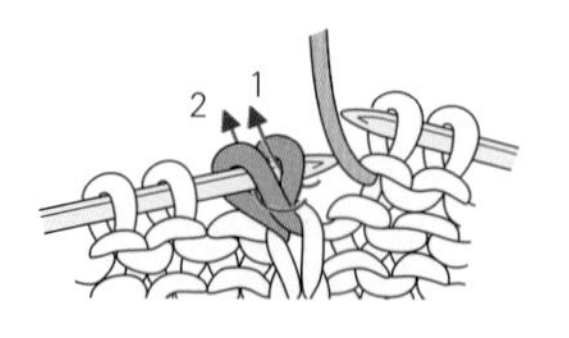

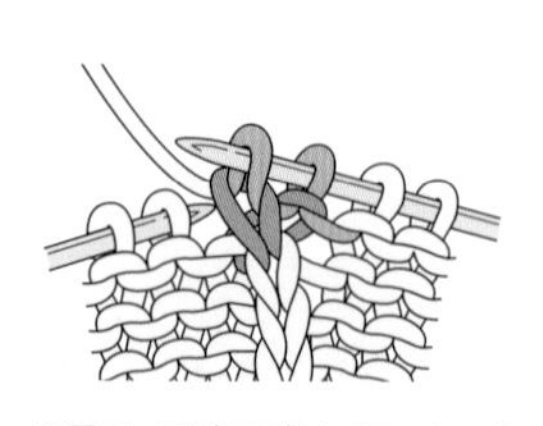

1 1·2순으로 1코씩 오른쪽 바늘을 넣어서 뜨지 않고 2코를 옮긴다.

2 옮긴 2코에 화살표처럼 왼쪽 바늘을 넣어서 원래대로 되돌린다.

3 코1·2의 순서가 바뀌었다. 화살표 순서대로 안뜨기·겉뜨기를 한다.

4 오른코 교차뜨기(아래쪽 안뜨기) 완성.

왼코 교차뜨기 (아래쪽 안뜨기)

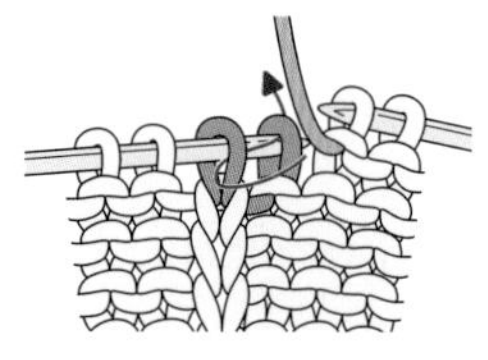

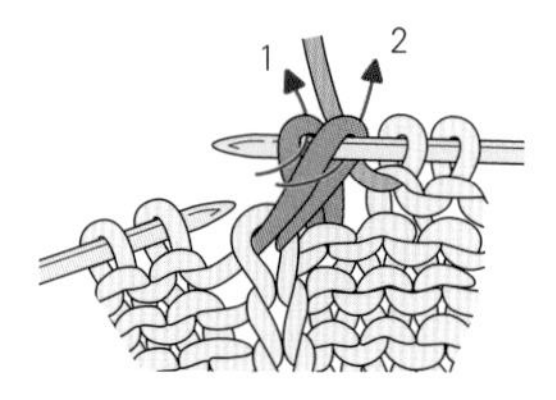

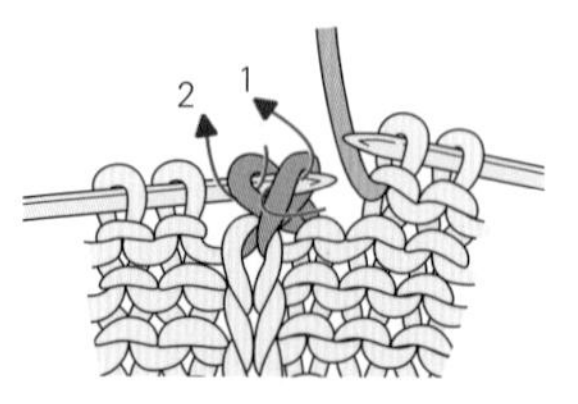

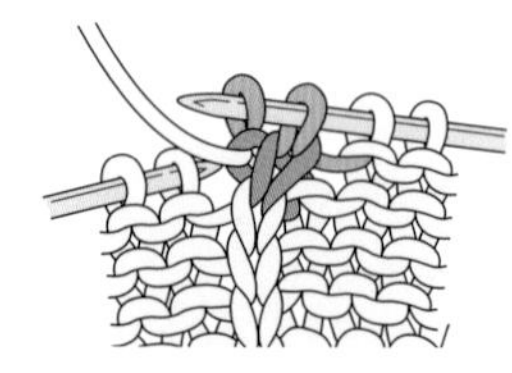

1 2코에 화살표처럼 오른쪽 바늘을 넣어서 코를 옮긴다.

2 1·2순으로 1코씩 왼쪽 바늘을 넣어서 뜨지 않고 2코를 되돌린다.

3 코1·2의 순서가 바뀌었다. 화살표 순서대로 겉뜨기·안뜨기를 한다.

4 왼코 교차뜨기(아래쪽 안뜨기) 완성.

오른코 위 2코와 1코 교차뜨기

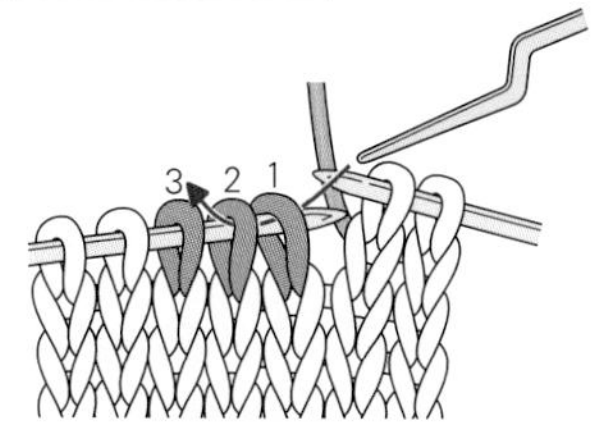

1 코1·2에 꽈배기바늘을 넣어서 코를 옮긴다.

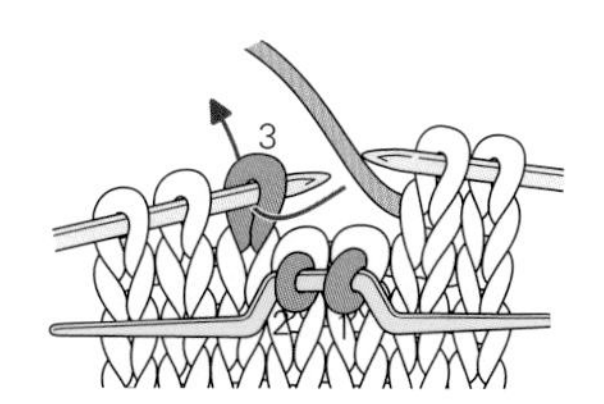

2 코를 옮긴 꽈배기바늘을 뜨개 바탕 앞쪽에 두고 코3을 겉뜨기한다.

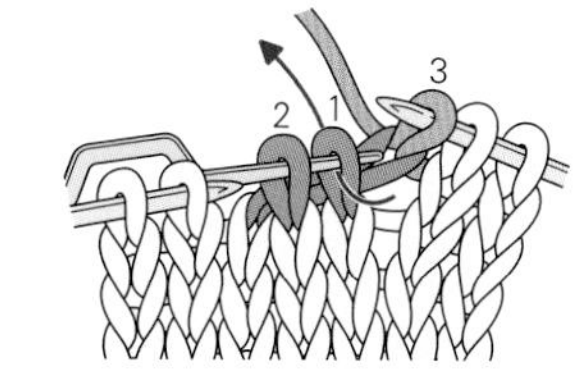

3 코1·2를 겉뜨기한다.

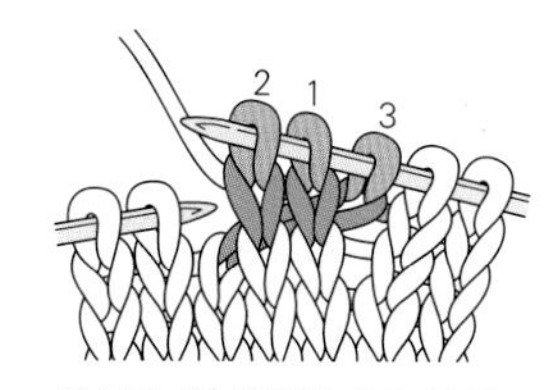

4 오른코 위 2코와 1코 교차뜨기 완성.

왼코 위 2코와 1코 교차뜨기

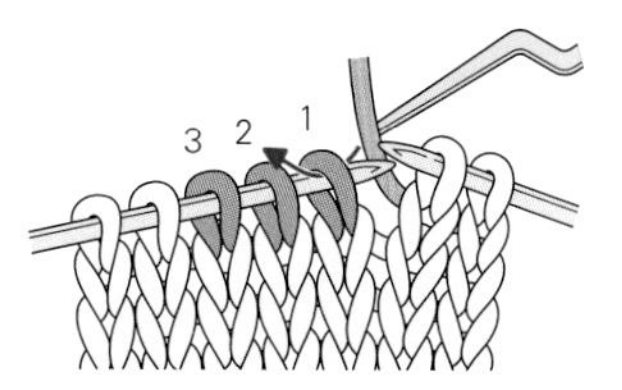

1 코1에 꽈배기바늘을 넣어서 코를 옮긴다.

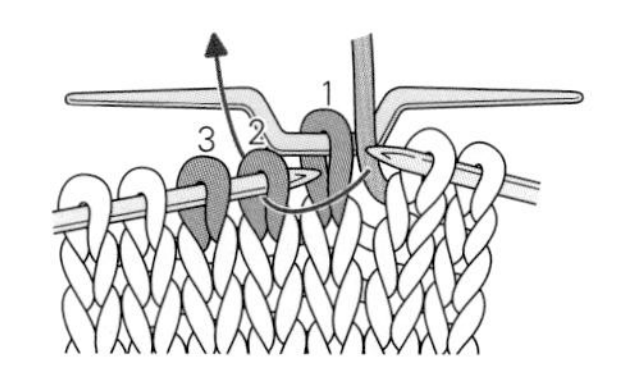

2 코를 옮긴 꽈배기바늘을 뜨개 바탕 뒤쪽에 두고 코 2·3을 겉뜨기한다.

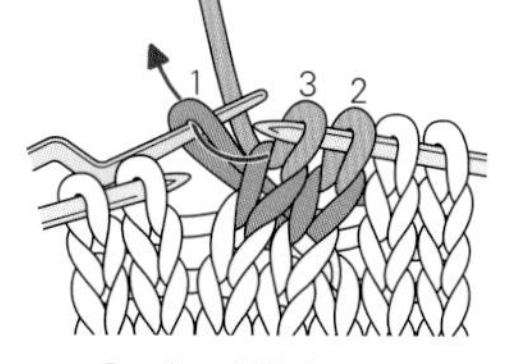

3 코1을 겉뜨기한다.

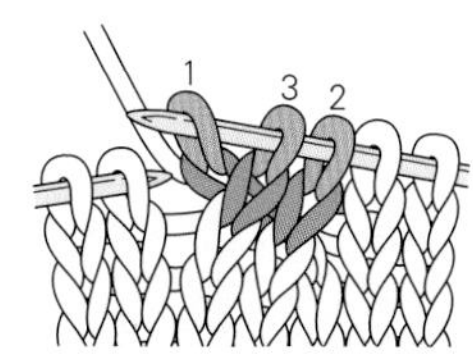

4 왼코 위 2코와 1코 교차뜨기 완성.

오른코 위 2코와 1코 교차뜨기 (아래쪽 안뜨기)

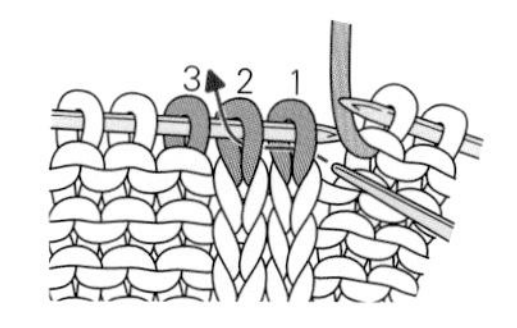

1 코1·2에 꽈배기바늘을 넣어서 코를 옮긴다.

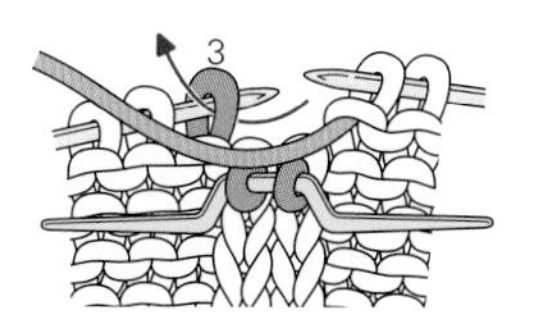

2 코를 옮긴 꽈배기바늘을 뜨개 바탕 앞쪽에 두고 코3을 안뜨기한다.

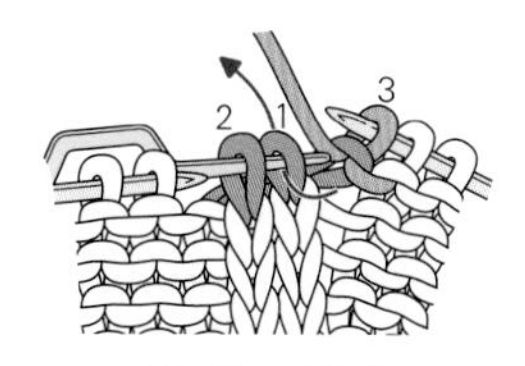

3 코1·2를 겉뜨기한다.

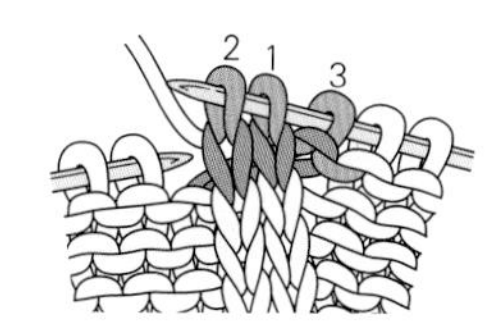

4 오른코 위 2코와 1코 교차뜨기(아래쪽 안뜨기) 완성.

왼코 위 2코와 1코 교차뜨기 (아래쪽 안뜨기)

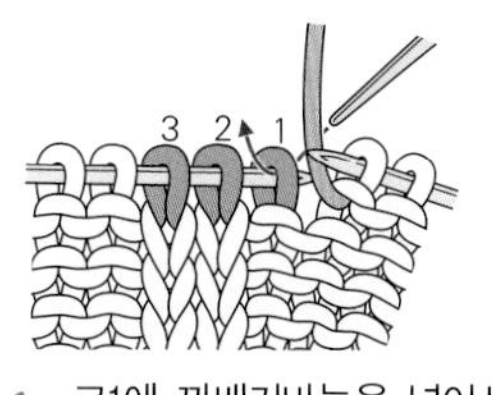

1 코1에 꽈배기바늘을 넣어서 코를 옮긴다.

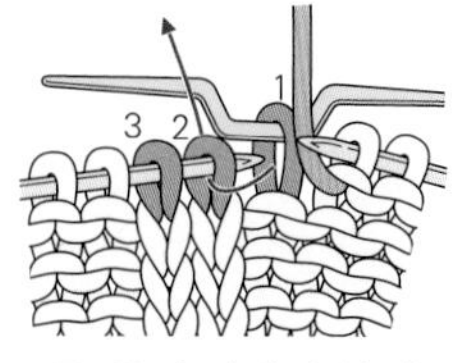

2 코를 옮긴 꽈배기바늘을 뜨개 바탕 뒤쪽에 두고 코 2·3을 겉뜨기한다.

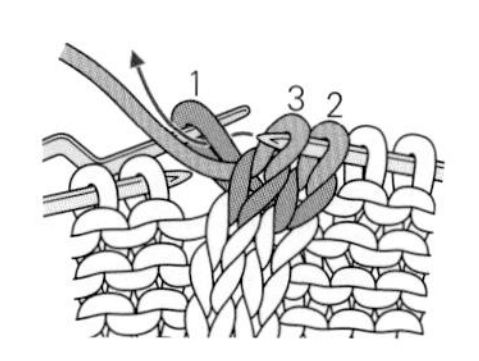

3 코1을 안뜨기한다.

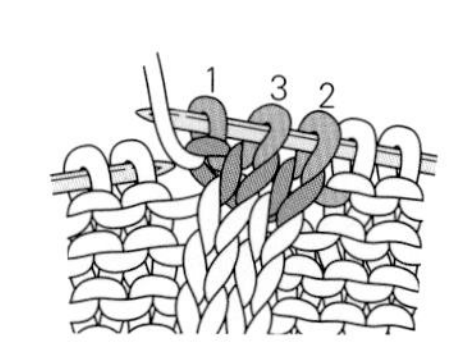

4 왼코 위 2코와 1코 교차뜨기(아래쪽 안뜨기) 완성.

오른코 교차뜨기 (중앙에 겉뜨기 3코 넣기)

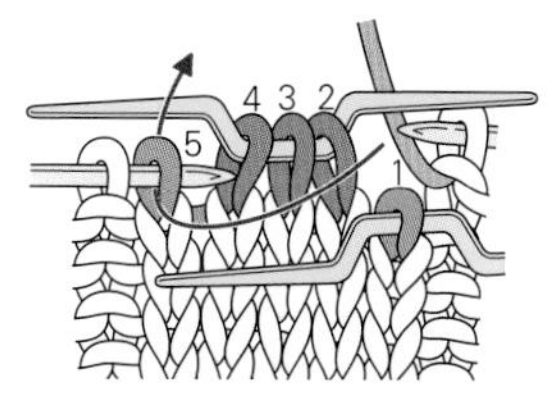

1 코1을 꽈배기바늘에 옮겨서 뜨개 바탕 앞쪽에, 코 2·3·4를 꽈배기바늘에 옮겨서 뜨개 바탕 뒤쪽에 둔다.

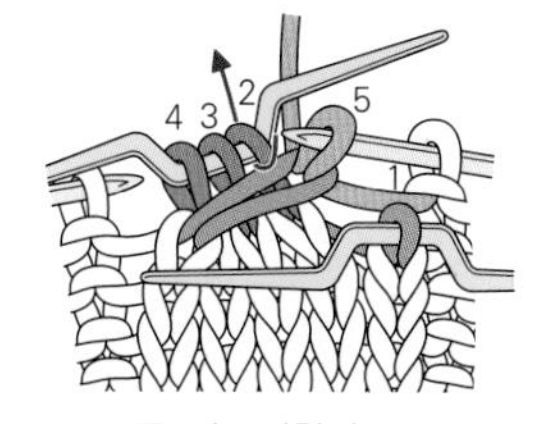

2 코5를 겉뜨기한다. 코2·3·4를 겉뜨기한다.

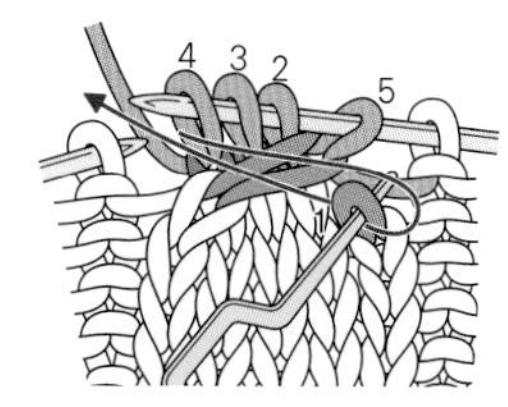

3 코1을 겉뜨기한다.

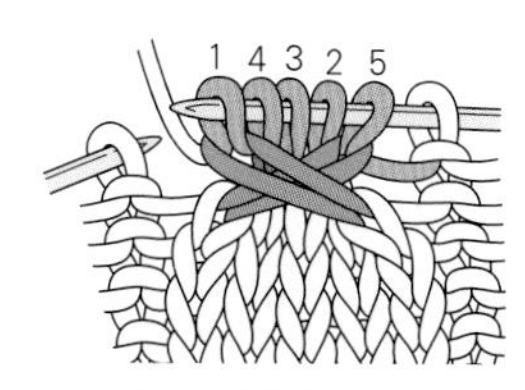

4 오른쪽 교차뜨기(중앙에 겉뜨기 3코 넣기) 완성.

 돌려 오른코 겹쳐 2코 모아뜨기

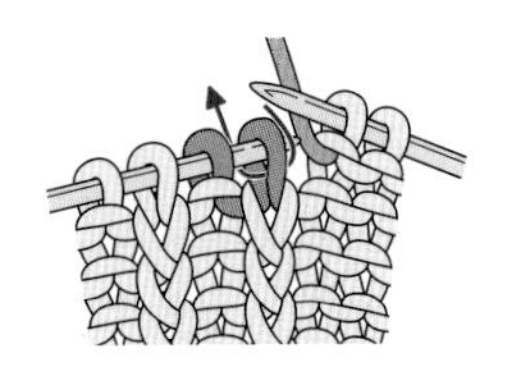

1 화살표처럼 오른쪽 바늘을 넣어서 코를 옮긴다.

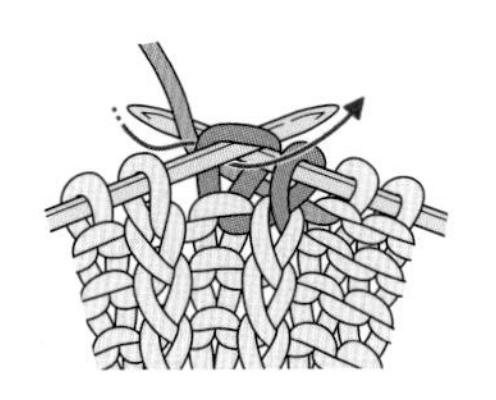

2 다음 코를 겉뜨기한다.

3 옮긴 코에 왼쪽 바늘을 넣어서, 겉뜨기한 코에 덮어씌운다.

4 돌려 오른코 겹쳐 2코 모아뜨기 완성.

 돌려 왼코 겹쳐 2코 모아뜨기

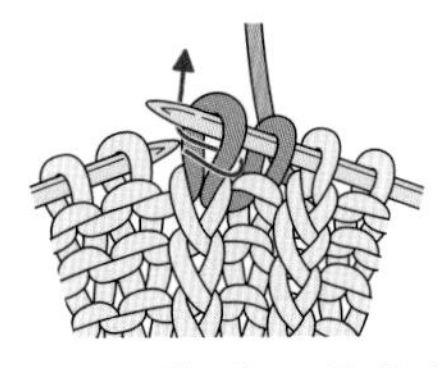

1 오른쪽 바늘에 2코를 옮기고, 둘째 코에 왼쪽 바늘을 화살표처럼 넣어서 코를 되돌린다.

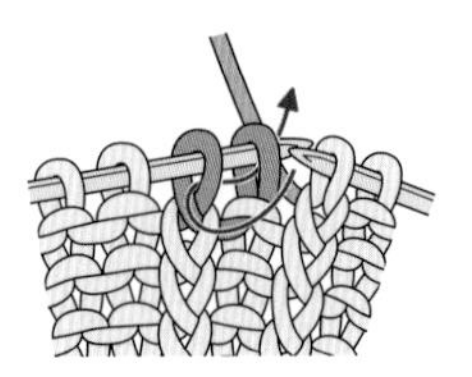

2 첫째 코는 그대로 왼쪽 바늘에 되돌린다. 화살표처럼 2코에 오른쪽 바늘을 넣는다.

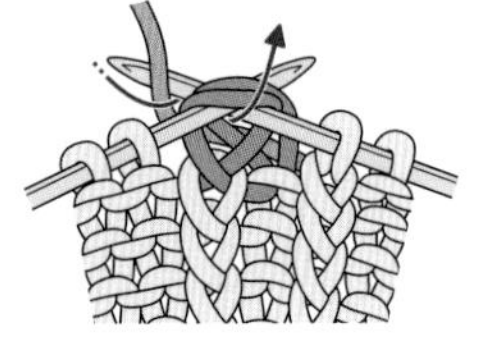

3 2코를 겉뜨기한다.

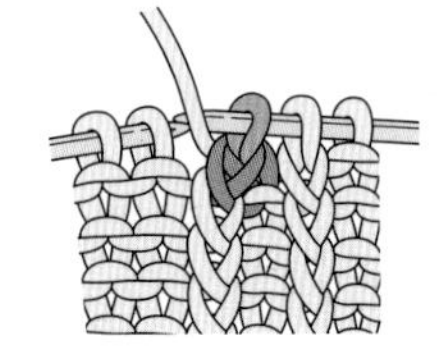

4 돌려 왼코 겹쳐 2코 모아뜨기 완성.

 오른코 위 돌려 교차뜨기 (아래쪽 안뜨기)

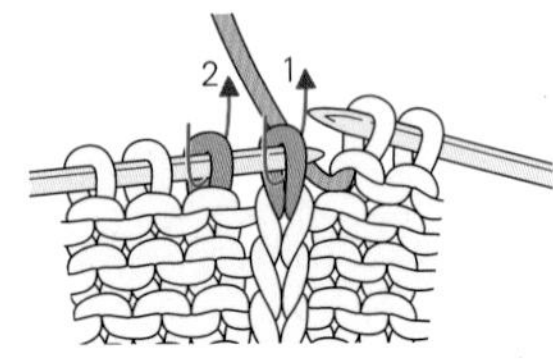

1 1·2순으로 1코씩 오른쪽 바늘을 넣어서 뜨지 않고 2코를 옮긴다.

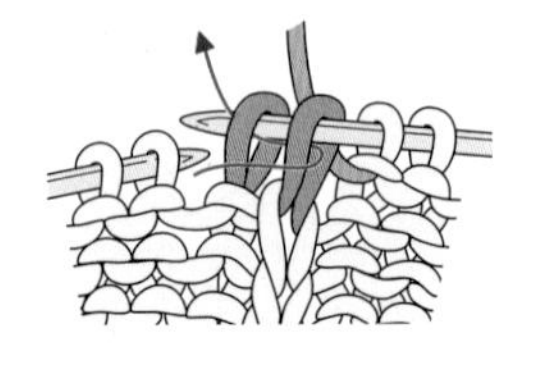

2 옮긴 2코에 화살표처럼 왼쪽 바늘을 넣어서 원래대로 되돌린다.

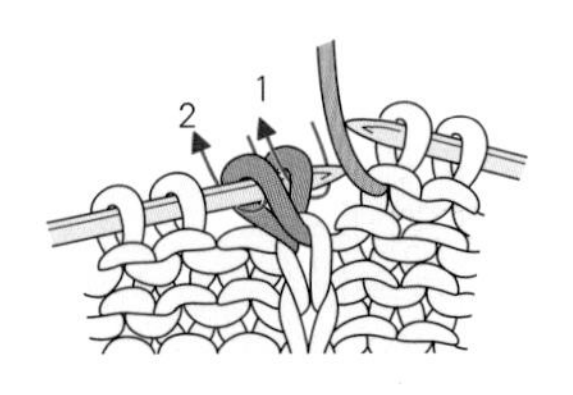

3 코1·2의 순서가 바뀌었다. 화살표 순서대로 안뜨기·돌려뜨기를 한다.

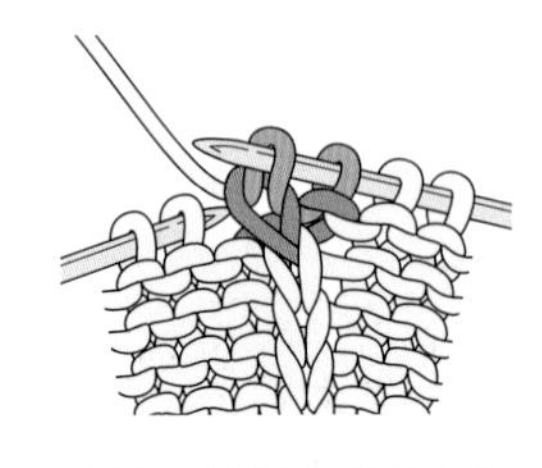

4 오른코 위 돌려 교차뜨기(아래쪽 안뜨기) 완성.

왼코 위 돌려 교차뜨기 (아래쪽 안뜨기)

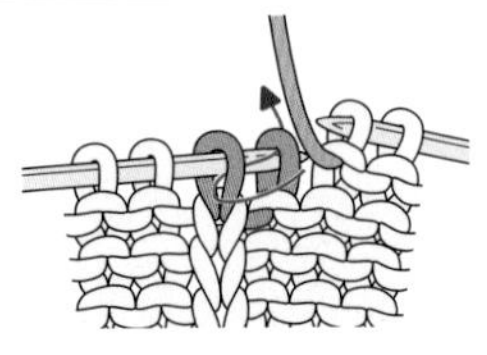

1 2코에 화살표처럼 오른쪽 바늘을 넣어 코를 옮긴다.

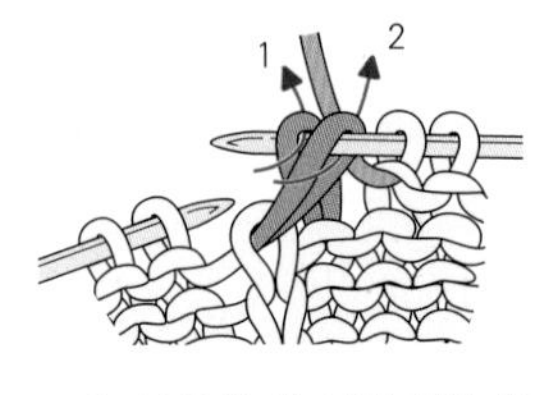

2 1·2순으로 한 코씩 왼쪽 바늘을 넣어서 뜨지 않고 2코를 되돌린다.

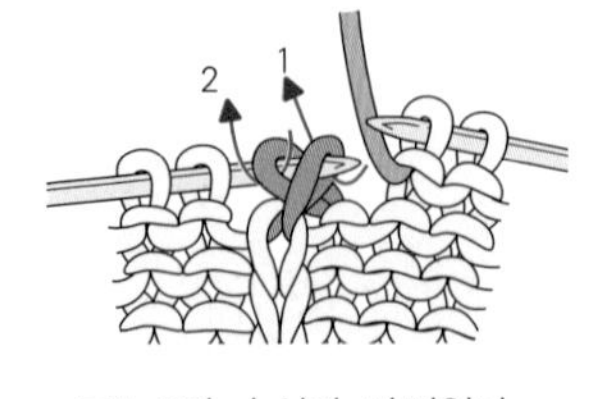

3 코1·2의 순서가 바뀌었다. 화살표 순서대로 돌려뜨기·안뜨기를 한다.

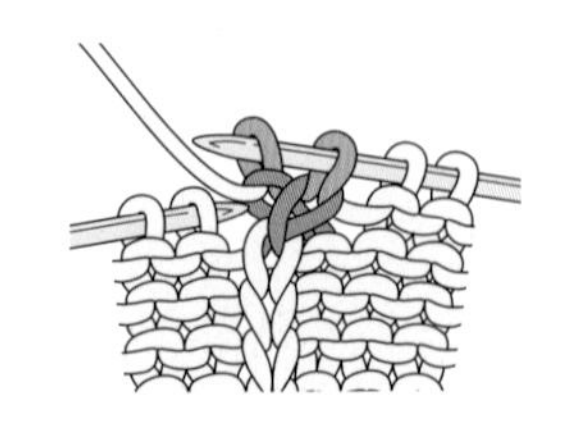

4 왼코 위 돌려 교차뜨기(아래쪽 안뜨기) 완성.

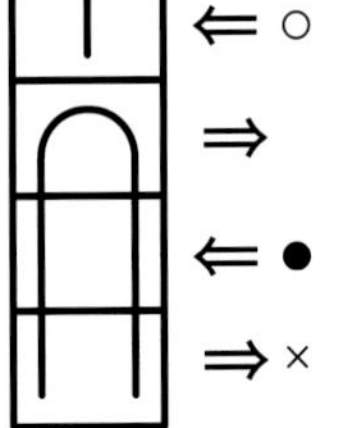 끌어올려뜨기 (2단일 때)

⇐ ○
⇒
⇐ ●
⇒ ×

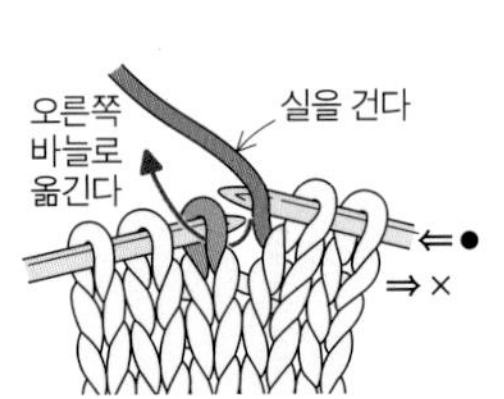

1 ●단. 오른쪽 바늘에 실을 걸고, 뜨지 않고 코를 옮긴다.

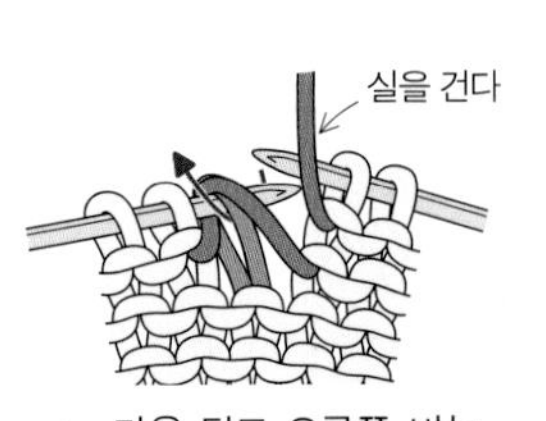

2 다음 단도 오른쪽 바늘에 실을 걸고, 앞단에서 건 코와 옮긴 코를 뜨지 않고 옮긴다.

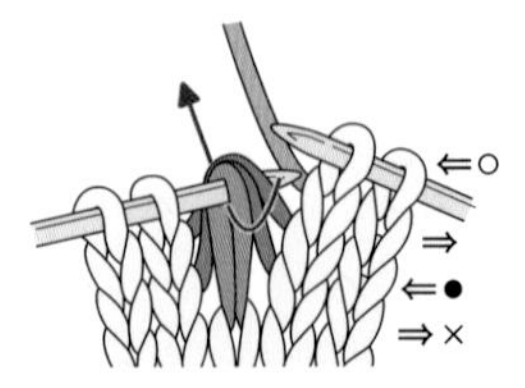

3 ○단. 뜨지 않고 옮긴 코와 건 코에 바늘을 넣어서 겉뜨기한다.

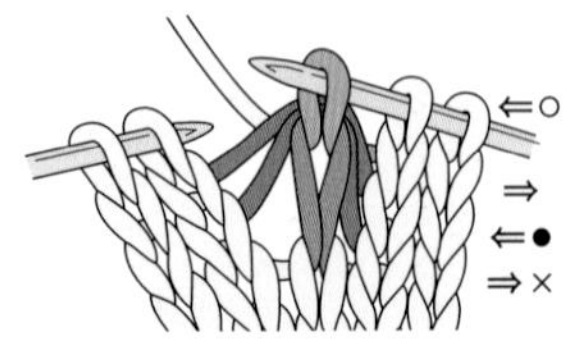

4 끌어올려뜨기(2단일 때) 완성.

오른코 위 2코 교차뜨기

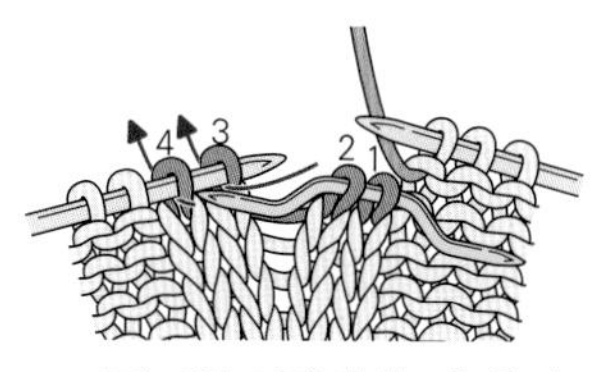

1 코1·2를 꽈배기바늘에 옮겨서 뜨개 바탕 앞쪽에 둔다. 코3·4를 겉뜨기한다.

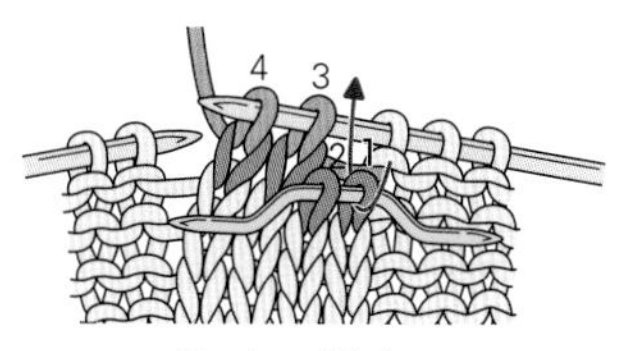

2 코1을 겉뜨기한다.

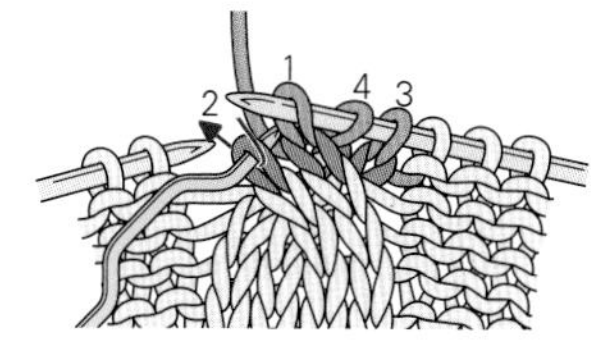

3 코2도 겉뜨기한다.

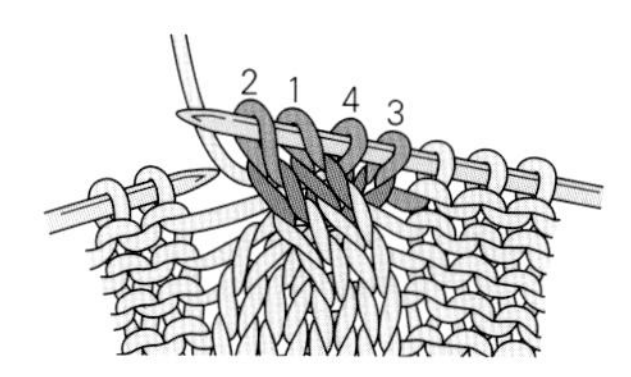

4 오른코 위 2코 교차뜨기를 완성한 모습.

왼코 위 2코 교차뜨기

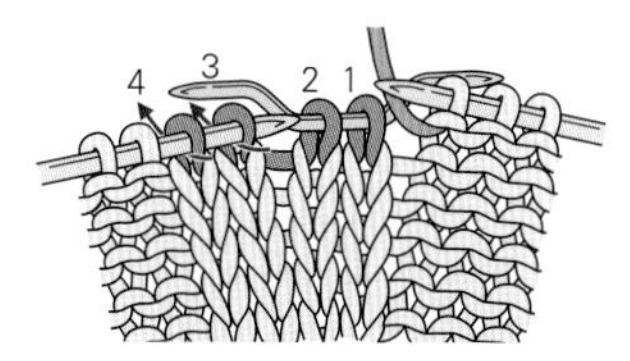

1 코1·2를 꽈배기바늘에 옮겨서 뜨개 바탕 뒤쪽에 둔다. 코3·4를 겉뜨기한다.

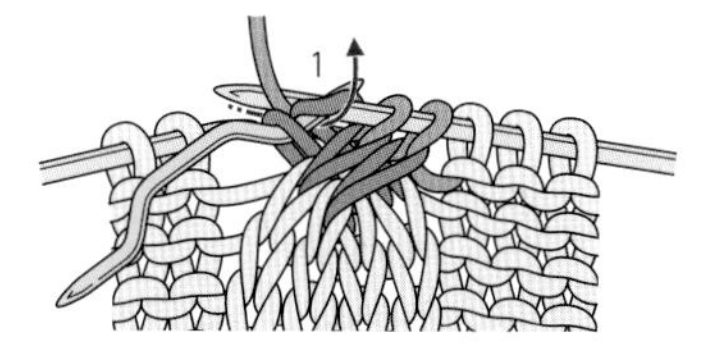

2 코1을 겉뜨기한다.

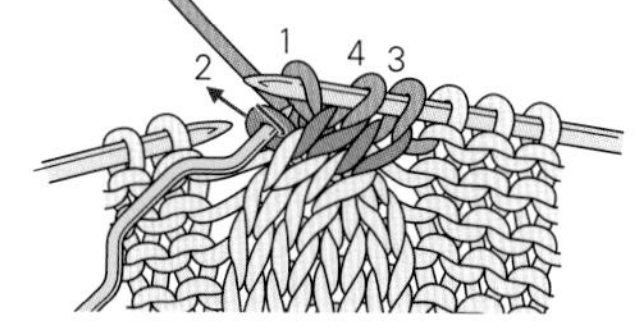

3 코2도 겉뜨기한다.

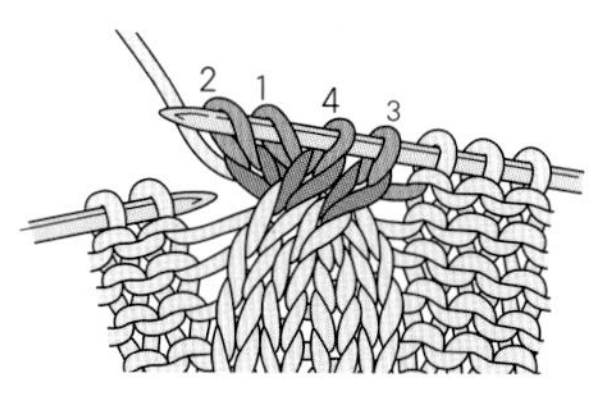

4 왼코 위 2코 교차뜨기를 완성한 모습.

오른코 위 2코 교차뜨기 (중앙에 안뜨기 1코 넣기)

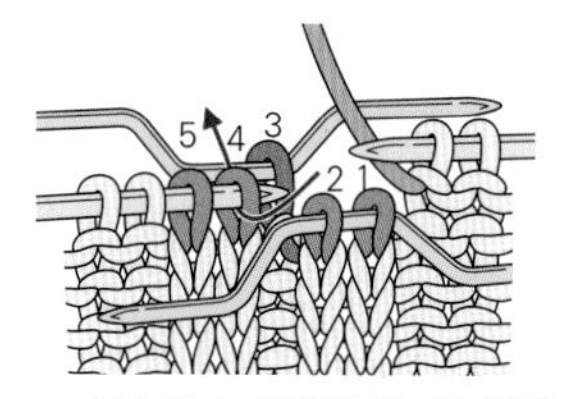

1 코1·2를 꽈배기바늘에 옮겨서 뜨개 바탕 앞쪽에, 코3을 꽈배기바늘에 옮겨서 뜨개 바탕 뒤쪽에 둔다. 코4·5를 겉뜨기한다.

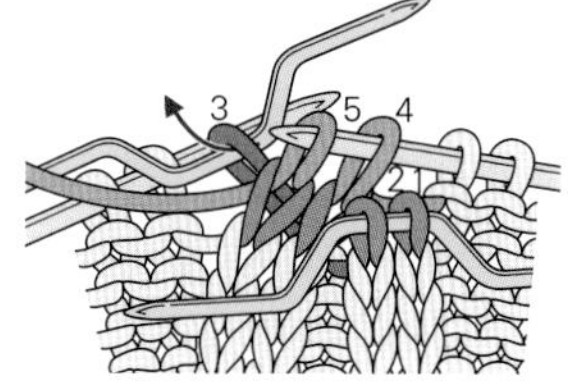

2 코3을 안뜨기한다.

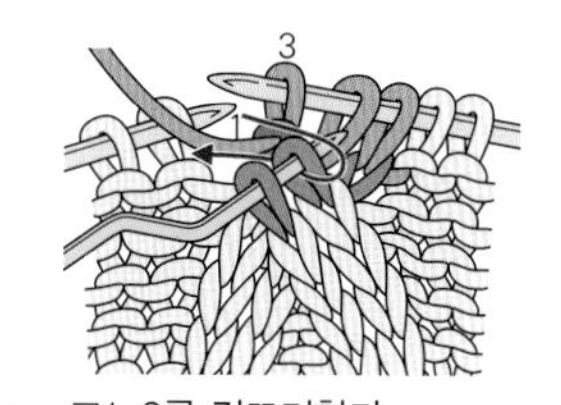

3 코1·2를 겉뜨기한다.

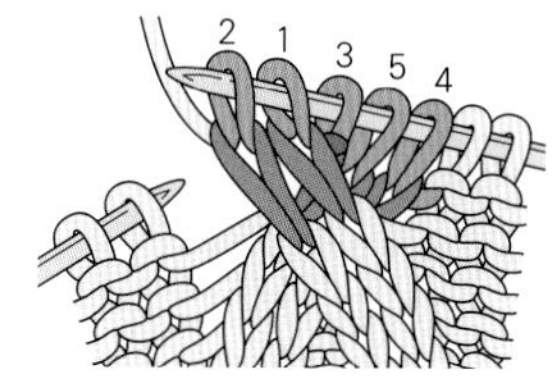

4 오른코 위 2코 교차뜨기(중앙에 안뜨기 1코 넣기) 완성.

왼코 위 2코 교차뜨기 (중앙에 안뜨기 1코 넣기)

1 코1·2를 꽈배기바늘에 옮겨서 뜨개 바탕 뒤쪽에, 코3을 꽈배기바늘에 옮겨서 뜨개 바탕 뒤쪽에 둔다. 코4·5를 겉뜨기한다.

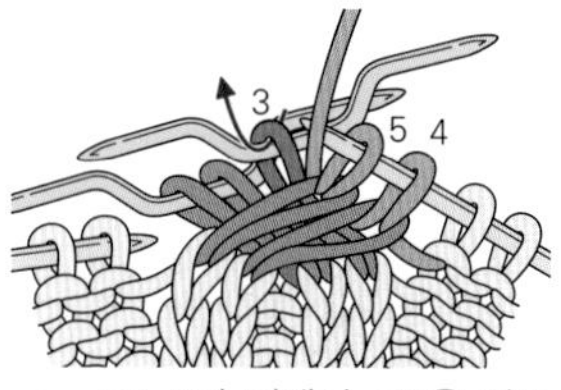

2 코1·2의 뒤에서 코3을 안뜨기한다.

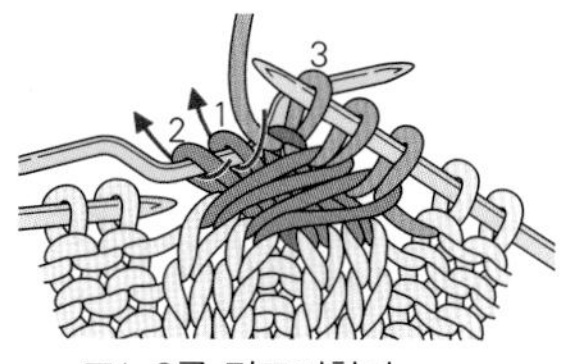

3 코1·2를 겉뜨기한다.

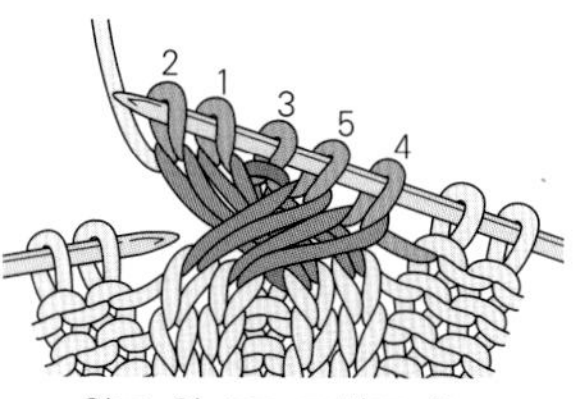

4 왼코 위 2코 교차뜨기(중앙에 안뜨기 1코 넣기) 완성.

끌어올려 안뜨기 (2단일 때)

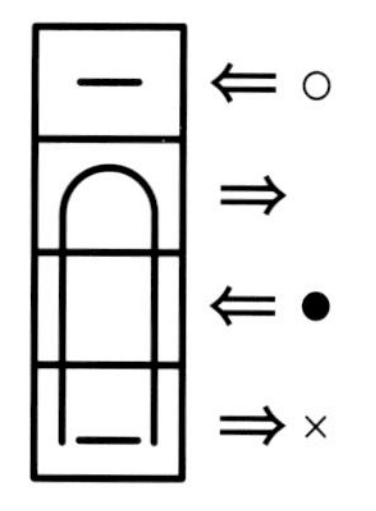

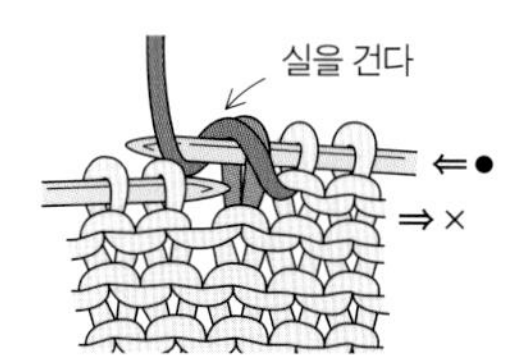

1 ●단. 오른쪽 바늘에 실을 걸고, 뜨지 않고 코를 옮긴다.

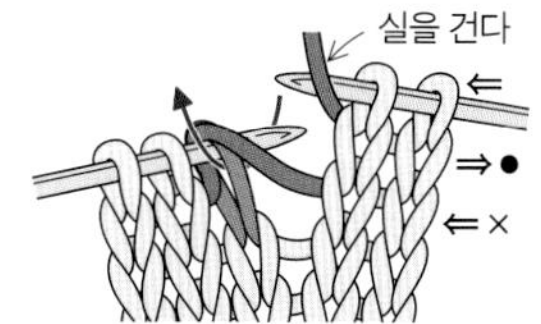

2 다음 단도 오른쪽 바늘에 실을 걸고, 앞단에서 건 코와 옮긴 코를 뜨지 않고 옮긴다.

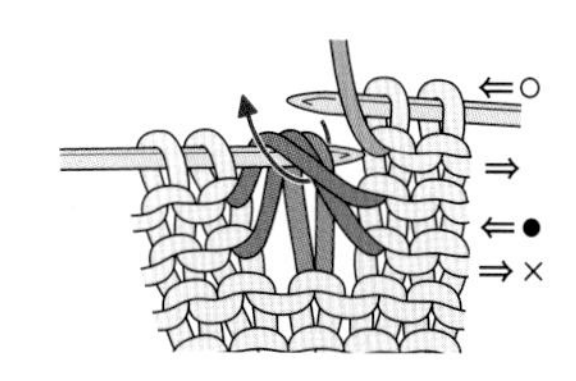

3 ○단. 뜨지 않고 옮긴 코와 건 코에 바늘을 넣어서 안뜨기한다.

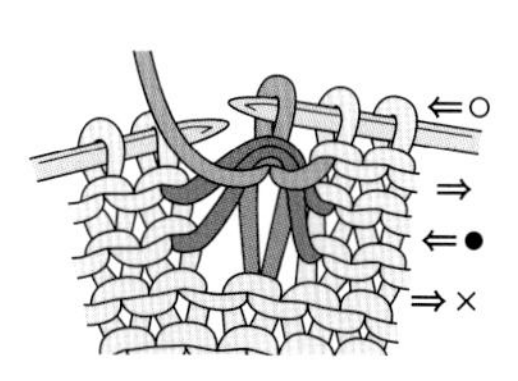

4 끌어올려 안뜨기(2단일 때) 완성.

왼코에 꿴 교차뜨기 (오른코를 꿴 교차뜨기)

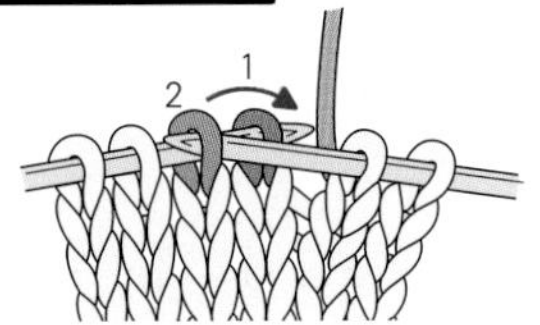

1 코2에 오른쪽 바늘을 넣어서 코1에 덮어씌운다.

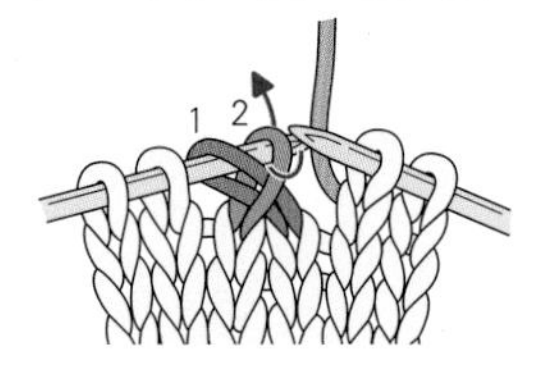

2 코2에 오른쪽 바늘을 넣어서 겉뜨기한다.

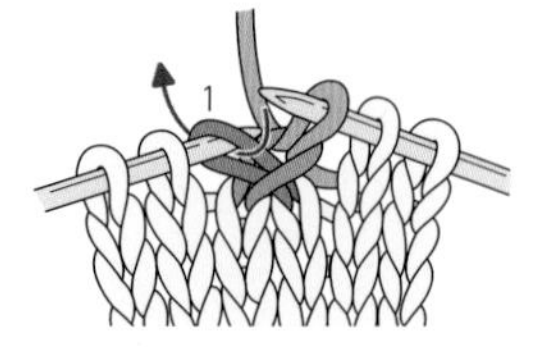

3 코1에 오른쪽 바늘을 넣어서 겉뜨기한다.

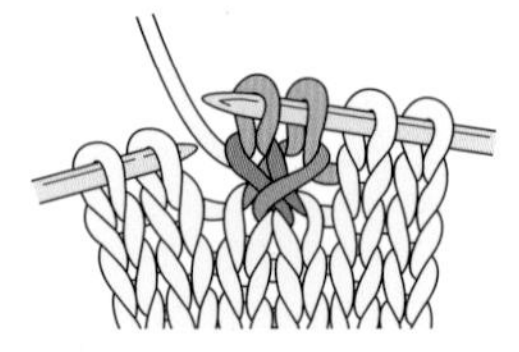

4 왼코에 꿴 교차뜨기(오른코를 꿴 교차뜨기) 완성.

오른코에 꿴 매듭뜨기 (3코일 때)

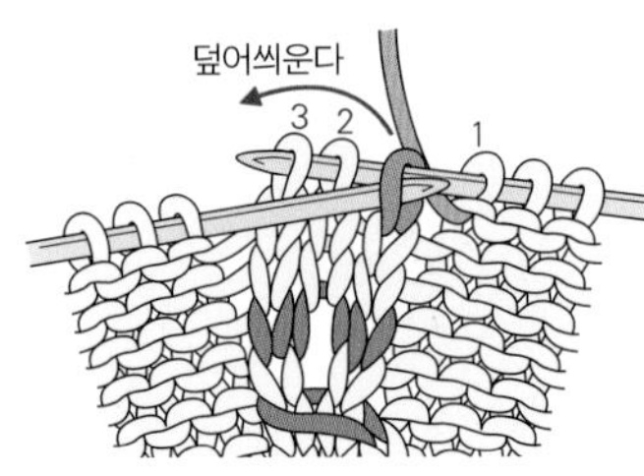

1 3코를 뜨지 않고 오른쪽 바늘로 옮긴다. 첫째 코는 코의 방향을 바꾼다. 코1에 왼쪽 바늘을 넣어서 코2·3에 덮어씌운다.

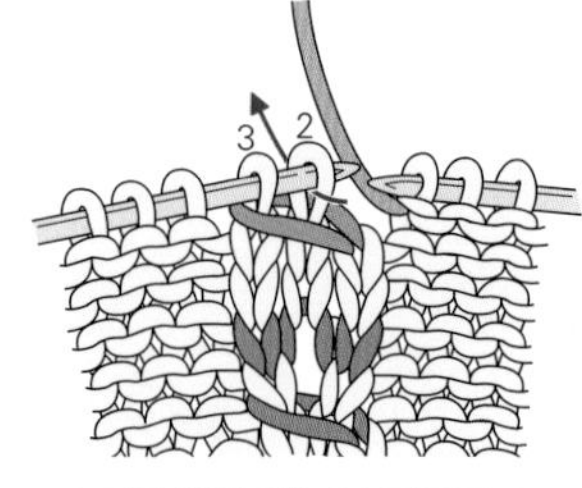

2 2코를 왼쪽 바늘로 되돌리고 코2를 겉뜨기한다.

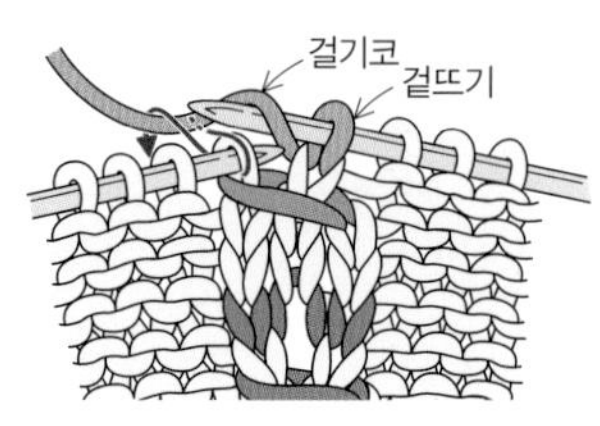

3 걸기코를 하고 코3을 겉뜨기한다.

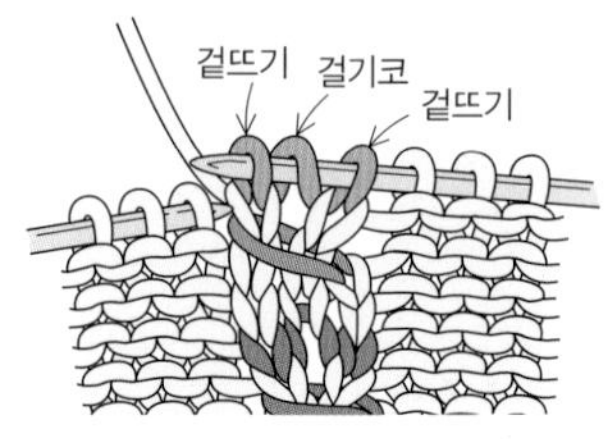

4 오른코에 꿴 매듭뜨기(3코일 때) 완성.

왼코에 꿴 매듭뜨기 (3코일 때)

1 코3에 바늘을 넣어서 화살표처럼 코1·2에 덮어씌운다.

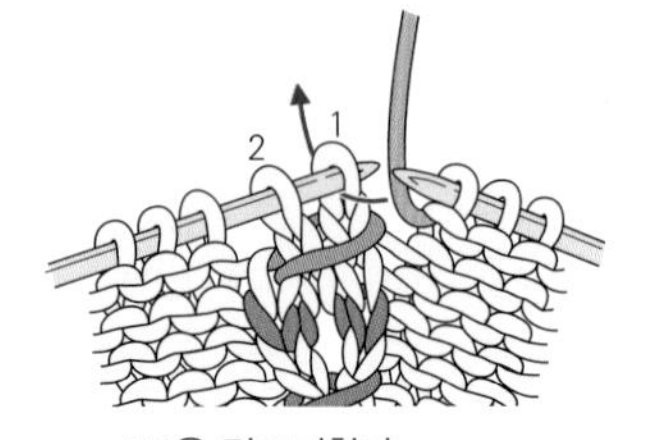

2 코1을 겉뜨기한다.

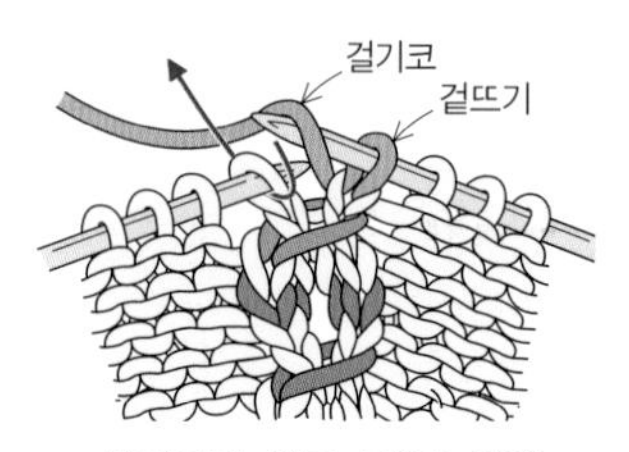

3 걸기코를 하고 코2를 겉뜨기한다.

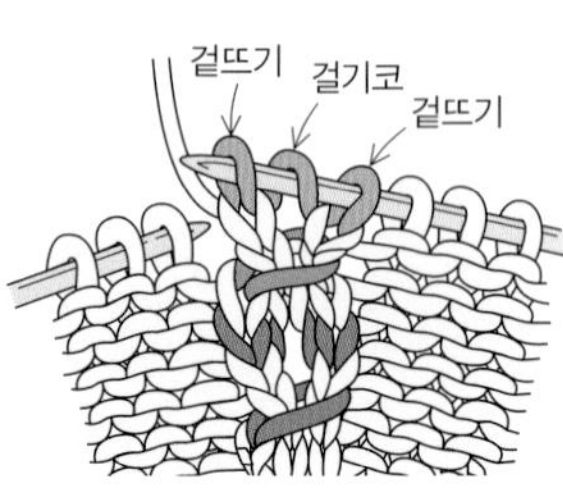

4 왼코에 꿴 매듭뜨기(3코일 때) 완성

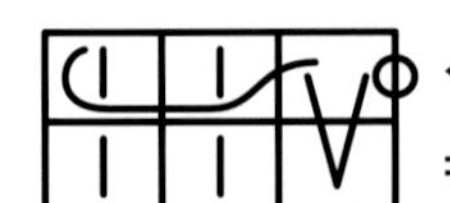

⇐ 오른쪽 걸러뜨기에 꿴 매듭뜨기 (3코일 때)

⇒

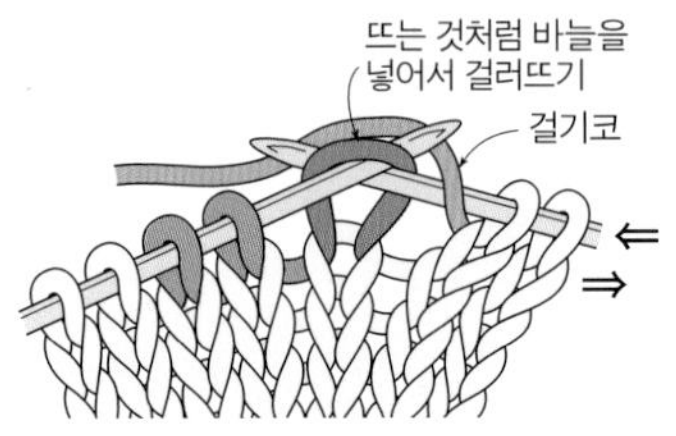

1 오른쪽 바늘에 실을 걸고, 첫 코를 뜨지 않고 옮긴다(걸러뜨기).

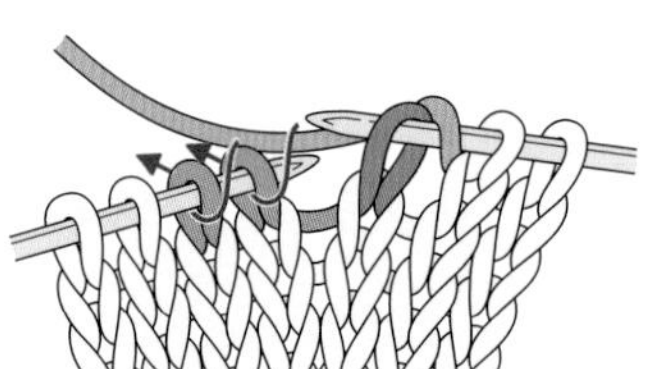

2 둘째 코, 셋째 코를 겉뜨기한다.

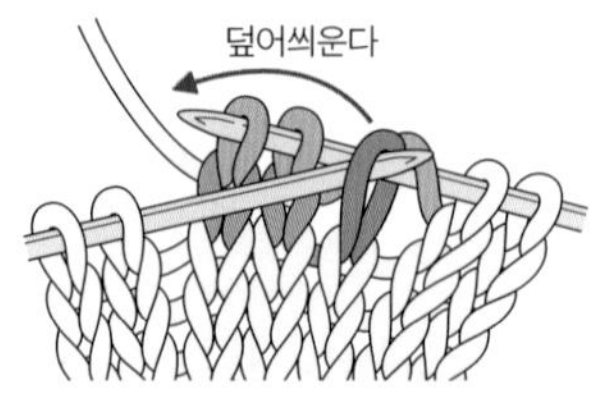

3 *1*의 걸러뜨기에 왼쪽 바늘을 넣어서, *2*에서 뜬 2코에 덮어씌운다.

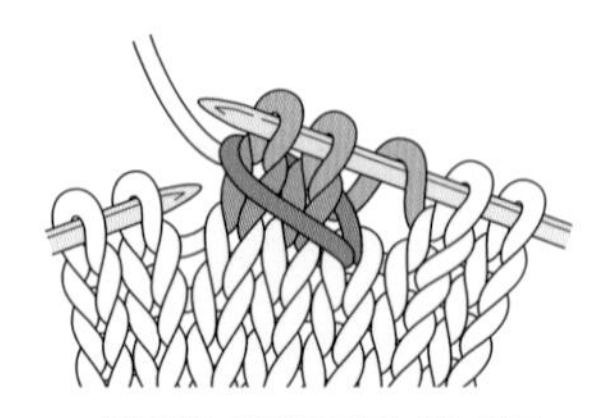

4 오른쪽 걸러뜨기에 꿴 매듭뜨기(3코일 때) 완성.

드라이브뜨기 (2회)

1 코에 오른쪽 바늘을 넣고 실을 2번 감아서 끌어낸다.

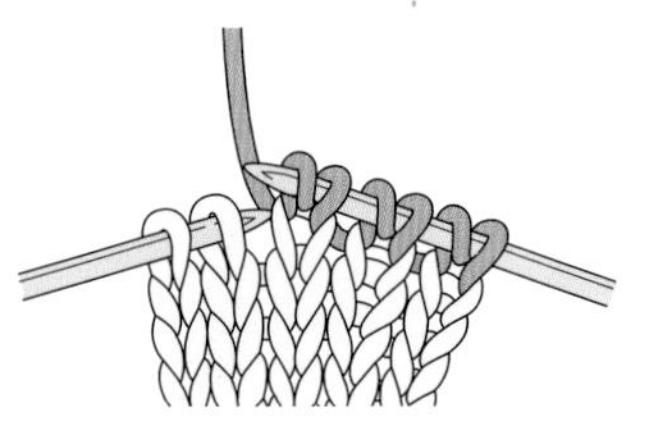

2 끌어낸 모습.

3 다음 단은 왼쪽 바늘에서 코를 빼면서 기호도대로 뜬다.

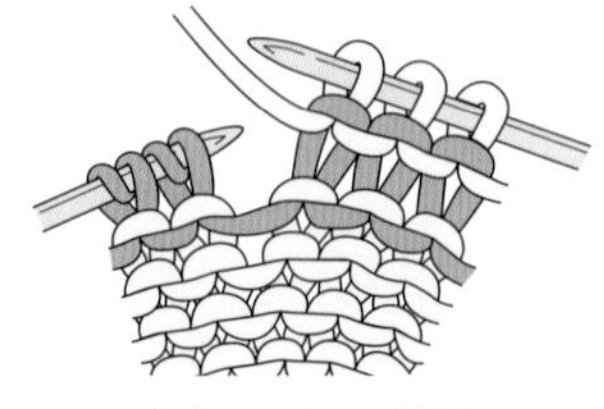

4 드라이브뜨기(2회) 완성.

1코에 2코 떠 넣어 코 늘리기

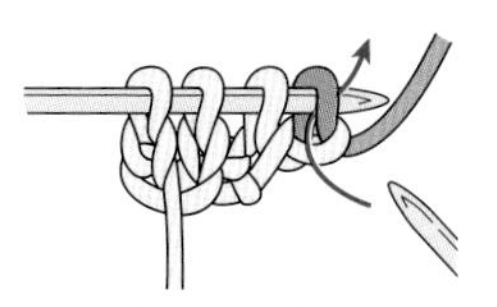

1 가장자리 코에 화살표처럼 바늘을 넣어서 겉뜨기한다.

2 왼쪽 바늘에서 코를 빼지 않은 상태에서 화살표처럼 바늘을 넣는다.

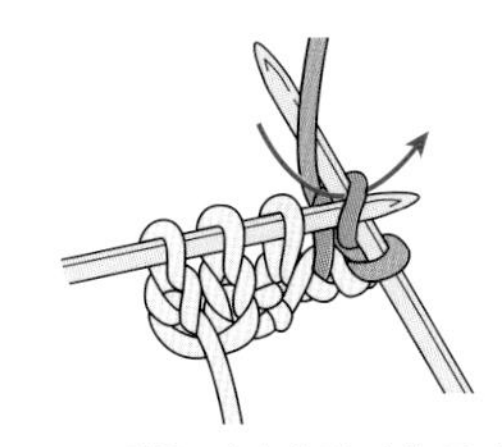

3 실을 걸어서 끌어내 돌려뜨기한다.

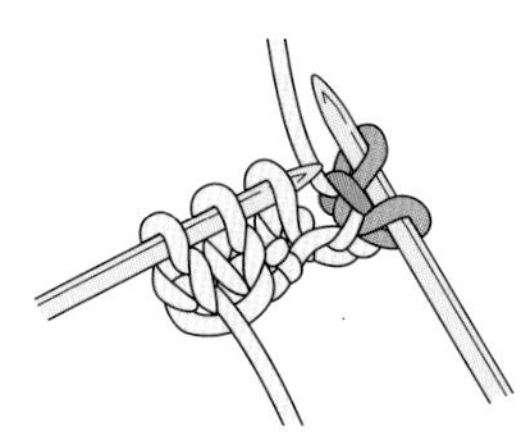

4 왼쪽 바늘에서 코를 뺀다. 가장자리 1코에 겉뜨기를 2코 뜬 상태.

3코 만들기

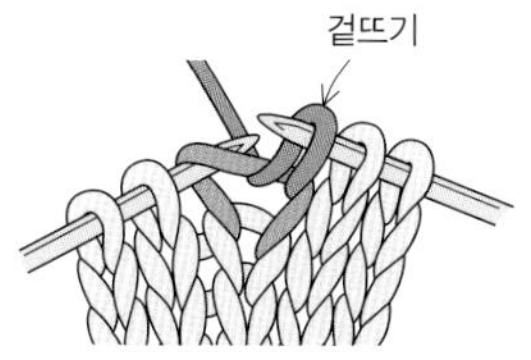

1 코에 바늘을 넣어 겉뜨기를 하고 왼쪽 바늘에서 빼지 않는다.

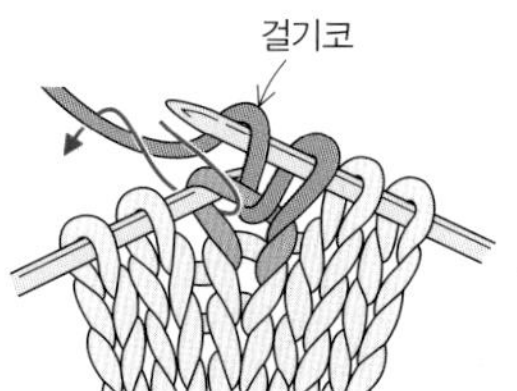

2 걸기코를 하고, *1*과 같은 코에 오른쪽 바늘을 넣어서 겉뜨기한다.

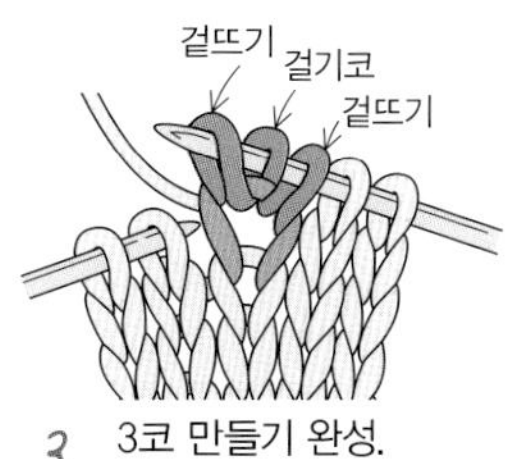

3 3코 만들기 완성.

5코 만들기

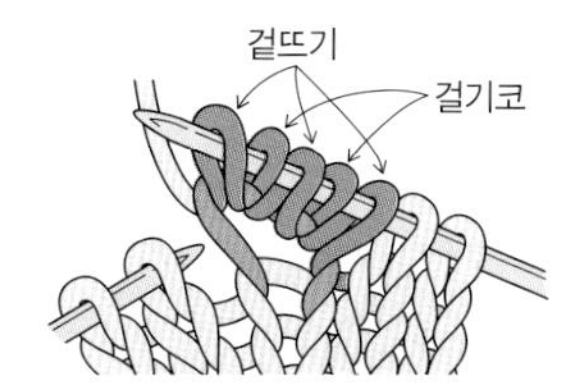

왼쪽 바늘에서 코를 빼지 않고, 겉뜨기·걸기코·겉뜨기·걸기코·겉뜨기를 반복한다.

3코 5단 구슬뜨기

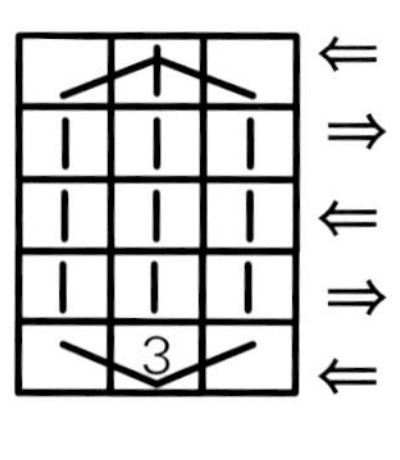

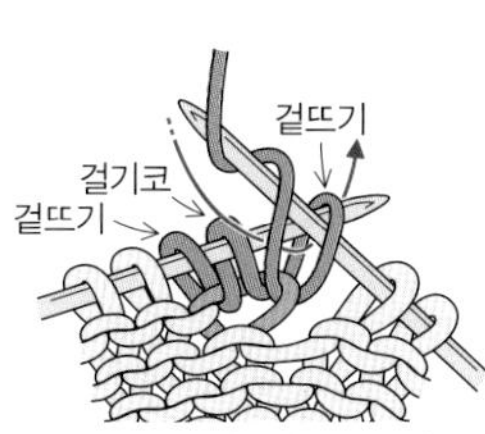

1 1단: 3코 만들기를 한다. 2단: 뜨개 바탕을 돌려서 안뜨기를 3코 한다.

2 3·4단: 계속 뜨개 바탕을 겉쪽·안쪽으로 돌려서 3코를 뜬다. 5단: 2코를 오른쪽 바늘에 옮기고 셋째 코를 겉뜨기한다.

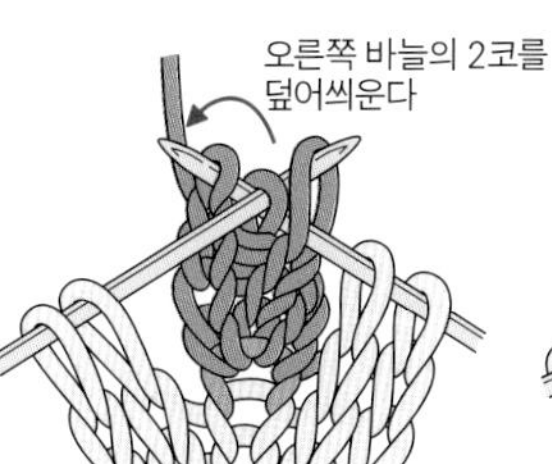

3 옮긴 2코를 *2*에서 뜬 코에 덮어씌우고 중심 3코 모아뜨기를 한다.

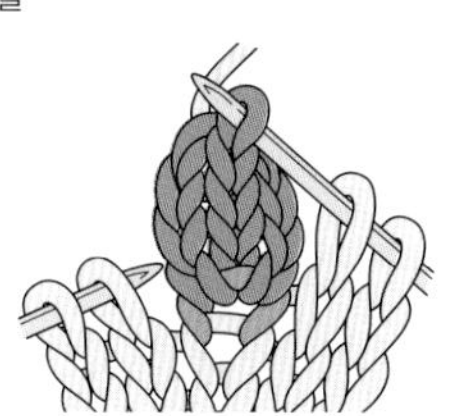

4 3코 5단 구슬뜨기를 완성한 모습.

 한길긴뜨기 3코 구슬뜨기

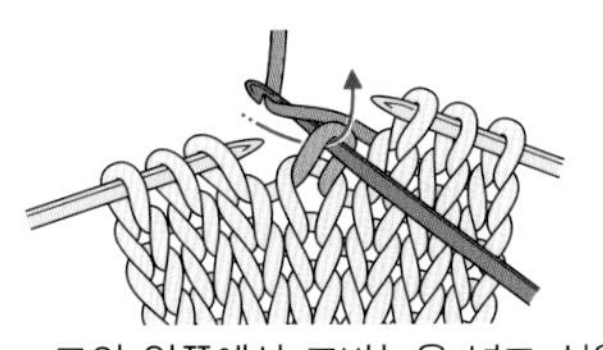

1 코의 앞쪽에서 코바늘을 넣고 실을 걸어 끌어낸다. 기둥코 3코를 뜬다.

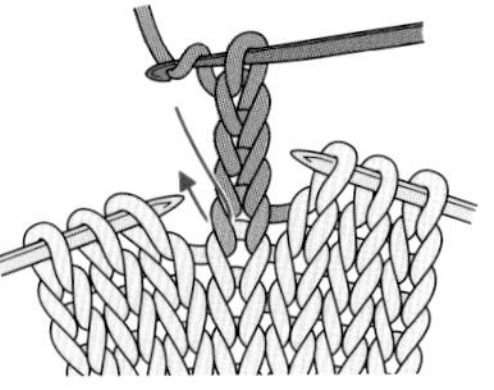

2 실을 걸고 다시 같은 코에 바늘을 넣어서 미완성 한길긴뜨기를 뜬다.

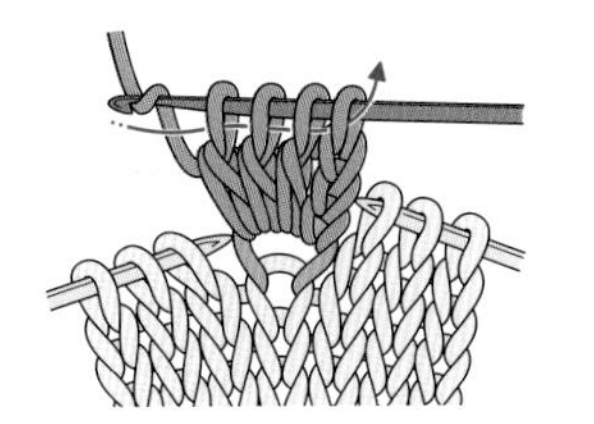

3 미완성 한길긴뜨기를 3코 뜬 뒤에 모든 코를 한 번에 빼 뜬다.

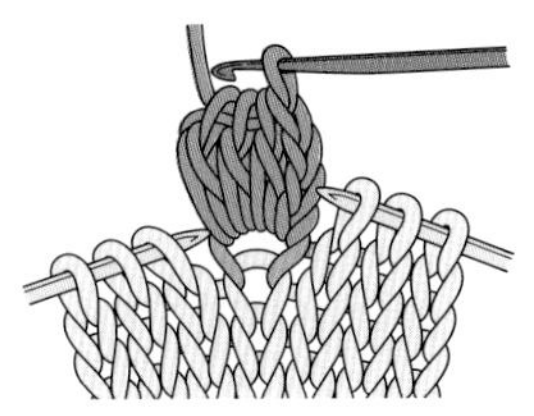

4 한길긴뜨기 3코 구슬뜨기 완성. 코의 방향에 주의하면서 오른쪽 대바늘에 코를 옮긴다.

3코 끌어올려뜨기

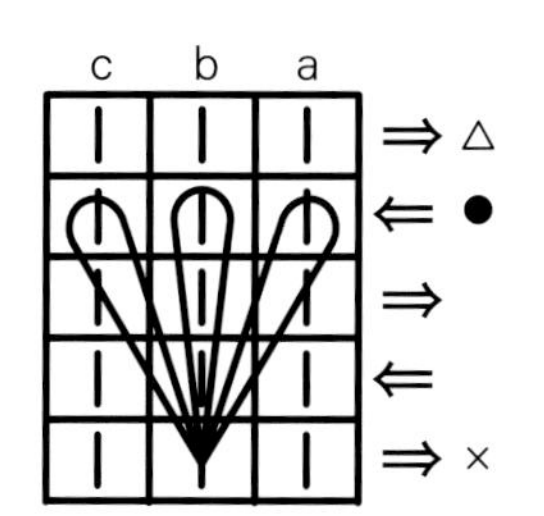

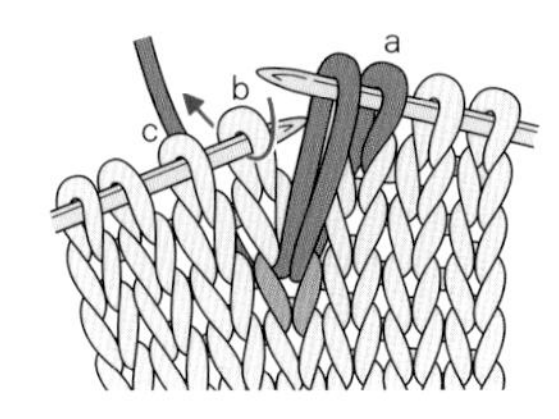

1 도안의 ●단에서 뜬다. a를 겉뜨기한다. b의 3단 아래에 바늘을 넣고 실을 걸어서 끌어낸다.

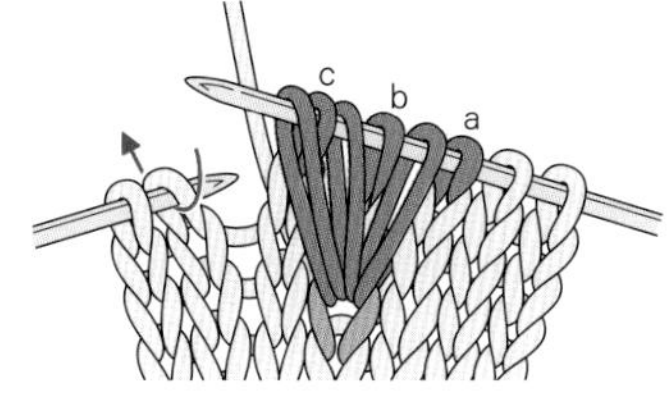

2 b·c도 같은 방법으로 겉뜨기를 하고 같은 코에 바늘을 넣어 각각 실을 끌어낸다.

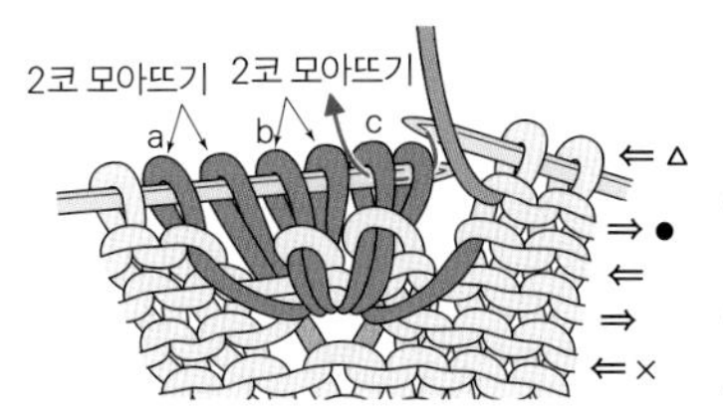

3 △단. 끌어낸 코와 c를 2코 모아뜨기한다. b·a도 같은 방법으로 끌어낸 코와 각각 2코 모아뜨기한다.

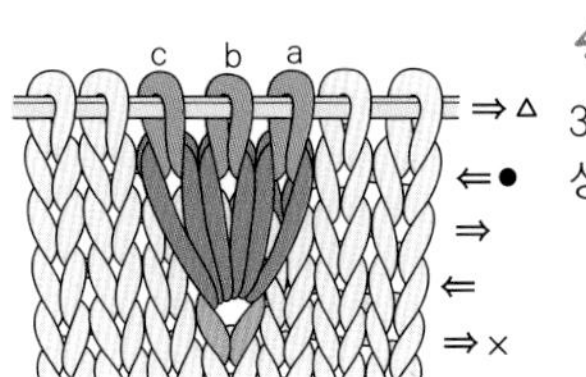

4 3코 끌어올려뜨기 완성. 겉에서 본 모습.

1무늬의 콧수로 무늬 고르기

1무늬의 콧수로 무늬를 고를 때 이용하세요.

사용 실 일람표

사용 실	품질	형태	실 길이	실 타입	표준 대바늘 호수
주식회사 다이도포워드 퍼피 사업부 (퍼피) [www.puppyarn.com]					
프린세스 애니	모 100% (방축 가공)	40g 1볼	약 112m	합태사	5~7호
알바	모 100% (엑스트라 파인 메리노 100%)	40g 1볼	약 105m	합태사	6~7호
아라비스	면 100%	40g 1볼	약 165m	중세사	4~6호
브리티시 파인	모 100%	25g 1볼	약 116m	중세사	3~5호
브리티시 에로이카	모 100% (영국 양모 50% 이상)	50g 1볼	약 83m	극태사	8~10호
하마나카주식회사 [www.hamanaka.co.jp]					
익시드 울 FL '합태'	모 100% (엑스트라 파인 메리노)	40g 1볼	약 120m	합태사	4~5호
알파카 모헤어 파인	모헤어 35% + 아크릴 35% + 알파카 20% + 모 10%	25g 1볼	약 110m	병태사	5~6호
하마나카주식회사 리치모어 [www.richmore.jp]					
캐시미어	모 (캐시미어) 100%	20g 1볼	약 92m	합태사	5~6호
카우니스	베이비 알파카 53% + 엑스트라 파인 메리노 35% + 나일론 12%	40g 1볼	약 88m	극태사	11~12호
실크 코튼 '파인'	견 52% + 면 48%	25g 1볼	약 90m	중세사	4~5호
퍼센트 (뜨개 바탕)	모 100%	40g 1볼	약 120m	합태사	5~7호
Keito [www.keito-shop.com]					
매들린토시 토시 메리노 라이트	메리노 울 100%	약 100g 1타래	약 384m	중세사	1~2호

대바늘 비침무늬 패턴집 280

1판 1쇄 발행 2020년 11월 5일
1판 3쇄 발행 2024년 5월 22일

지은이 일본보그사
옮긴이 남궁가윤
펴낸이 김기옥

실용본부장 박재성
편집 실용2팀 이나리, 장윤선
마케터 이지수
지원 고광현, 김형식

디자인 푸른나무디자인
인쇄 · 제본 민언프린텍

펴낸곳 한스미디어(한즈미디어(주))
주소 121-839 서울시 마포구 양화로 11길 13(서교동, 강원빌딩 5층)
전화 02-707-0337 | 팩스 02-707-0198 | 홈페이지 www.hansmedia.com
출판신고번호 제 313-2003-227호 | 신고일자 2003년 6월 25일

ISBN 979-11-6007-546-5 13590

책값은 뒤표지에 있습니다.
잘못 만들어진 책은 구입하신 서점에서 교환해드립니다.